U0463609

五种遗规

谦德国学文库

从政遗规

〔清〕陈宏谋◎撰 中华文化讲堂◎注译

团结出版社
UNITY PRESS

目 录

卷 上

从
政
遗
规

《从政遗规》序

余幼承父兄师友之训，知肆力于读书，不以世故纷其心。而赋性迂拙，作辍无常，诵读不多，体认尤浅。悠悠忽忽，竟不知读书将以何为也。迨入仕途，官场事宜尤未娴习，临民治事茫无所措。未优而仕，不学制锦①，心窃忧之。然平时偶有得于圣贤之绪论，合之今时情事，多所切中，此心稍有把握。措之事为，幸免陨越，不至如夜行者之伥伥②何之。乃益悔前此之鲜学，而古训之不可一日离也。因于簿书余闲时，一展卷藉，兹陈编以祛固陋。凡切于近时之利弊，可为居官箴规者，心慕手追，不忍舍置。不敢谓仕优而学，亦庶几即仕即学之意云尔。方今民生蕃庶③，待治方殷。圣天子本躬行心得之余，布范世诚民之政。有司牧之责者，益当从根本上讲求教养之方，为民生久远之计。若仅以因循陋习，了官场之故套，何以上副圣训，何以下符民望。自惟德薄能浅，无以为同僚诸君倡，惟奉兹古训，随时考镜，转相传布。以此自勉，即以此勉人。较之门面牌檄，差为亲切焉。苏子云：药虽进于医手，方多传于古人。自古及今，此心同、此理同。故以古人之方，医后人之病，而无不立效。愿诸君推心理之相同，以尽治人之责，而又参之前言往行，以善其措施，则宜民善俗或有取焉。幸毋曰：业已仕矣，何暇言学。竟等诸古人之糟粕也。

乾隆壬戌长至月桂林陈宏谋书于西江使署

【注释】①制锦：喻贤者出任县令。②伥伥：指无所适从的样子。③蕃庶：意为繁盛、众多。

【译文】我年幼时接受父亲、兄长、老师、朋友的教导，知道要努力读书，不要因为世俗人情来烦扰自己的内心，但是因为天性愚钝，时做时歇，不能持久，读书也不多，体会和认识尤其肤浅。岁月悠然，竟然不知道读书是为了什么。等到进入仕途，做官的事情尤其不够熟练，碰到管理百姓，处理政事不知道该怎么办。还没有学好就步入仕途，又不知道怎么做好官，心里暗自担心起来。

平时偶尔从古人的圣贤的精绝言论中有所心得，结合当下的事情，往往能够切中要害，于是心中稍微有点把握。用来处理事情，能够避免一些失职和碰壁，不至于像黑夜中行走的人一样无所适从貌的样子。于是更加悔恨之前所学的东西太少，也明白了古训是一天都不能离开的。因此，在处理完公务的闲暇时间里，经常看书，并且用编书的机会来消除心中的缺失。凡是与近代事实相符合的，可以成为做官规劝的东西，心中仰慕，竭力模仿，不忍心舍弃。虽然我不敢说为做好官而去学习，但是差不多就是边做官边学习的意思。现在百姓休养生息，非常殷切的期望好的治理。圣明的天子身体力行，从实践中得到真知，广泛传播社会规范、教导民众的德政。有关直接责任者应该从根本上讲求教化百姓的方法，人民的长远做打算。如果仅仅因循守旧，按照官场上的套路应付了事。那么，向上用什么符合圣训，向下用什么能够符合百姓的愿望。我认为自己德行浅薄，能力有限，不能成为百官同僚的带头人，奉行这些古训，随时参考借鉴和纠正，多多相互传播。然后用它来勉励自己，也用它来勉励别人与官场上那些明文法令相比较，要更为贴切。

苏轼说：药虽然是经过医生的手传过去的，但要药方多是古人传下来的。从古到今，这个道理都是相同的。所以用古人的药方医治后人的病，没有不立刻见效的。希望各位同僚，都按照这个道理，尽自己治理百姓的责任，并且参考古人的言行，来完善自己治理百姓的措施，那么使百姓安居，有好的风俗，应该或许有很多好处。希望不要说：我已经做官了，哪有什么时间学习。说这种话的人，竟然跟古人中那些粗劣无用者一样。

乾隆壬戌年夏至桂林　陈宏谋写于西江使馆

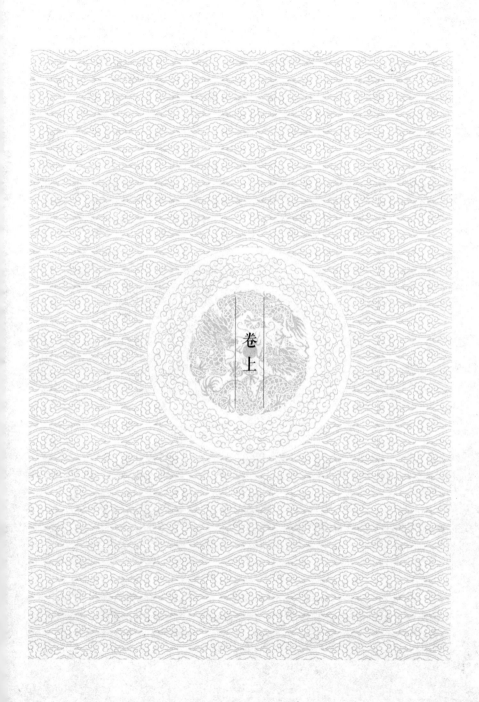

卷上

吕东莱《官箴》

（公名祖谦，南宋时婺州人，官至著作郎直秘阁，谥曰成，从祀庙庭。）

宏谋按：东莱先生以体道自任，以立教为心。朱子称其德宇宽弘，识量闳廓。所立甚高，无求不备，盖①相推者至矣。所著《官箴》，首以觅举、求权要书为戒。见居官者必先自立，然后可以有为。士大夫不讲气节，虽有才华，徒工奔竞②。患得患失，何所不至耶。至于谨小慎微，慈祥岂弟③，任理而不任气，此儒术之异于俗吏也。杂说中，有语最精确、足为居官之箴者，并附录焉。

【注释】①盖：表大概如此。②奔竞：奔走竞争，多指对名利的追求。③岂弟：通"恺悌"。恺，和乐、和善。悌，敬重兄长。

【译文】宏谋按：东莱先生把体悟大道和躬行正道作为自己的责任，把树立教化、进行教导作为理想。朱熹称他心胸开阔，见识和度量大，立论甚高，全面翔备，大概是他推究所至。他所撰写的《官箴》一书，首先以请托求举用，和求权贵包庇为戒。做官的人一定要廉洁自立，然后才能有所作为。士大夫如果不讲气节，虽然有才能，都是争名逐利，对个人的利益斤斤计较，患得患失，是很难有所作为的。做事谨慎小心，和蔼可亲平易近人，讲理不意气用事，这就是儒家思想不同于平俗的。杂说中，有更精确的言论，能够为做官的人规诫的一并附录上。

觅举①。求权要书保庇②。容尼媪③之类入家。刑责过数。接伎术④人及荐导往他处。荐人于管下买物（茶墨笔之类）。亲知雇船脚。用官钱。或令吏人陪备。（须令自出钱。但催促令速。足矣。）

【注释】①觅举：古代士子请托以求举用。②保庇：保护庇佑。③尼媪：尼姑。④伎术：技艺方术。

【译文】士子请托以求举用。请求有权利的人，想要推荐信，以此得到保护庇佑。容许尼姑这类人进入家门。刑罚不要太多。接受有某种技能的人并推荐他到有用的地方。推荐人到自己管辖的地方去购买东西。亲戚朋友雇佣船夫，用公家的钱，或者让官人备办。

遇事不可从，不当时明说，误人指拟①，以致生怨。

【注释】①指拟：指望，指靠。
【译文】遇到不赞同的事情，当时不明确说清楚，结果使人误解，因此生出怨恨。

受所部送馈及赴会。如送馈果食之类，则受。仍当厅对众开合子，置簿抄上，随即答之。余物不可受。

【译文】接受管辖部门的馈赠和赴宴，如果送的东西是水果食物之类的，可以接受，但要当场打开盒子，在登记册上登记，随后要进行答谢，除此之外的东西不能接收。

凡治事有涉权贵，须平心看理之所在。若其有理，固不可避嫌故使之无理。若其无理，亦不可畏祸，曲使之有理。（直须平心看，若有一毫畏祸自恕之心，则五分有理，便看作十分有理。）政使见得无理，只须作寻常公事看。断过后，不须拈出说。寻常犯权贵取祸者多，多是张大其事，邀不畏强御之名，所以彼不能平。若处得平稳、妥贴，彼虽不乐，视前则有间矣。然所以不欲拈出者，本非以避祸，盖乃职分之常。若特然看做一件事，则发处已自不是矣。

【译文】在办理政事中涉及到权贵的，一定要公平心态，看正义和真理在哪一边。如果他有道理，当然不能为了避免嫌疑故意让它没有道理。如果他没有道理，也不要因为害怕惹祸，让它故意有理。以原则来判断它无理，只需要当成普通的公事对待。处理过以后，就不要再拿出来特殊对待。一般侵犯有权势富贵人家，往往会惹祸上身，大多是因为过分夸大事情，为了取得不怕强权的名声，所以让对方心中感到不平。如果处理的平和安稳、合适，对方虽然不高兴，但了解到之前的事实情况就不好再说什么了。之所以不做特殊对待，原本也不是为了避祸，而是因为这本来就是自己职务中应该做的。如果特殊看待这件事，那么出发点就不对了。

舍人官箴（此先生曾叔祖名大中之言，而先生述之者也。）

当官之法，唯有三事：曰清，曰慎，曰勤。知此三者，则知所以持身矣。然世之仕者，临导当事，不能自克，常自以为不必败。持不必败之意，则无不为矣。然事常至于败，而不能自已。故设心处事，戒之在初，不可不察。借使役用权智，百端补治，幸而得免，所损已多。不若初不为之为愈①也。司马子微《坐忘论》云：与其巧持于末，孰若拙戒于初。此当官处事之大法。用力寡而见功多，无如此言者。人能思之，岂复有悔吝^②耶。

【注释】①愈：较好，胜过。②悔吝：悔恨。

【译文】当官的原则，只有这三条：清，慎，勤。知道了这三条，就知道该如何安身处事了。然而世上当官的人，在面对百姓处理事务时，不能克制自己，往往自己认为不一定会败露。持有这种不一定会败露的心理，就会无所不为了。然而事情往往会败露，而不能如愿。所以在考虑和处理事情，在初始时就要引以为戒，不得不提高警惕。即使借用权利和调动智力，想方设法去补救，侥幸的逃脱了过去，可是已经失去了很多。不如当初不作为的好。司马子微《坐忘论》里曾说：与其事后想方设法去巧妙维持，不如在最开始的时候就谨遵戒律。这就是当官处事最大的原则。用力少，但功效却很大，没有能够超过这句话的了。人们如果能够想到，哪里还会有后悔的事情呢？

事^①君如事亲，事官长如事兄。与同僚如家人，待群吏如奴仆。爱百姓如妻子。处官事如家事。（有才识而不能任事。皆由不肯如此着想耳。）然后为能尽吾之心。如有毫末不至，皆吾心有所不尽也。故事亲孝，故忠可移于君。事兄弟，故顺可移于长。居家治，故事可移于官。岂有二理哉。

【注释】①事：侍奉。

【译文】侍奉君王就像侍奉双亲，侍奉官长就像侍奉兄长。和同僚相处就像和家人相处，对待下属官吏就像朋友。爱护百姓就像爱护妻子、孩子，处理官府的事就像处理家事，这样做才能说自己尽心尽力了。如果有一丝一毫的不周到，那都是没有尽心的原因。所以对待双亲的孝顺，可以转移到事奉君主身上。侍奉兄长的恭敬，也可以转移到对待官长。家事治理的好，也可以转移到处理官场上。怎么可能有不同的道理呢?

当官处事，常思有以及人。如科率①之行，即不能免，便就其间，求所以使民省力，不使重为民患。其益多矣。予尝为泰州狱掾。颜岐夷仲，以书劝予治狱次第②，每一事写一幅相戒。如夏月取罪人，早间在西廊，晚间在东廊，以避日色之类。又如狱中遣人勾追之类，必使之毕此事。不可更别遣人，恐其受赂已足，不肯毕事也。又如监司郡守严刻过当者，须平心定气，与之委曲详尽，使之相从而后已。如未肯从，再当如此详之，其不听者少矣。

【注释】①科率:官府于民间定额征购物资。②次第:顺序。

【译文】做官处理事情，应该常常想到推己及人。就像官府于民间定额征购物资，既然不能免除，就只能在空闲的时候安排，这样就能节省民力，不使它成为百姓的忧患。这样做的好处很多。我曾经做过泰州狱掾，颜岐夷仲写信劝我治理狱讼的顺序，每一件事都写一封信来劝戒我。比如，夏至的时候提审犯人，早上的时候在西廊，晚上的时候在东廊，以避开太阳直晒。又比如狱中派遣人去追捕犯人，必须让他完成这件事。不能再派遣别人去，担心他已经接受了贿赂，不肯完成这件事。又比如监司郡守过于苛刻严厉，一定要心平气和，委婉地和他详细说明，让他能够听从为止。如果他不肯听从，再一次详细地告诉他，这样再不听的人就非常少了。

当官之法，直道为先。其有未可一向直前、或直前反败大事者，须用冯宣徽所称惠穆称亭之说。此非特小官然也，为天下国家当知之。

【译文】做官的原则，首先要正直。如果有不能正直向前行事的，或者正直反而会败坏大事的，一定要用冯宣徽所称赞惠穆称亭的做法，这不仅仅是小官应该做的，治理天下和国家也应该知道这些。

前辈尝言：小人之性，专务苟且。明日有事，今日得休且休。当官者不可徇其私意，忽而不治。谚曰：劳心不如劳力。此实要言也。当官既自廉洁，又须关防小人。如文字历引之类，皆须明白，以防中伤。不可不至谨，不可不详知也。

【译文】前辈曾经说过：小人的品性，只知道苟且，明天有事，今天能够过就过去了，当官的人不可以遵循自己的私心，忽略职务。谚语说：劳心不如劳力。这句话是精确的话。当官的人既要自己廉洁自律，又要提防小人。像文字引用这样的，都应该明白，以免中伤。不能不小心谨慎，不能不详细知道。

当官者，凡异色人皆不宜与之相接。巫祝、尼媪之类，尤宜疏绝。要以清心省事为本。

【译文】当官的人，但凡是不同常人的人都不能和他们接触。巫祝、尼姑之类的，尤其需要远离，要以清心省事为根本。

后生少年，乍到官守，多为猾吏所饵，不自省察。所得毫末，而一任之间，不复敢举动。大抵作官嗜利，所得甚少，而吏人所盗不赀①矣。以此被重谴，可惜也。

【注释】①赀（zī）：计量。

【译文】后生年纪尚轻，刚到官府，大多数被狡猾的官吏引诱，自己却不能察觉。所得到的很少，在任职期间，再不敢有作为了。大多数做官的都喜欢财物利益，所得到的很少，而吏人所偷盗的不知道有多少了，因此而被重重地惩罚，实在是很可惜的。

当官者，先以暴怒为戒。事有不可，当详处之，必无不中。若先暴怒，只能自害，岂能害人。前辈尝言，凡事只怕待。待者，详处之谓也。盖详处之，则思虑自出，人不能中伤也。尝见前辈作州县或狱官，每一公事难决者，必沉思静虑累日。忽然若有得者，则是非判矣。是道也，唯不苟者能之。（治狱不苟，皆一点不忍之心非仅惧祸而已。）

【译文】当官的人，首先要克制暴怒。有些事情不对的，应该详细地去调查，一定没有弄不清楚的。如果先暴怒了，只能伤害自己，怎么能伤害得了别人呢？前辈曾经说过，什么事情都害怕等待。等待，就是详细处理的意思了，这是因为详细处理，思路和办法自然就会有了，人们便不能中伤了。曾经见过前辈作州县或者狱官的时候，每次遇到很难解决的事情时，一定会静下心来思考几天。突然有所收获的时候，是非已经很明了了。这种办法，只有认真的人才能做到。

处事者，不以聪明为先，而以尽心为急。不以集事为急，而以方便为上。（方便二字，即利济也。要尽心体贴方得。）

【译文】处理事情，首先不能只考虑聪明，而应该尽心尽力。不能只考虑完成，而是要尽心得当最好。

同僚之契，交承之分，有兄弟义。至其子孙，亦世讲之。前辈专以此为务，今人知之者盖少矣。又如旧举将及旧尝为旧任按察官者，后己官虽在上，前辈皆辞避坐下坐。风俗如此，安得不厚乎。

【译文】同僚之间的关系，前任后任的名分，好比兄弟之间的情谊。等到了子孙后代，都可以世代相传的。前辈们都很注意这些，现在的人知道这些的已经很少了。又比如以前举荐过的人或者之前曾经为前任的按察官，后来自己官位都在他们之上了，在前辈面前还是让自己坐在下座。这样的风俗，怎么能不厚朴呢？

当官取庸钱、般^①家钱之类，多为之程。而过受其直，所得至微，而所丧多矣。亦殊不知此数亦吾分外物也。

【注释】①般：通"搬"。
【译文】当官收取佣钱、搬家钱之类的，多数都有标准。如果收的超过标准，所得到的就会很少，而损失的就会很多。怎么能不知道这些都是我们分外之物呢。

畏避文法，固是常情。然世人自私者，率以文法难事，委之于人，殊不知人之自私，亦犹己之自私也。以此处事，其能有济乎。（在己畏为其难，偏欲以难责人，不恕故也。不恕由于不公。）

【译文】畏惧和规避拟写公文、奏章之类的事情，这是人之常情，但是社会上自私的人，却把这些文法难事，都推给别人，岂不知别人的自私，也和自己的自私是一样的。这样来处理事情，能把事情办好吗？

唐充之，广仁贤者也。深为陈、邹二公所知。大观、政和间，守官苏州。朱氏方盛，充之数讥刺之。朱氏深以为怨，傅致之罪。刘器之以为充之为善，欲人之见知，故不免自异，以致祸患，非明哲保身之谓。

【译文】唐充之，是广仁这一带有贤名的人，深受陈公、邹公二位长者的赏识。大观、政和年间，在苏州任太守。朱氏势力很强盛，唐充之几次讥讽他，朱氏对他怨恨很深，终于通过诬陷捏造让他获罪。刘器之认为唐充之好善是为了被别人知道，所以不免会做出一些怪异的事情，以至于招来祸端，不是明哲保身的做法。

当官大要，直不犯祸，和不害义，在人消详^①斟酌之尔。然求合于道理，本非私心专为己也。

【注释】①消详：端详、揣摩。
【译文】做官最紧要关键的是，耿直坦率而不刻意招惹麻烦，均衡协调而不危害道义，这完全在于人自己的揣摩和考虑。这只是为了谋求符合道义，而不是出于私欲专为自己考虑。

当官处事，但务着实。如涂擦文书，追改日月，重易押字，万一败露，得罪反重，亦非所以养诚心，事君不欺之道也。百种奸伪，不如一实。反复变诈，不如慎始。防人疑众，不如自慎。智数周密，不如省事。（养诚心句，所包甚广。）

【译文】当官做事，一定要踏实求实。像涂改文书，追改日期，重新改变押印，这些事情万一败露，得受罪名反而很重，也违背了坚守诚信，忠诚君主不能有欺瞒的原则。百样奸诈虚伪，都不如一心一意，踏踏实实。反复变化欺诈，不如当初谨慎小心。担心别人，怀疑众人，不如自己谨小慎微。心思周到缜密，不如减少事情。

事有当死不死，其诟有甚于死者，后亦未必免死。当去不去，其祸有甚于去者，后亦未必得安。世人至此，多惑乱失常，皆不知义命轻重之分也。此理非平居熟讲，临事必不能自立。古之欲委质事人，其父兄日夜先以此教之矣。中材以下，岂临事一朝一夕所能至哉。教之有素，其心安焉，所谓有所养也。

【译文】有时一个人犯了死罪，但是却没有被处死，而他受到的诟骂比死了还厉害，最后也未必就能逃过一死。应当舍去的不舍去，有时祸患比舍弃还严重，最后也未必就能得到安宁。人一旦到达这种地步，多是精神思想惑乱失常，都不明白道义和生命的轻重了。这个道理如果不是平时讲的很透彻，遇到事情的时候就很难判断明白了。古代的人在选择效忠一位君主之前，他的父亲、兄长都会反复地先用这个道理来教导他。中等资质以下的人，等到事到临头就不是一朝一夕所能做到的了。平时教导有方，让他们的心不再动摇，这就是所谓的"有所养"啊。

忍之一字，众妙之门。当官处事，尤是先务。若能清慎勤之外，更行一忍，何事不办。书曰：必有忍，其乃有济。此处事之本也。谚有之曰：忍事敌灾星。杜少陵诗云：忍过事堪喜。此皆切于事理，为世大法，非空言也。王沂公尝说：吃得三斗酽醋，方做得宰相。盖言忍受得事也。（耐琐屑，习烦苦，不轻喜，不易怒，不激不随，皆忍字之妙。故居官以此为尚。)

【译文】"忍"这个字，堪称是众妙之门。当官做事，尤其是要当成第一件事。如果在清廉、谨慎、勤劳之外，要再加一个"忍"字，还有什么事情是办不成的呢？《尚书》上说："一定要忍，这样才能成事。"这就是做事的根本。谚语说：忍让能够抵挡灾星。杜少陵作诗说："忍过事堪喜。"这就是切中的道理，是世间的大法。不是空话。王沂公曾经说过："吃得下三斗釅醋，才能做得了宰相。"说的都是要能忍得了事啊！

杂说附

大抵人臣多顾一分之害，坏国家十分之利。

【译文】大凡做臣子的多顾及自己一分的损失，就会损害国家十分的利益。

仕宦须脱小规模①，一仰羡官职，二随人说是非，三乘空接响，揣量测度，四谓求知等事为当为之事。

【注释】①规模：指人物的才具气概。
【译文】做官的人一定要摆脱小家子气。一是羡慕官职高低，二是喜欢和人谈论是非，三是信谣传谣，对没有根据的事妄加揣测，四是把求人赏识之类的事当作正事去做。

凡世俗所谓"不妨"、"有例"、"不见得"、"未必知"、"众人都如此"、"也是常事"之类，皆不可听。

【译文】凡是社会中所说的"不妨""有先例""不见得""未必知""大家都是这样的""也是正常事情"这些都不要去听取。

士大夫喜言风俗不好。风俗是谁做来？身便是风俗。不自去做，如何得会好。

【译文】士大夫们都喜欢说社会风俗不好，但这些风俗又是谁造成的呢？自身便是风俗的造成者。自己不去做好，这个社会风气怎么能变好呢？

凡听讼，不可先有所主。以此心而听讼，必有所蔽。若平心去看，便不偏于一，曲直自见。

【译文】在办理诉讼案件的时候，不能以先入为主的思想，如果以这种思想来听取诉讼，一定会有所蒙蔽。如果能以公正公平的态度去对待，就不会偏于一面，是非自然就会显出来了。

凡人有所干求，可不可，须便说，不可含糊。

【译文】如果有人请求帮忙，可不可以，应该直接了当地告诉对方，不可以含糊。

凡使人，须度其可行，然后使之。若度其不可而强使之，后虽有可行者，人亦不信。且如立限令三日可办，却只限一日，定是违限，其势不得不展，自此以后，虽一日可到之事，亦不信矣。

【译文】但凡是用人一定要考虑他是否有这个能力，然后再用他。如果估计他没有这个能力但还是强迫他做，后面出现他有能力做的事，他也不会相信了。又比如规定三天才能做的事，却只给一天，一定会令他违反时限规定，不得不拖延时间，从此以后，也许是一天可以办成的事，他也不相信一天就能办成了。

与人交际，须是通情。若直以言语牢笼人情，岂能感人。须是如与家人妇子说话，则情自通。（居官临民，尤宜体此。）

【译文】和人相处，必须要学会沟通感情，如果一直用言语去笼络别人，怎么能感动别人呢？一定要像和家人媳妇孩子说话的那样，感情自然就会通顺了。

两人不足，自处其间，甲必来说乙不是，乙亦来说甲不是。若都不应和，人将以我为深，或以为党。在应和之语，须是如与甲同坐，对乙面前也说得方可。

【译文】两个人有不足的地方，自己处在他们之间，甲一定会来说乙的不是，乙也会来说甲的不是。如果都不应答他们，别人一定会以为我城府很深，或者以为我和对方结党。应答别人的话一定是对甲所说的话，即使在乙的面前也可以这样说才行。

听人说话，或有不中节者，亦无都不应答之理。说十句中，岂无一句略可取，将此一句推说应之，亦于其人有益。（略其所短，取其所长，既不失己，亦不失人。推之，即大舜之隐恶扬善也。）

【译文】听别人说话，其实有不合乎情理的话，也没有都不应答的道理。对方说十句话中，难道就没有一句有可取之处的吗？将这一句话中包含的道理推演开来作为应答，对对方来说也是有好处的。

何西畴《常言》

（先生名坦，字少平，广昌人。宋淳熙进士，官宝谟阁直学士，谥文定。）

宏谋按：先生初仕宜黄尉。陆子静称其廉洁刚毅，竭力卫民。有富贵贫贱不能淫移之概。后提刑粤东，政迹尤著。盖宋儒之德业兼懋者也。惜其著述多不传，遍访仅得常言一帙①。所采录者，寥寥数语，而其砥砺志节，体恤人情，不激不随，亦可以为居官者劝②矣。

【注释】①帙（zhì）：量词，用于装套的线装书。②劝：说服、讲明事理使人听从、勉励。

【译文】编者按：先生最初在宜黄县任职。陆子静称赞他有廉洁刚正坚毅的品质，竭尽全力保卫人民。有无论是富贵还是贫贱都不能改变志向的高贵品质。后来在广东任提刑官，政绩尤其显著。是宋代儒生德行与功业都勤奋努力的代表。可惜他的著述大多都没有流传下来，到处走访，也仅能得到记载他经常说的话的一套书。书中所采用的，只是寥寥几句话，但他勉励志节，体恤人情，不偏激，也不随波逐流的思想，也是可以勉励做官的人了。

一毫善行皆可为，毋徼①福望报。一毫恶念不可萌，当知出乎尔者反乎尔。（居官不可存徼福望报之心，又当知有出尔反尔之事。）

【注释】①徼（yāo）：求取。

【译文】任何再微小的善行都可以做，不要借此求取福佑，盼望报答。一丁点的邪恶念头都不可以萌发，要知道你怎样对待别人，别人也会怎样对待你。

惟俭足以养廉。盖费广则用窘。盷盷然每怀不足，则所守必不固。虽未至有非义之举，苟念虑纷扰，已不克以廉靖①自居矣。

【注释】①廉靖：逊让谦恭。

【译文】只有勤俭才足够养成廉洁的品质。大概花费太大就会感到窘迫。即使勤快不休息但也常常感到拥有的不足够，那么坚守的信念一定不坚定。虽然还不至于有不义的举动，但是如果思考混乱有纷扰，就已经不能够以清廉自律来自居了。

士能寡欲，安于清澹，不为富贵所淫，则其视外物也轻，自然进退不失其正。

【译文】人能减少欲望，保持恬静，不被富贵所迷惑，那么他看身外的东西也会很轻，无拘束的当官或辞官，不会迷失自己正直的本心。

君子有偶为小人所困抑。若自反无愧怍，于我何损①。又安知其不为道德之助欤。

【注释】①损：减少、蒙受害处。

【译文】君子有时会被小人所困苦抑郁住。如果自我反省能够无愧于心，对自己又会有什么损失呢？又怎么知道这不是成就道德的助缘呢？

富儿因求宦倾赀①。污吏以黩货失职。初皆起于慊②其所无，而卒至于丧其所有也。各泯其贪心，而安分守节，则何夺禄败家之有。

【注释】①赀：通"资"，财产。②慊：遗憾，不满足。

【译文】富人为求官职而倾尽自己的资财。贪官污吏因为贪污而失职。这些起初都源于没有满足他们所追求而又没有的东西，并最终导致失去他们所拥有的。如果他们都泯灭自己的贪心，并安分且坚守节操，那么哪里还会有被剥夺俸禄，被抄家的人呢？

凡居人上，有势分①之临。惟以恕存心，乃可以容下。故行动必先謦欬亥字于此处殊不可解，当疑其误也。步远则有前导。燕坐则毋帘窥壁听。是故君子不发人阴私，不掩人之所不及也。（何等光明正大。）

【注释】①势分：指权势，地位。

【译文】大凡身居高位的人，权势和地位都远远超过常人，只有心存宽恕，才可以包容得下身边下属和百姓们的种种过失。所以平时只要一有所走动，必先略作咳嗽，令下面的人事先知晓，去稍远的地方就会有专人在前面开道，令百姓从容回避，以免他人一不小心就犯下冲撞失礼之罪，就连平日闲坐之时也要端心正意，绝不乱听乱看。所以说君子不会去暴露别人的阴私，也不会埋没别人身上具备的我所比不上的优点。

人事尽而听天理，犹耕垦有常勤，丰歉所不可必也。不先尽人事者，是舍其田而弗芸①也。不安于静听者，是揠苗而助之长也。孔子进以礼，退以义，非尽人事与？得之不得曰有命，非听天理与？

【注释】①芸：同"耘"，除草。

【译文】人力尽了，便听由天理自然显现，就如同从事农业生产的人经常勤劳耕垦，但是丰收、歉收却不一定。不首先来尽人力，是放弃他的田地而不除草；不安心听从天命、顺应自然，这样做是拔苗助长。孔子依礼而进，秉义而退，他这样做不就是尽人力吗？不管得到还是得不到，都安于天命，不就是听天理吗？

君子之事上也，必忠以敬。其接下也，必谦以和。小人之事上也，必谄以媚。其待下也，必傲以忽。媚上而忽下，小人无常心，故君子恶之。（小人刻刻在势利上讲求，所以无常。）

【译文】君子在对待上级时，一定会用忠诚来恭敬地对待他。他对待下级时，一定会用谦逊的态度来对待他。小人在对待上级时，一定会巴结奉承来讨好上级。他对待下级时，一定用蔑视和忽视的态度。讨好上级，忽略下级，小人反复无常，所以君子厌恶他们。

为政宽严孰尚？曰：张严之声，行宽之实。政有纲，令有信，使人望风肃畏者，声也。法从轻，赋从薄，使人安静自适者，实也。乃若始焉玩易启侮，终焉刑不胜奸。虽欲行爱人利物之志，吾知其有不能也。（法不可玩，心主于慈。）

【译文】为政是该宽还是该严？我认为：应发出严厉的声音，实际实行宽松的手段。政治有纲要，指令令人信服，使人听到风声就会肃然升起畏惧之心，这是宣传的作用。法律从轻，赋税减轻，使人感到安静自适，是实际的。如果一开始就是宽松的制度，就容易达到反效果，最终的刑罚不能压制奸邪的人。即使想施展爱人利物的抱负，我知道他也是不可能做到的。

　　凡莅事之始，不可自出意见以立科条。虽尝有所受之，亦恐易地不便于俗也。苟人情有咈而固行之，终必捍格①。如病其难行而中变，后有命令，人弗信矣。故初政莫若一仍旧贯②。如行之宜焉，何必改作。或节目未便，熟察而徐更之。人徒见朏上下相安，而泯不知其所自，不亦善乎。故君子视俗以施教，察失而后立防也。（视俗以施教，察失而立防，当今政教之极则也。）

　　【注释】①捍格：互相抵触，格格不入。②一仍旧贯：一切按照旧有的惯例行事。
　　【译文】大凡刚刚主持工作时，不可只凭自己的意见来设立种种制度。虽然曾有过在其它地方成功实施的经验，也恐怕换个地方就不再能适应当地的风俗了啊。如果人们有违逆之心而坚决执行，最终会格格不入。如果实在难以继续下去，而中途发生变化，后来再有命令，人们就不会相信了。所以起初接触政事不如一切沿袭过去的惯例行事。如果行使起来很顺利，何必再改变呢？有的细节不是很好，可以仔细观察后慢慢更改。就好像人们只看到月亮缓缓升起，上下无不相安，却忘了它是什么时候出现的，不也是好事吗？所以君子应该视察环境后再实施教育，观察过失之后然后设立防范措施。

　　官职崇卑，当安义命。自抱关击柝上下，苟能官修其方，职思其忧，虽未着殊庸伟绩，亦可无愧于心，无负于国。若苟且以侥求幸进，将谁欺乎！

【译文】官职无论高低，应当安守本分。职位低下的上上下下的人，如果做官能保持品行端正，国家忧患记心头，虽然没有显著的特殊功绩，也可以无愧于心，没有对不起国家。如果得过且过来求得侥幸升官，将欺骗谁呢？

居下位，求应上之期会，则莅事毋拘早晏也。然须群吏咸集，则观听无疑。吏或独抱文书以进，在我者，固不为其私请而曲徇^①。万一小人巧设阴计，姑炫外以售其私，则瓜李何能自明。兹不可不防也。

【注释】①曲徇：顺从、曲从。

【译文】基层的官员，为了按时完成长官布置的工作，做起事来往往不分早晚。但也要等到一群吏卒们都在场，再公开处理事务，才不会引起舆论的怀疑。如果有吏卒独自抱着文书进来，在我而言，决不会因为某个人私下的请求而放弃原则，但是万一有小人巧妙设下阴谋，借此在外炫耀，以达到他不可告人的目的，那时自己必将处于嫌疑之地，又怎么能证明自己的清白呢？这是不能不防的啊。

弊政有当革者，必审稽^①源委。而其更也，于公私兼利，夫复何疑。若动而利少害多，不若用静吉也。

【注释】①审稽：详细考查。

【译文】当有政事弊端要进行改革时，一定要仔细考察源流。而只要更改了，于公于私都有利时，人们还会有什么疑问呢？如果改动政策的有利的方面少而害处多时，不如不动它。

举事而人情俱顺，上也。必不得已，利无十全，则宁诎己以求利乎人。毋贻害于人而求便乎己。

【译文】 做事而人情事理都顺畅时，是上策的。如果做不到十全十美的，宁可委屈自己也要有利于他人，不能损害了他人，却只为方便了自己。

法示防闲，非必尽用。职存临莅，安在逞威。但使条教章明，则易避而难犯。吾谨无以扰之，任其耕食凿饮而已矣。（以不扰为安，乃善政也。）

【译文】 法律条文是为了防范，不一定要完全用。身在职位上，只是为了把事情办好，哪里能有炫耀威风的想法。只要使法律条例规章制度分明，那么就很容易避免，不至于轻易就触犯。在我等只要小心做到不无故扰民，让百姓自由地种地吃粮，凿井饮水就可以了。

守曰牧民①，令曰字民②，抚养惟钧，而孳育③取义尤切也。盖求牧与刍，不过使饱适而无散佚耳。凡乳儿有所欲恶，不能自言。所以察其疾痒，时其饥饱，勿违其意，是可为乳哺者责也。若保赤子，故县令于民为最亲。

【注释】 ①牧民：治理百姓。②字民：抚治、管理百姓。③孳育：生息、繁殖。

【译文】太守治理百姓叫牧民，县令治理百姓叫字民。牧民说的是牧养百姓，时时想着慈恩广被，要让每个百姓都能有口饭吃。字民说的是哺育百姓，这个"哺育"的含义就更加深切了。"牧养"的意思，就如同为自家的牛羊寻找牧场和过冬的草料一般，只要让它们吃饱了感到舒适，就不会乱跑以免丢失就行了。但要说到"哺育"，就好比婴儿有所需求，或者身体不舒服了，但他自己却说不出来，于是做母亲的就需要细心观察他是不是病了？是不是孩子身上哪儿痒了？是不是饿了，到了该喂奶的时候了？不要违逆了他的意思。这就是母亲作为哺育者的责任。所谓"字民"，说的是县令保育百姓，就如同母亲保育自己怀里刚出生的婴儿。所以说县令和百姓最为亲近啊！

近世长民者，每立抑强扶弱之论。往往所行多失之偏，未免富豪有辞于罚。夫强弱何常之有。固有赀厚而谨畏者。有怙贫而亡藉者。当置强弱而论曲直，可也。直者伸之，曲者挫之，一当其情，人谁不服。若任事者律己不严，而为强有力者所持，则政格不行，孰执其咎哉。

【译文】近代的地方官吏，每每说抑强扶弱的理论。往往行为多有失偏颇，未免令一些受罚的富豪们多有怨言。况且强和弱又有什么一定的呢？现实生活中有财产丰厚却谨慎小心的人，也有仗着贫穷而无所顾忌的人。应当搁置强弱而讨论是非善恶才对。让善良的人得到扶助，让奸诈的人受到惩罚，一切都以事实为依据，还有谁会不服呢？如果做事的人要求自己不够严格，而被一股强大的外力所制约，一定要按照所谓"抑强扶弱"的框框去行事，政事就不可能得到正常的治理，那时又该由谁来承担这个责任呢？

君子当官任职，不计难易，而志在必为，故动而成功。小人苟禄^①营私，择己利便，而多所避就，故用必败事。（趋利而利未必得。避害而害未必免。往往如此。）

【注释】①苟禄：不当得的俸禄。

【译文】君子做官任职，不计较难易程度，志向在于该做的事一定要做好，所以行动能够取得成功。小人贪图俸禄，为谋私利，只选择对自己有利的事去做，必然经常会有所回避或取舍，因此做事一定会失败。

仲弓问政，夫子告之以举贤才。子游宰武城，方叩其得人，而遽以澹台灭明对。夫邑宰之卑，仕非得志也。而圣门之教，必使之以举贤为先。子游方闲暇时，已得人于察访之熟。后世有位通显^①，而蔽贤不与之立，何以逃窃位^②之诮哉。

【注释】①通显：指高官威名。②窃位：才德不称，窃取名位。

【译文】仲弓询问政事，老师告诉他应推举有贤能的人。子游在武城做官，孔子来询问他时，就澹台灭明进行谈论。县令的地位低下，这不是做官的志向。而儒家的教育，一定要让他们把推举贤人作为首位。子游正在空闲时候，已经调查访问的基础上得到贤人了。后世有官位显赫的人，埋没贤能的人不提拔他，那怎么能逃过窃取官位的责备呢？

天下不能常治，有弊所当革^①也。犹人身不能常安，有疾所当治也。溺^②于宴安，而因循弗革，是却药屏医，而觊疾之自愈也。率意更张，而躁求速效，是杂方俱试，而幸其一中也。（以因循为安静，以纷更

29

为振作者。所宜鉴此。）

【注释】①革：改革、改变。②溺：沉迷不悟，过分，无节制。

【译文】天下不可能一直处于一种太平盛世，天下大治的状态，有弊端就应当要改变。就像人的身体不可能一直长久健康下去，有病就应当去治疗。沉溺于安逸，而因循守旧，这是推却药物，逃避医生，而企望疾病自然痊愈。随意更改章程，并急躁地企求快速得到效果，这就像是所有的方子都去尝试，侥幸其中一个能有效。

使人当用其所长，而略其所短，则无弃才。事上当度己量力，以肃①共王命，则无败事。责人以其所不能，是使马代耕也。强己才之所不逮②，是行舟于陆也。

【注释】①肃：严正，认真、恭敬。②逮：到、及。

【译文】用人应当用他的长处，并忽略他的短处，就没有人才被放弃。做事应该考虑自己的能力，以恭敬（的态度）对待朝廷的命令，就没有失败的事。安排别人做他们做不到的事，这就好像用马代替去耕种。强迫自己去做自己的本领所做不到的事，就好像在陆地上驾船行走一样。

冠婚丧祭，民生日用之礼，不可苟①也。在上莫为之制节，而一听俚俗之自为，鄙陋不经甚矣。考古酌今，着为一典，颁之以革猥习，是当今之急务也。

【注释】①苟：随便、轻率。

【译文】冠婚丧祭这四种礼仪，以及人们每天使用的礼仪，都不可随便啊。在上没有人去制定适宜的礼仪，一任当地的风俗自行蔓延，就粗俗鄙陋经不起推敲了。考究古代斟酌现在，整理成一部法典，颁布它以改变人们不好的习俗，这是现在的当务之急啊。

三代盛时，民德归一，农祥祈报而已。今也祠社非时，率敛征醵①，急于官府，是以丰年常苦不给。一遇饥歉，则流亡矣。上之教不明，下由之而莫知悔也。如之何而使斯民之富庶也。

【注释】①醵：泛指凑钱，集资。

【译文】三代兴盛时，民众的道德归于一体，农事治理之余，虔诚祭祀，祈求福报而已。现在连祭祀也不能按时举行了，迅速征收和集资，粮食很快被官府征收，因此丰收年人们常常受苦于得不到粮食。一遇到饥荒歉收时期，百姓就会流亡了。上面的人教不明白，下面的人一味放任自流而不知悔悟。这又怎能使人民富裕起来呢？

王伯厚《困学纪闻》

（先生名应麟，宋咸淳时人。官尚书。）

宏谋按：有道之言，泛应曲当。盖由所见者透，而所筹者远也。伯厚先生《困学纪闻》，言近指远，字字精奥。所采数则，不专为从政者言，实从政切当不易之理。有心者，当自得之。

【译文】编者按：有道理的话，应是广泛适应的。这是由于所观察到的事透彻，而所谋划的事也深远。伯厚先生写的《困学记闻》，言词浅近而意旨深远，字字精密深奥。所摘取的几则，虽不是对执政者讲，但确实应当作为做官应坚守的道理。有思想的人，应将其自行领悟。

危者使平，易者使倾，易之道也。处忧患而求安平者，其惟危惧乎。故乾①以惕无咎，震②以恐致福。

【注释】①乾：乾卦。②震：震卦。

【译文】能够认识到危险而保持警惕的人，反而会平安无事；认为事情简单而失去戒心的人，反而容易失败摔倒，这是事物的规律。身处忧患中，而祈求平安的人，正该保持这种危惧之心啊！所以正如乾卦所讲，由于警惕因而没有过失；震卦中所讲，因恐惧而带来福气。

烹鱼烦则碎，治民烦则乱，故以丛脞①为戒。器久不用则蠹②，政不常修则坏，故以屡省为戒。多事，非也。不事事，亦非也。

【注释】①丛脞：细碎、杂乱。②蠹：蛀蚀。
【译文】烹调鱼不能老翻动，否则会碎；治理百姓不能乱折腾，否则会乱，所以应该以琐碎为戒。器物长时间不使用就会被蛀蚀，政事不常整治就会败坏，所以应以懒怠为戒。管的事太多，不对。不理政事，也不对。

君子在下位，犹足以美风俗，汉之清议①是也。小人在下位，犹足以坏风俗，晋之放旷②是也。诗云："君子是则是效"。

【注释】①清议：公正的评论。②放旷：豪放旷达，不拘礼俗。
【译文】君子做地位低的官，仍然可以使风气得以美化，汉代公正的言论环境就是这样形成的。小人即使做地位低的官，也能败坏风俗，晋朝的粗旷放任、不循礼俗的风气就是这样形成的。《诗经》上说："只有君子才是我们效法的榜样"。

"神之听之，中和且平"。朋友之信，可质①于神明。"神之修之，式谷以女"。正直之道，无愧于幽隐②。

【注释】①质：问明、辨别。②幽隐：隐晦、隐蔽。
【译文】《诗经》上说："神之听之，中和且平"，说的是朋友之信，可以无愧于神明；"神之修之，式谷以女"，说的是正直之道，可以无愧于天地。

四十始仕，道合则服从，不可则去。古之人自其始仕，去就已轻。"色斯举矣"，去之速也。"翔而后集"，就之迟也。（可为贪荣躁进者戒。）

【译文】四十岁才开始做官，道义相合则继续做，不合就离开。古代的人从他开始做官起，将辞官就已经看得很轻微了。鸟见四周情势有异，就会迅速离开，这是离开要迅速。在空中回翔多次，侦查四周平安无事，然后再慢慢落下聚集在一起，这是返回去要迟缓。

互乡童子则进之，开其善也。阙党童子则抑之，勉其学也。（兼此二义，可以因人施教，可谓以德化民。）

【译文】对于缺乏教养的孩子应教他上进，开导他从善；教养好的小孩应当抑制他的骄傲之气，以勉励其努力学习。

游执中曰：尝以昼验之妻子，以观其行之笃与否也。夜考之梦寐，以卜其志之定与未也。

【译文】游执中说：曾经在白天从妻子和儿女的反应来判断自己是否诚信。夜晚在梦境中勘察自己的心志是否坚定。

延平先生论治道，必以明天理、正人心、崇节义、厉廉耻为先。

【译文】延平先生谈论治国的道理，一定是以阐明道理、导正人心、崇尚节义、勉励廉耻为先。

一丛深色花，十户中人赋，白乐天谓牡丹也。岂知两片云，戴却数乡税。郑云叟谓珠翠也。侈靡之蠹甚矣。（四句诗中，有无限爱惜民力之意。）

【译文】"一丛深色花，十户中人赋。"白居易曾这样评说牡丹。"岂知两片云，戴却数乡税。"郑云叟曾这样评价珍珠翡翠。奢侈糜烂之风如蠹虫一般侵蚀着世道人心，已经到了很严重的程度了。

有问心远之义于胡文定公者。公举上蔡语曰：莫为婴儿之态，而有大人之器。莫为一身之谋，而有天下之志。莫为终身之计，而有后世之虑。此之谓心远。（总是为天下，不为一身，计久远，不计目前，可为居官者法。）

【译文】有人曾问胡文定什么是"心远"，胡文定以上蔡人说过的话回答说：不要像个婴儿似的，而要有大人的气度。不要只为自己打算，应该树立以天下为己任的志向。不要只为自己这一辈子考虑，应该为子孙后代做长远谋划。这就是心远的涵义。

《化书》曰：奢者富不足。俭者贫有余。奢者心常贫。俭者心常富。季元衡《俭说》曰：贪饕①以招辱，不若俭而守廉。干请以犯义，不若俭而全节。侵牟以聚仇，不若俭而养福。放肆以逐欲，不若俭而安性。皆要言也。（若璩按炳烛斋随笔。啬于己，不啬于人，谓之俭。啬于人，不啬于己，谓之吝。啬于人，并啬于己，谓之爱。俭者，君子之德也。吝与

王伯厚《困学纪闻》

爱，小人之事也。斯言出晏子。如晏子者，真能俭者也。）

【注释】①贪饕：贪得无厌。

【译文】《化书》中讲到：奢侈的人，虽然富裕，也不觉得满足。俭朴的人，虽然贫穷却仍有结余。奢侈的人内心常常是贫穷的。节俭的人内心常常是富足的。季元衡在《俭说》中说道：因贪婪而招致耻辱，不如节俭可以守住清廉。巴结权贵而侵犯道义，不如节俭可以保全节操。侵吞抢夺难免聚集仇怨，不如节俭可以养心。放肆地纵欲，不如节俭可以安定心性。这都是重要精妙的话啊。

荀悦《申鉴》曰：睹孺子之驱鸡，而见御民①之术。孺子之驱鸡，急则惊，缓则滞，驯则安。（治民少不得宁耐二字，此喻切妙。）

【注释】①御民：治理百姓。

【译文】荀悦在《申鉴》中讲到：看到孩子驱鸡的行为，就明白治理民众的方法了。小孩子赶鸡，太急，鸡就会惊慌，太慢，鸡就会停下，驯服了，鸡也就会听话了。

钱文季《维摩庵记》云：维摩诘，非有位者也。而能视人之病为己之病。今吾徒奉君命、食君禄，乃不能以民病为己责，是诘之罪人也。

【译文】钱文季在《维摩庵记》中讲到：维摩诘，不是有地位的人。却能视别人的病如同自己的病一样。如今我们奉国君的命令、享受着国君赐予的俸禄，却不能把人民的疾苦看作自己的责任，这在维摩诘眼中，是罪人啊。

龙图梅公《五瘴说》

（公名挚，字公仪，宋成都人。官谏议大夫。此倅昭州时作。）

宏谋按：此文刻于桂林龙隐洞之岩石。当时仕于斯者多患瘴，故作此说。所列五瘴，皆仕宦之积病，而水土之恶不与焉。盖瘴自外来者可却，瘴自内出者不可避也。大凡居官，每每计较地方苦乐，以为忧喜。若惟恐地方之有累于己，而不虑己之有负于地方。以此五者自省，亦可知所置力①。正不徒身在瘴乡者，书之以自壮耳。

【注释】①置力：置办。

【译文】编者按：此文刻在桂林龙隐岩洞的岩石上。当时在这里做官的人大多担心此地的瘴气，所以写下这篇文章。这里列出的五种瘴气，都是做官长期积累下的弊病，而与水土恶劣无关。从外引起的瘴气可以躲避，由内引发的瘴气则不能躲避。大多做官的人，都会去在意做官的地方是苦地还是福地，并因此而感到高兴或是忧郁。如果只是害怕地方的事使自己受累，而不考虑自己是否做过有负于地方的事。就应该用这篇文章来自我反省，然后也可以知道所该置办出力的事了。这不只是为只身在瘴乡的人，写下来给自己强身壮胆的。

仕有五瘴，避之犹未能也。急征暴敛，剥下以奉上，租赋之瘴也。深文以逞^①，良恶不白，刑狱之瘴也。晨昏荒宴，废弛^②王事，饮食之瘴也。侵牟民利，以实私储，货财之瘴也。盛^③陈姬妾，以娱耳目，帷薄^④之瘴也。有一于此，民得以怨之，神得以怒之。而后逆气成象，俾^⑤安者疾之，疾者殒^⑥之，以示天戒。虽曰在辇毂^⑦下，亦不可逭^⑧，矧^⑨荒远乎。世之仕者，或不自知五瘴之过，止归咎于土瘴，得不谬与。

【注释】①逞：放任。②废弛：荒废懈怠、败坏。③盛：广泛。④帷薄：帷帐。⑤俾：使。⑥殒：杀死。⑦辇毂：天子、京师。⑧逭：逃避。⑨矧：况且。

【译文】做官有五种弊病，想躲避也有可能躲避不了。紧急征兵，暴敛钱财，剥削百姓来贿赂上面的人，这是征税的瘴气啊。放任法律条文严苛，好坏不分，这是刑狱的弊病啊。从早到晚都放纵在宴席上，败坏国事，是饮食的弊病啊。侵害民众利益，来充实私人的资产，是财富的瘴气啊。广泛收纳姬妾，来娱乐自己的耳朵和眼睛，是淫乱的瘴气啊。有一种瘴气在这里，人民就会因此而抱怨，神明就会发怒。然后形成不好的气象，使健康的人患病，使患病的人被杀死，以显示上天的惩罚。即使生活在天子脚下，也不可以逃避，更何况荒远的地区呢。世上做官的人，有的人不知道自己有五种瘴气的过错，只归咎于当地气候引起的瘴气，能不荒谬吗？

许鲁斋语录

（先生名衡，字平仲，元时河南河内人。官国子监祭酒，谥文正，从祀庙庭。）

宏谋按：先生数逢阳九①，隋眍②戎马之间。独以正心诚意之学倡其徒，以学校农桑③之务告其君。使尧舜之所以为治，孔孟之所以为教者，灿然复明于世。厥④功鉅⑤矣。惜其疏稿多削而不存。集中所载，十无二三。兹采其言之关于治道者，附见一斑。有志者悉心玩味，随事体验，亦可以卓然自立矣。

【注释】①阳九：灾荒年景和厄运。②眍（kōu）：眼窝深陷。③农桑：农业。④厥：代词，相当于"其"，"他的"。⑤鉅：通"巨"。

【译文】编者按：许鲁斋先生屡次碰到灾荒厄运等困境，目睹经历了许多战争动乱。却依然向他的徒弟倡导心术端正、意念真诚的修养学说，向他的君主禀告兴办学校、农业的实务。使得尧舜时期治理有方的场景，孔子孟子所实行的教育理念，在当时又重现了当年的辉煌。许鲁斋先生的功劳是很伟大的。可惜的是他奏疏的草稿大多已经被销毁不存在了。集中记载的草稿，还不到他实际的十分之二三。采纳他关于治理国家的方针措施的言论，可以从一点而推知全貌。有志向的人细心体会其中意味，随时随地体验，也可以超凡于众，自强自立了。

孔子曰：政宽则民慢，慢则纠之以猛。猛则民残，残则施之以宽。宽以济猛，猛以济宽，政是以和。斯不易①之常道也。

【注释】①易：变。

【译文】孔子说过：政令宽大民众就会怠慢，民众怠慢了就需要用刚猛的政策来纠正。政策刚猛民众就会受到伤害，民众受到伤害了就要施予他们宽厚的政策。宽厚用来协助刚猛，刚猛用来协助宽厚，政治这样才能得以和谐。这就是永久不变的常理。

革人之非，不可革①其事，要当先革其心。其心既革，其事有不言而自革者也。

【注释】①革：改变、除去。

【译文】要改变人的错误，不能直接改变他的这件事，应当首先改正他的错误思想。他的错误思想已经被改变了，他所做错的这件事不需言明，他自己就会改正了。

恐害己者，必思所以害人也。岂知利人则未有不利于己者也。至于推勘①公事，已得人情，适当其法，不旁求深入，是亦利人之一端也。彼俗吏不达此理，专以出罪②为心，谓之阴德。予③曰不然。履正奉公，嫉恶举善，人臣之道也。有违于此，则恶者当害之，而反利之。善者当利之，而反害之。明不能逃其刑责，幽不能欺于神明，顾阴德何有焉。

【注释】①推勘：考察、推求。②出罪：把有罪判为无罪或把重罪判为轻罪。③予：同"余"，我。

【译文】害怕别人害自己的人，也一定想着怎么去害别人。但他哪里知道，还没有只让别人得到好处而自己得不到好处的人。至于考察执行公事，已经得到了别人的情谊，合理妥当运用法度，不四处征求深入了解，也是让人得到好处的一个方面。那些庸俗的官吏不懂得这个道理，专门从内心出发，把有罪判为无罪或重罪判为轻罪，还美其名曰做了可以在阴间记功的好事。我认为不是这样。走正路奉行公事，痛恨坏人坏事，推举颂扬好人好事，是作为臣子应该遵守的道义。有悖于这个道义，坏人应该受到损害，反而让其得到好处。好人应该得到好处，反而让其得到损害。在明面上既不能逃脱他的刑罚和责任，在暗处也不能欺骗神明，所以哪里来的阴德呢？

每临事，且勿令人见喜。既令人见喜，必是偏于一处。随后便有弊。既不令人喜，亦不令人怒，便是得中。

【译文】每当面临处理事情的时候，暂时不要让人觉得欣喜。既然是让人觉得欣喜，肯定是偏向于其中一方。然后就会出现弊端。既不让人觉得欣喜，也不让人觉得恼怒，这就是正合适的方法。

地力之生物有大数。人力之成物有大限。取之有度，用之有节，则常足。取之无度，用之无节，则常不足。生物之丰歉由天，用物之多少由人。

【译文】大地的力量生出的生命和物质是有大的定数的，人的力量创造的物质是有大的限度的。取用这些物质要有限度，使用这些物质要有节制，那么就会时常能够充足。取用这些物质没有限度，使用这些物质没有节制，那么就经常不能满足需要。生命和物质是丰收还是歉收是由上天决定的，使用这些物质的多少是由人决定的。

为人臣这，常存心于君。以君心为心，承顺①不忘。愿国家之事都得成就。即是至公心，可谓仁也。于自己为臣之分，各有所当职。常保守其分，不致亏失。可谓义也。

【注释】①承顺：顺从，承受。

【译文】做为臣子的，要一直心系自己的君主。以君主心里所想为自己心里所想，顺从承受不能遗忘。希望国家社稷的大事都能够取得成就。这就是最大公无私的心，可以说是仁了。对自己来说，应当做好为人臣子的本分，各人都应担当起自己的职责。时常保守自己的本分，不能导致亏损和损失。这就可以说是义了。

人要宽厚包容，却要分限严。分限①不严，则事不可立，人得而侮之矣。魏公素宽厚，及至朝廷事，凛然不可犯也。所以为当世名臣。今日宽厚者易犯，威严者少容②，于事业之际，皆有病。

【注释】①分限：约束和界限。②少容：不容情。

【译文】做人应当宽厚包容，但也要有严格的约束和界限。界限不严格，做事就不能立足，就会被别人侮辱。魏公向来宽厚，一旦涉及朝廷上的事情，就严正而令人敬畏，不容侵犯。所以才成为当今世上的名臣。当今宽厚的人容易被冒犯，有威严的人不容情，对于国事大业来说，都是有弊病的。

天地只是个生物心。圣人只是个爱物心，与天地心相似。百端用意，只是如此。礼乐刑政，皆是也。刑法家说，便不如此，便失了圣人本心，便与事物为敌。一切以法治之，无复仁恩。

【译文】天地只是有创造万物的心，圣人只是有爱护万物的心，跟天地之心是相似的。各个方面的意图，都是这样。礼法、乐教、刑罚以及各项政令，都是这样。刑法学家认为，不是这样，由此就失去了圣人本来的心意，就与万事万物成为了敌人。所有的一切都用法律来治理，就再也没有仁德和恩慈可言了。

圣人如何能使百姓无讼？只是说谎不着实的人，向圣人面前，不敢尽意说他那妄诞的虚辞。盖因圣人能明自家的明德，于事理所止处，件件都明白。能使百姓每畏服他，自然无那颠倒曲直、相争讼的。所以讼不待听，而自然无了。

【译文】圣人怎样才能让百姓不控诉？只是说谎不诚实的人，在圣人面前，不敢肆意说他那荒诞的虚辞。原因是圣人能够明白各自家的美德，在事理所到之处，件件都明白。能够让百姓都敬畏信服于他，当然没有那种颠倒是非曲直、争相控诉的情况。所以控诉不等待听，自然就没了。

小儿或饥或寒，自家不会说。为慈母的保爱他，用心诚求，探求他所欲。虽不能尽中其意，也不甚相远。若百姓的好恶，比小儿又容易晓。为人上①的，但推此心，诚实去求之，未有不得其所欲者。

【注释】①人上：处于统治地位的人。
【译文】小孩有时候饿了有时候冷了，自己并不会说话。作为慈母的保护疼爱他，用心是真诚的，去探求小孩想要的。虽然不能彻底明白小孩的含义，但相差也不会太远。而百姓的喜好和厌恶，相比于小孩，就容易理解的多了。处于统治地位的，但凡能够推行这种心态，真诚地去探求，还没有得不到他想要的东西的。

古者大学之道以修身为本。凡一事之来，一言之发，必求其所以然，与其所当然。不牵于爱，不蔽于憎，不因于喜，不激于怒。虚心端意，熟思而密处之。虽有不中者盖鲜矣。

【译文】 古时候大学的宗旨以修养身心为基础和本源。凡是一件事情的由来，一句话的发声，一定要追寻事发背后的原因，以及事物应当如此存在的道理。不因个人喜爱而偏私，不因个人憎恶而回避，不因为高兴而做，也不因为激怒而做。虚心专意，深思熟虑然后亲密融洽相处。即使有没有达到的人，也是很少的。

人之情伪①，有易有险。险者难知，易者易知。易知者，虽谈笑之顷，几席之间，可得其底蕴。难知者，虽同居共事，阅月穷年，犹莫测其意之所向。虽然，此特系夫人之险易者然也。又有众寡之辨焉。寡则易知，众则难知。难知非不智也，用智分也。易知非多智也，合小智而成大智也。故在上之人，难于知下。在下之人，易于知上。其势然也。处难知之地，御难知之人，欲其不见欺也盖难矣。

【注释】 ①情伪：真诚与伪装。
【译文】 人的真诚与虚伪，有的平坦有的险阻。险阻的人难以被理解知晓，平坦的人容易被理解知晓。容易被理解知晓的人，虽然在谈笑的顷刻间，在宴会之间，就可以得知他的底蕴。难以被理解知晓的人，虽然与其一起居住一起共事，经年累月，仍然难以揣测到他的意图和动向。即使如此，这是人特有的平坦与险阻。又有多或少的分辨。少就容易知晓，多就难以知晓。难以知晓并不是没有智慧，是智慧被分散了。容易知晓也并非足智多谋，是集合小的智慧合成为大的智慧。所以处于统治地位的人，是难以知晓被统治阶层的。而被统治阶层，却容易知晓处于统治地位的人。是形势导致这样的。处于难以知晓的地位，统治着难以知晓的人，想要不被欺骗也是很难的。

审而后发，发无不中。否则触事遽喜，喜之色见于貌，喜之言出于口，人皆知之。徐考其故，知无可喜者，则必悔其喜之失，甚至先喜后怒。先喜是，则后之怒非也。号令数变，无他也，喜怒不节之故。

【译文】仔细观察，然后才能开始行动，这样开始行动没有不成功的。否则碰到一件事就感到欣喜，欣喜的神色就表现在外貌上，欣喜的言论就会说出口，人人都会知道。慢慢考究其中原因，知道并没有值得欣喜，就一定会后悔他由于欣喜而造成的过失，甚至先是欣喜后转为恼怒。先欣喜是对的，后来的恼怒是不对的。发布的命令屡次改变，不是别的，是喜怒没有节制的缘故。

任用人材，兴作事功，自己已有一定之见，然不可独用己意，则排沮①者必多，吾事败矣。稽于众，取诸人以为善，然后可。

【注释】①排沮：排斥抑制。
【译文】任用选拔人才，兴建丰功伟业，自己已经有一定的主见，然而不可以只采用自己的意见，这样排斥抑制的人一定会很多，吾辈的事业就会失败。从群众中稽核，采取群众都认为是好的意见，这样才可以成事。

薛文清公要语

（公名瑄，号敬轩，河津人。永乐进士，仕至礼部侍郎，从祀庙庭。）

宏谋按：先生以理学钜儒，为一代名臣。兹编所录，皆从躬行实践、生平阅历而出。故言之平正无疵，而亲切有味若此。人能悉心体究，严义利之辨，观物我之源，则心地日就光明，规模日就宏远。孰谓儒术迂疏而寡效耶。

【译文】编者按：薛文清公是理学高深的儒者，是明代有名的贤臣。这次编写他的语录，都是从他的亲身行为实践、自己的生平经验得出。所以读起来公道正派没有瑕疵，并且如此贴切有味道。如果人能尽心体察考究，严格探究道德行为与物质利益的关系，观察外物与己身的源头，那么心地会越来越光明，格局就会越来越大，谁说先秦儒家的学说迂远疏阔缺少成效呢？

吾居察院中，每念韦苏州自惭居处崇，未睹斯民康之句，惕然^①有惊于心云。

【注释】①惕然：警觉省悟。
【译文】我在院子里观察，每当读到韦苏州的"自惭居处崇，未睹斯民康"的句子，我的心中警觉省悟，自警自励。

孔子曰：不患无位，患所以立。惟亲历者知其味。余忝（tiǎn）清要，日夜思念，于职事万无一尽。况敢恣肆于礼法之外乎？

【译文】孔子说：不患无位，患所以立。只有亲身经历过的人才知道其中的意味。居高位管理重要的政务，日日夜夜的思考，对工作是否有一点没竭力做到的，怎么还敢不顾忌礼仪法度呢？

凡国家礼文制度，法律条例之类，皆能熟观而深考之，则有以酬应世务，而不戾乎时宜。

【译文】只要是国家礼经所载的制度，法律条文一类，都要做到熟悉谨记并且深入的了解，那么就可以解释应对各项工作，并且合乎当时的需要。

为官最宜安重。下所瞻仰，一发言不当，殊愧之。

【译文】做官以安详稳重最为合适。下属崇拜仰慕你，若你发表言论不恰当，会很惭愧。

二十年治^①一"怒"字，尚未消磨得尽，以是知克己最难。

【注释】①治：研究，对治。
【译文】多年来对治一个"怒"字，至今未曾消磨殆尽，如此才知道最难的是克制自己。

人之子孙，富贵贫贱，莫不各有一定之命。世之人不明诸此，往往于仕宦中，昧冒礼法，取不义之财，欲为子孙计。殊不知子孙诚有富贵之命，今虽无立锥之地以遗之，他日之富贵将自至。使其无富贵之命，虽积金如山，亦将荡然不能保矣。况不义而入者又有悖出之祸乎。

【译文】我们的子孙后代或荣华富贵或贫穷卑贱，无非都有各自的命运。世上的人不明白这类道理，常常会在官场上，违背礼法制度，得到不义的财富，想为子孙谋划打算。竟然不知道假如子孙的确有荣华富贵的命运，现在虽然没有一个小地方留给他，日后荣华富贵也会自己到来。如果子孙没有荣华富贵的命运，虽然给他留下堆成山的财富，也将会保不住财产全部耗尽。况且用不正当的手段得来的财物，也会被别人用不正当的手段拿走。

余每夜就枕，必思一日所行之事。所行合理，则恬然安寝。或有不合，即展转不能寐，思有以更其失。又虑始勤终怠也，因笔录以自警。

【译文】我每天入睡时，一定会思考一天的所做作为。做的事情合理，就可以安心的入睡。如果做的事情有不妥当的，就会翻来覆去无法入睡，思考现有的方法来弥补做错的事情。又担心开始时勤奋后期倦怠，因此会用笔记下来用以自我警醒。

视民如伤，当铭诸心。

【译文】把人民当做有伤病的人去照顾，应当铭记在心。

宁人负我，毋我负人，此言当留心。

【译文】宁可其他人对不起我，我不能对不起其他人，这句话应当放在心上。

修德行义之外，当一听于天。若计较利达，日夜思虑万端。而所思虑者，又未必遂，徒自劳扰，只见其不知命也。

【译文】修养德行、躬行仁义以外，应当听顺天命。如果计较利益得失，常常思考很多。然而所思考的事情又不一定如愿，自己苦劳烦扰也是徒劳，可见这是不知道天命啊。

不可因小人包承而易其志。

【译文】不能因为不正派的人的奉承而改变志向。

处人之难处者，正不必厉声色，与之辨是非，较长短。惟谨于自修，愈谦愈约，彼将自服。不服者，妄人也，又何校焉。

【译文】对待不好相处的人，更不必急赤白脸的跟他辩论对错，争高下，就谨记提高自我修养，越谦虚越自我约束，对方就会自己臣服。若还不服就是狂妄之徒了，跟狂妄之徒又有什么好计较的呢？

有益者不为，无益者为之，所以苦其劳，而不见成功。

【译文】有益处的事情不去做，毫无益处的事情却去做。这正是付出了努力却无法得到成功的原因。

不可乘喜而多言。不可乘快而易事。

【译文】不要趁着高兴就乱说话，不要趁着快乐就轻率地做事。

不可因人曲为承顺，而遂与之合。惟以义相接，则可以与之合。

【译文】不能因为被人对自己曲意奉承就和他结交。只有因道义相契合，那么才可以与他相交。

待吏卒辈，公事外不可与交一言。

【译文】对待胥吏与衙役，除了公事之外，不能同他们多说一句话。

待下固当谦和。谦和而无节，反纳其侮。所谓重巽^①吝也。惟和而庄，则人自爱而畏。

【注释】①巽：谦恭、卑顺。
【译文】对待属下固然应当谦和。但是没有节制的谦和，反而会招致他们的侮辱。这就是我们所说的要注重有节制的谦和。只有谦和而庄重，才能让人爱戴和畏惧。

事才入手，便当思其发脱。

【译文】事情刚接到手，就应当考虑怎样处置。

事已往，不追，最妙。

【译文】事情已经过去了，不再去追究，这是最好的。

文中子曰：僮仆称恩，可以从政矣。

【译文】文中子曾说过：仆人们都称赞他的恩惠，那么他就可以为官参与政事了。

文中子曰：多言不可与远谋。多动不可与久处。

【译文】对于喜欢说道的人，不可以与他商量重大的事情；对于轻举妄动的人，不可以与他长期相处。

所见既明，当自信。不可因人所说如何，而易吾之自信。

【译文】自己的见解是明智的就应该对此持自信的态度，不能因为别人的看法而改变自己的自信。

君子取人之德义。小人取人之势利。

【译文】君子最看重的是他人的道德信义，小人最看重的是他人的权势和钱财。

疑人轻己者，皆内不足。

【译文】猜想别人轻视自己的人，都是不自信的表现。

不可强语人以不及。非惟不能入，彼将易吾言矣。

【译文】不要勉强对别人说他不知道的东西。非但不能被接受，反而会改变我的话。

人未己知，不可急求其知。人未己合，不可急与之合。

【译文】对于不了解自己的人，不能让他急于了解自己。对于彼此无交情的人，不能急于和他结为好友。

闻人毁己而怒，则誉己者至矣。

【译文】听到别人批评自己就发怒，奉承自己的人随着就来了。

人誉己，果有善，但当持其善，不可有自喜之心。无善，则增修焉可也。人毁己，果有恶，即当去其恶，不可有恶闻之意。无恶，则加勉焉可也。

【译文】别人称赞自己，果真有优点，只应当保持优点，不可内心沾沾自喜。如果自己没有优点，就应增进品德修养。别人诋毁自己，果真有缺点，就应当改正缺点，不可厌恶别人说自己的缺点。如果自己没有缺点，就应当自我勉励。

自家一个身心，尚不能整理，更论甚政治。

【译文】自己的身体和精神都不能料理，更不要说谈论什么政治了。

当官不接异色人，最好。不止巫祝尼媪，宜疏绝。至于匠艺之人，虽不可缺，亦当用之以时。大不宜久留于家。与之亲狎，皆能变易听闻，簸弄是非。儒上固当礼接。亦有本非儒者，或假文辞，或假字画以媒进①。一与之款洽②即堕其术中。如房管为相，因一琴工董庭兰出入门下，依倚为非，遂为相业之玷。若此之类，皆能审察疏节，亦清心省事之一助。

【注释】①媒进：谋求进身。②款洽：亲密。
【译文】做官的不接触那些奇异的人是最好不过了。不只占卜祭祀的人和尼姑，要加以疏远，杜绝来往。而工匠艺人，虽然不能缺少他们，也应当在合适的时候才用他。万万不可将他们久留在家亲密交往，这样就会搬弄是非、混淆视听。有学问的人应该加以礼遇，但也有本来不是有学问的，或是假借文词，或是假借字画以谋求进身的。一旦同他们过于亲密了，就会被他们的手段所蒙骗。例如房琯，他在担任宰相时，门下有一个琴工董庭兰，仰仗他的权势为非作歹，这也成为房琯担任宰相时的一个污点。像这种事，如果都能仔细察看而来维护自身的节操，对自身也是一个重大的帮助。

心不可有一毫之偏向。有则人必窥而知之。余尝使一走卒,见其颇敏捷,使之稍勤,下人即有趋重之意。余遂逐去之。此虽小事,以此知当官者当正大明白,不可有一毫之偏向。

【译文】内心不应该有一丝一毫的偏向,如果有那么就会被人窥探得知。曾经我手下有一个小卒,我看他办事很爽快敏捷,就经常指使他。下人看到我这样于是就对这个人格外亲近。于是我就将他驱逐走了。这虽然是一件小事,但是想以此来告诫为官之人,应当正大光明,不能有一丝一毫的偏向。

畲于坐立方向、器用安顿之类,稍有不正,即不乐。必正而后已。非作意为之,亦其性然。

【译文】对于坐立的方向,器具摆放的位置,如果稍微有一点儿不合适的地方,就会不高兴。一定要摆正才行。这不是有意去这样做的,而是性格使然。

见事贵乎理明,处事贵乎心公。理不明,则不能辨别是非。心不公,则不能裁度可否。惟理明心公,则于事无所疑惑,而处得其当矣。

【译文】看待事情最重要的是明事理,处理事情最重要的是心怀公平正义。事理不清楚,那么就不能明辨是非。内心不能做到公平正义,那么就不能裁决事情的可行与否。只要明事理、心怀公平正义,那么遇到事情就不会疑虑,处理事情也就恰当可行了。

立法之初，贵乎参酌事情。必轻重得宜，可行而无弊者，则播告之。既立之后，谨守勿失。信如四时，坚如金石，则民知所畏，而不敢犯矣。或立法之初，不能参酌事情。轻重不伦，遽施于下。既而见其有不可行者，复遂废格。则后有良法，人将视为不信之具矣。令何自而行，禁何自而止乎？

　　【译文】在开始制订法律的时候，最重要的是参考事实进行仔细斟酌，一定要轻重适度，可以实施并没有弊端，就可以公布了。一旦制订确立了法律，就应当严格地遵守它。像四时更替一样信服，像金石般地坚定不移，那么百姓就会对它有所畏惧，因而不敢触犯它。假如在开始制订法律的时候，不能参考事实进行仔细斟酌，不管轻重是否适度得当，着急颁布实施。实施之后又发现它有不合理的地方，于是又加以废黜修改。那么即使后来有了好的法律，百姓仍将认为它不可信。那么命令又将怎么执行呢？

　　中①者，立法之本。信者，行法之要。

　　【注释】①中：不偏不倚，公正。
　　【译文】公正是立法的根本，诚信是执法的关键。

　　为政以爱人为本。

　　【译文】治理政务应当把关爱百姓当做最根本的事情。

　　法者，因天理、顺人情，而为之防范禁制也。当以公平正大之心，制其轻重之宜。不可因一时之喜怒而立法。若然，则不得其平者多矣。

【译文】法律，遵循天道，顺应民情，是用来防范和禁止恶行的。应该用公平、正义之心，让它轻重适度。不能因为一时的高兴和愤怒就来制定法律，这样法律就会有许多不公平的地方。

论事不可趋一时之轻重，当思其久而远者。

【译文】评价一件事情，不能只看重一时的轻重缓急，而应当从长远的角度来考虑它。

用人当取其长而舍其短。若求备于一人，则世无可用之才矣。

【译文】用人应当用他的长处而不用他的短处，如果要求一个人事事都会，那么世上就找不到这样可用的人。

凡取人，当舍其旧而图其新。自贤人以下，皆不能无过。或早年有过，中年能改。或中年有过，晚年能改。当不追其往而图其新，可也。若追究其往日之过，并弃其后来之善，将使人无迁善之门，而世无可用之才也。以是处心，刻亦甚矣。

【译文】大凡用人，不要计较他的过去，而要根据他现在的表现。除了那些贤人，谁还能没有过失呢？有时是早年有过错，到了中年改正了。有时是中年有过错，到了晚年改正了。应该不去追究他的过往而是关注他的现在，这样是正确的。如果追究他以前的过错，并且摒弃了他后来的善行，那么这将让人没有改过向善的机会了，世上将再也没有可用之人。用这样的思想来处事，未免有点太过于苛刻了。

大抵常人之情，责人太详，而自责太略。是所谓以圣人望人，以众人自待也。惑之甚矣。

【译文】一般而言，严厉责备他人而不谨慎要求自己，这是人的通病。这就是大家常说的用圣人的标准去要求别人，用一般人的标准来看待自己。这真是让人感到很奇怪啊！

酒色之类，使人志气昏酣荒耗。伤生败德，莫此为甚。俗以为乐，余不知果何乐也。惟心清欲寡，则气平体胖，乐可知矣。

【译文】美酒和女色这些东西，容易让人大醉，心志气力逐渐耗竭。伤害生命、败坏品德，这两样东西是最厉害的。世人都以此为乐，而我却不知道这些到底有什么值得快乐的。只有清心寡欲，才能心气平静、外貌安详，这才是我所了解的快乐。

人所以千病万病，只为有己。为有己，故计较万端，惟欲己富，惟欲己贵，惟欲己安，惟欲己乐，惟欲己生，惟欲己寿，而人之贫贱危苦死亡，一切不恤。由是生意不属，天理灭绝。虽曰有人之形，其实与禽兽奚以异。若能克去有己之病，廓然大公，富贵贫贱，安乐生寿，皆与人共之，则生意贯彻，彼此各得分愿。而天理之盛，有不可得而胜用者矣。

【译文】人们之所以会有千万种病灾，主要是因为只考虑自己。只考虑自己，所以就会去斤斤计较、思绪万千，只想让自己富裕，只想让自己尊贵,只想让自己平安,只想让自己快乐,只想让自己活着,只想让自己长寿。但是对于别人的贫贱、危苦、死亡一概不关心体恤。这是在丧失良心,灭绝天理啊!虽然说他们有人的外表,但是与禽兽又有什么不同。如果能克服并去掉只考虑自己的毛病,大公无私,富贵贫贱,安乐生寿,都能和他人共同拥有,那么就会身心顺畅,人人都能得到自己想要的。这样天理昭然,这个社会就会和谐相处、稳定繁荣。

使民如承大祭。然则为政临民,岂可视民为愚且贱而加慢易之心哉!

【译文】使唤百姓要像承办重大祀典一样谨慎。做官治理百姓,不能把百姓看作是愚笨和下贱之人,因此就加以怠慢。

在古人之后,议古人之失,则易。处古人之位,为古人之事,则难。

【译文】身处古人之后的年代议论古人的过失,这很容易;身处古人的位置来做古人的事,这其实很难。

治人当有操纵,人不得而怨之。

【译文】治理百姓应该有章法和手段,百姓才不会因此而埋怨。

常见人寻常事处置得宜者,数数为人言之,陋亦甚矣。古人功满天地,德冠人群,视之若无者,分定故也。如治小人,宽平自在,从容以处之。事已,则绝口不言。则小人无所闻以发其怒矣。

【译文】时常会有这样的人，一件普通的事务处理得很得当，就每每对人谈论它，这样做见识未免也太短浅了。古代的人功满天下，德行高过众人，对此却视而不见，这是由他的本分确定了（会是这样）。例如治理奸邪小人，以宽大公正、身心舒畅的方式，从容地来处理它。事情结束以后，就绝口不再提及这件事，那么小人听不到什么也就没地方发泄他的怒气了。

法者，天讨也。或重或轻，一付之于天可也。或治奸顽，而务为宽纵。暴其小慈，欲使人感己之惠，其慢天讨也甚矣。

【译文】法律，这是上天的惩治。是轻还是重，一切取决于上天。惩治奸诈不法的人，却要去宽容放纵。显示自己小小的慈悲，想要让人感念自己的恩惠，这是在怠慢上天的惩罚。

情可矜①，虽从宽典，又当使之不知其宽可也。

【注释】①矜：怜悯。
【译文】从感情上可以怜悯的，即使给予了宽大的处理，也应当不让他知道可以宽大处理这种事。

为政当以公平正大行之，是非毁誉，皆所不恤。必欲曲徇①人情，使人人誉悦，则失公正之体，非君子之道也。

【注释】①曲徇：顺从。
【译文】从政为官应该光明正大，公平的处事，个人是非，毁损与赞誉，都不要太过于关注。一定要去顺从人情，让每个人都称赞、高兴，就会丢失公平正义，这不是君子应该做的。

只令在己者处得是，何恤浮言。

【译文】只要自己的行为端正，怎么会怕那些谣言呢?

世有假官柄以济贪欲者，吾不知此何心也。

【译文】世间有凭借官权来帮助那些贪得无厌之人的官员，我不知道他们是何居心。

至诚以感人，犹有不服者，况设诈以行之乎?

【译文】极其真挚诚恳来感化人尚且还有不服从的，更何况通过施用诡计来进行呢?

养民生，复民性，禁民非，治天下之三要。

【译文】抚育百姓的生计，恢复民众的本性，禁止百姓的非法行为，这是治理天下三个最关键的要点。

文中子曰: 古之从仕者养人，今之从仕者养己。切中后世禄仕[1]之病。

【注释】①禄仕: 泛指居官食禄。

【译文】文中子说过：古代做官的人能够抚育百姓，现今当官的人只能抚育自己。正说中后世居官食禄之人的弊病。

政出于一，则治有所统，而民心信。

【译文】政令出于一处，那么治理就能够统一，民心也就能信服。

惟以文辞名位自高，而贪鄙之行有不异常人者，斯亦不足贵也已。

【译文】凭借文章名爵来自以为是的人，他们贪婪卑鄙的行为同平常人没有什么差别，这样的人不值得一提。

人当大着眼目，则不为小小者所动。如极品之贵，举俗之所歆重。殊不知自有天地来，若彼者多矣。吾闻其人亦众矣，是又足动吾念邪？惟仁义道德之君子，虽愿为之执鞭①，可也。

【注释】①执鞭：持鞭驾车。
【译文】人应当从大处着眼，那么就不会被小事所烦扰动摇。如果是地位极高贵的人，那么就会被全社会的人所重视和关注。岂不知，自从有了天地以来，像这样的人实在是太多了。我听说过的（这样的人）也很多，难道这又能动摇我的信念吗？只有那些仁义道德的君子，即使是为他们持鞭驾车，我也愿意。

以己之廉，病人之贪，取怨之道也。

【译文】自己清廉是对的，但不要苛求别人也和你一样。如果"病人之贪"，就会招来怨恨。

为政通下情为急。

【译文】为政治国，最急迫重要的是通察下面的民情。

爱民而民不亲者，皆爱之不至也。《书》曰：如保赤子。诚能以保赤子①之心爱民，则民岂有不亲者哉！

【注释】①赤子：刚生的婴儿。
【译文】关爱百姓但百姓却不亲近他的官员，都是因为关爱的还不到位。《尚书》中说道：像护理婴儿一样去关爱百姓，那么百姓怎么还会不亲近官员呢？

锦衣玉食，古人谓惟辟①可以有此。以其功在天下，而分所当然也。世有一介之士②，得志一时，即侈用无节。甚至里衣皆绫绮之类，宜其颠覆之无日。此余有目睹其事者，可为贪侈之戒。

【注释】①辟：君主。②一介之士：一个微末的士人。
【译文】鲜艳华美的衣服，珍美的食物，古人说只有君王可以这样。凭借他功在天下，这是他理所应当享受到的。世俗中的微末士人，一时得志，就毫无节制的奢侈享用，甚至连贴身上衣都是绫绮这样的东西，那么他的败亡就为时不远了。这是我曾亲眼目睹过的事情，应当被那些贪婪奢侈的人引以为戒。

不欺君，自不欺心始。

【译文】不欺瞒君上，从不欺骗自己的内心开始。

正以处心，廉以律己，忠以事君，恭以事长①，信以接物，宽以待下，敬以处事②。居官之七要也。

【注释】①长：长辈。②处事：从事政务。
【译文】努力让自己做到公正，要求自己廉洁，侍奉君主一定要做到忠诚，对待长辈要做到恭敬，待人接物一定要守信用，对待下属一定要做到宽厚，从事政务一定要做到敬爱自己的工作，这是做官的七条重要的准则。

凡所为，当下即求合理。勿曰今日姑如此，明日改之。一事苟，其余无不苟矣。

【译文】凡是在做事，就应立即追求事情的合理性。不能说今天暂且这样，明天再来改正这样的话。如果对待一件事是这样，那么对待其他事也会是这样。

去弊当治其本。本未治而徒去其末，虽众人之所暂快，而贤知之所深虑。

【译文】去除弊端应该从它的本源开始，本源尚未得到治理而只是去掉它的细微末节。虽然众人暂时很高兴，但是贤达之人却深有远虑。

李景让母郑氏曰: 士不勤而禄, 犹灾其身。虽妇人之言, 亦可以为居官怠职者之戒。

【译文】李景让的母亲郑氏说: 做官的不勤于政事而空食俸禄, 这就是人生的灾难。虽然是妇人之言, 但是也可以称为那些为官懈怠之人的警戒之言。

不可假公法以报私仇。不可假公法以报私德。

【译文】不能借国家的法律来报私人仇怨; 不能借国家的法律来报个人恩惠。

为官者, 切不可厌烦恶事。苟视民之冤抑①一切不理, 曰: 我务省事。则民不得其死者多矣。可不戒哉!

【注释】①冤抑: 冤屈。
【译文】做官的人, 一定不能厌烦恶事。如果对待百姓的冤屈, 一概不加以理会处理, 却说: 我是为了减少事端。如果这样百姓就会有很多得不到公平对待而死去的人。这难道不值得引以为戒吗?

一命①之士, 苟存心于爱物, 必有所济。盖天下事, 莫非分所当为。凡事苟可用力者, 无不尽心其间, 则民之受惠者多矣。

【注释】①一命: 指官位低微。

【译文】哪怕只是小官，如果有心关爱万物，对于众人也会有所帮助。天下之事，难道不是本分以内所应该做的事吗？凡事如果可以用心努力去做，那百姓就可以从中得到很多的恩惠。

昔人谓律是八分书。盖律之条目，莫非防范人欲，扶翼天理，故谓之八分书。

【译文】从前的人称法律是八分书。大概是因为法律的条例，都是用来防范人的欲望，护持天道的，因而称它为八分书。

临属官，公事外，不可泛及他事。

【译文】面对下属的官员，除了公事之外，不能再论及别的（与公事无关的）事情。

作官常知不能尽其职，则过人远矣。

【译文】做官如果经常能认识到自己尚未尽职尽责，那么就称得上是一位杰出的好官了。

处大事，不宜大厉声色，付之当然可也。

【译文】处置大事不应该过于大声和严厉，按照日常的程序去做就可以了。

为政须通经有学术者。不学无术，虽有小能，不达大体。所为不

薛文清公要语

过胥吏法律之事尔。

【**译文**】从政需要的是精通经书有学问的人。没有学问，即使小有能力，也不能明白重要的义理。所做的也不过只是文书、法律这些事务罢了。

识量大，则毁誉欣戚，不足以动其中。

【**译文**】识见与度量宏大，那么诋毁与赞誉、喜乐和忧戚，都不足以撼动自己的内心。

法者，辅治之具，当以教化为先。

【**译文**】法律条文、刑法律例这些东西都是用来帮助治理国家的。对待百姓应当首先进行教育和感化。

王文成公《告谕》

（公名守仁，号阳明，明余姚人。官四省总制，封新建伯，崇祀庙庭。）

宏谋按：为治虽有德礼，不废政刑。告谕者，所以章德礼之化，与民相告语。唯恐民之不知而有犯，乃以政防刑，而非以刑为政也。张横渠为令，每有告诫之事，必谆谆恳恳，令其转相传述，并不时觇其晓喻与否，即是此意。近世告文，不论理而论势，止图词句之可听，不顾情事之可行。不曰言出法随，则曰决不宽恕。满纸张皇，全无真意。官以挂示便为了事，而民亦遂视为贴壁之空文矣。阳明先生告谕，动之以天良，剖之以情理，而后晓之以利害。看得士民如家人子弟，推心置腹，期勉备至。民各有心，宜其所至感动也。其余持论，大概即仕即学。扩公溥之量，远功利之习，皆居官之药石。因并录之。

【译文】宏谋按：虽然有道德和礼教的约束，为政也不能废除政令和刑法。告谕是用来昭彰道德礼教的教化，宣告给百姓，惟恐百姓由于不知道而犯法。这是用政治教化来防止触犯刑法，而不是用刑法代替政治教化。张横渠做县令时，每当有需要向百姓布告训诫的事，都一定谆谆恳恳，让他们相互转告，并且不时地要观察百姓是否都已明了，就是这个用意。而近世的布告文字，不讲道理只讲权势。只图遣词造句入耳，不论所宣布之事是否可行。不讲究言出法随，只强调决不宽贷。满纸轻狂，全无诚意。官方悬挂张贴了事，百姓于是也只将其视为一纸空文。王守仁（阳明）先生的告谕，动之以天良，剖之以情理，晓之以利害。视百姓士子如同家人。推心置腹，期望劝勉备至。百姓也是有心的，被他感动也是理所当然的。拓开天下为公的器量，远离功利的习性，这些都是给做官者的药石之言。就此一并复录。

兵荒之余，困苦良甚。其各休养生息，相勉于善。父慈子孝，兄友弟恭，夫和妇从，长惠幼顺，勤俭以守家业，谦和以处乡里。心要平恕，毋怀险谲①。事贵含忍，毋轻斗争。父老子弟，曾见有温良逊让，卑己尊人，而人不敬爱者乎？曾见有凶狠贪暴，利己侵人，而人不疾怨者乎？夫嚚讼②之人，争利而未必得利，求伸而未必能伸；外见疾于官府，内破败其家业；上辱父祖，下累儿孙。何苦而为此乎。此邦之俗，争利健讼，故吾言恳恳于此。吾愧无德政，而徒以言教。父老其勉听吾言，各训戒其子弟。谕军民。

【注释】①险谲：邪恶而又奸诈。②嚚讼：不忠信而好争讼。
【译文】兵荒马乱之后，民生困苦。应让百姓休养生息，相互劝勉从善。父慈、子孝、兄友、弟恭。丈夫和气，妻子顺从，年长者贤惠，年幼者恭顺。勤劳俭仆以守住家业，谦恭和气地与邻里相处。内心要平和宽容，不要心怀奸诈。一事当前，以含容忍让为贵，不要轻易地争斗。父老乡亲们，你们可曾见到温和、善良、谦让，谦卑自己恭敬别人而人们有不尊敬、爱戴的吗？可曾见到凶狠贪暴、利己侵人者，人们却不痛恨的吗？奸诈好讼的人，争利却未必能得利，谋求伸张却未必得以伸张。对外被官府所痛恨，对内破败自己家业。对上羞辱父祖，对下累及儿孙。何苦这样呢？这里的风尚，好争利而善诉讼，所以我很恳切地谈到这个问题。我很惭愧没有德政，只能以语言来教化

开导。父老乡亲要勉励地遵照我的话，各自训诫自己的子弟。（教谕军民）

莅任之始，即闻尔等积年流劫乡村，杀害良善。本欲即调大兵，剿除①尔等。因念尔等巢穴之内，岂无胁从之人。况闻尔等亦多大家子弟。其间固有识达事势。颇知义理者。自吾至此，未尝遣一人抚谕。遽尔兴师剪灭②，是亦近于不教而杀。今特遣人告谕。尔等勿自谓兵力之强，更有兵力强者。勿自谓巢穴之险，更有巢穴险者。皆已诛灭无存，尔等岂不闻见？夫人情之所共耻者，莫过于身被盗贼之名。人心之所共愤者，莫甚于身遭劫掠之苦。今使有人骂尔等为盗，尔必怫然而怒。岂可心恶其名，而身蹈其实。又使有人焚尔室庐，劫尔财货，掠尔妻女，尔必愤恨切骨，宁死必报。尔等以是加人，人其有不怨者乎？人同此心，乃必欲为此，想亦有不得已者。或是为官府所迫。或是为大户所侵。一时错起念头，误入其中。此等苦情，亦甚可悯。然亦皆由尔等悔悟不切。尔等当初去从贼时，乃是生人寻死路，尚且要去便去。今欲改行从善，乃是死人求生路，乃反不敢，何也？若尔等肯如当初去从贼时，拼死出来，求要改行从善。我官府岂有必要杀尔之理。我每为尔等思念及此，辄至于终夜不能安寝，亦无非欲为尔等寻一生路。尔等冥顽不化，然后不得已而兴兵。此则非我杀之，乃天杀之也。今谓我全无杀尔之心，亦是诳尔。若谓我必欲杀尔，又非本心。尔等今虽从恶，其始同是朝廷赤子。譬如一父母所生十子，八人为善，二人背逆，要害八人。父母之心，须除去二人，然后八人得以安生。均之为子，父母之心，何故必欲偏杀二子，不得已也。若此二子者，一旦悔恶迁善，号泣投诚。为父母者，亦必哀悯而收之。何者，不忍杀其子者，乃父母之本心也。吾于尔等，亦正如此。闻尔等辛苦为贼，所得亦不多。其间尚有衣食不充者。何不以为贼之勤苦精力，而用之于耕农，运之于商贾。可以坐致饶富，游观城市之中，优游田野之内。岂如今日担惊受怕。出则畏官避仇，入则防诛惧剿。潜形遁迹，忧苦终身。卒之身灭家破，妻子戮辱，亦有何好。尔能改行从善，吾即视尔为良民，抚尔如赤子，更不追咎尔等既往之罪。若习性已成，更难改动，亦由尔等为之。吾亲率大军，围尔巢穴。尔之财力有限，吾之兵粮无穷。纵皆为有翼之虎，谅亦不能逃于天地之外。尔等若必欲害吾良民。使吾民寒无衣，饥无食，居无庐，耕无牛。父母死亡，妻子离散。吾欲使吾民避尔，则田业被尔等所侵夺，已无可避之地。欲使吾民贿尔，则家资为尔等所掳掠，已无可贿之财。就使尔等今为我谋，亦必须尽杀尔等而后可。尔等好自为谋。吾言已无不尽，吾心已无不尽。如此而不听，非我负尔，乃尔负我矣。呜呼，尔等皆吾赤子，吾终不能抚恤尔等，而至于杀尔，痛哉。谕渝头巢，谕叛盗尚须设身处地，委曲缠绵，冀其感动，况良民耶。

【注释】①剿除：剿灭铲除。②剪灭：铲除消灭。

【译文】我到任伊始，就听说你们常年流窜劫掠乡村，杀害无辜善良。本想立即调来大军剿灭你们，但念及你们的巢穴里怎会没有被胁迫的人。何况我听说你们也大多是大户人家的子弟，其中本来也有识时务，明事理的人。自我到任，还没派一个人前往安抚劝谕。立即兴师进剿，近乎不教而杀。现在特派人前去告谕你们，不要自恃兵力强大，还有兵力比你们更强大的，不要自恃巢穴险要，还有地势更加险要的，都已被消灭干净，你们难道不曾耳闻目睹？被人所共耻的，莫过于身负盗贼的名声。人所共愤的，莫过于遭受劫掠的痛苦。如今，若有人骂你们是强盗，你们一定勃然大怒。怎能心中痛恨这种名声却又去干这种事情。又假如有人烧掉你们的房屋，劫你们财物，抢走妻子儿女，你们一定切齿痛恨，宁死也要报仇。现在你们将这些强加在别人头上，能有不怨恨的吗？人同此心，你们这样做，想必也是有不得已的苦衷。或者是官府所逼，或者是被豪强大户侵害。一时错了念头，误入歧途。这种痛苦情由，也实在令人同情怜悯。然而也是由于你们没有痛切悔悟，你们当初落草时是活人找死路，尚且说去就去了；现在是改过从善，这是死人求生路，为什么却不敢，是为什么？如果你们拿出当初落草时的勇气和决心拼死出来，要求改过从善，官府哪有一定要杀死你们的道理。每次为你们想到这里，我便整夜难以成眠，无非是要为你们找一条生路。如果你们冥顽不化，尔后不得已兴兵，这就不是我要杀你们，而是天要杀你们。今天说我完全没有杀掉你们的想法，那是诳你们。可要是说我一心要杀掉你们，又的确不是我的本意。你们今天虽然作恶，但当初同样是朝廷赤子。好比一个父母所生的十个子女，八人从善，二人背叛忤逆，要害八人。父母的想法，一定是要除掉二人，使八人得以安生。都是自己的子女，按父母的本心，为什么偏偏一定要杀二人呢，是因为不得已。如果这两个子女，一旦改过自新，哭喊着要投诚从善，做父母的也必定会可怜而收容他们。为什么？不忍心杀自己的孩子，是父母的本心。我对你们，与此相同。听说你们辛辛苦苦地做贼，所得到的也不多，其中还有衣食不足的。为什么不把用于做贼的辛苦和精力，运用于农耕，运用于经商，如此可以坐致富饶，游观于城市之中，优游于田野之内。怎么会像现在这样整天担惊受怕，外出则畏惧官府躲避仇人，入内还得防止被杀畏惧被剿灭。隐形遁迹，忧苦终生，最终落得家破人亡，妻离子散的下场，这又有什么好？你们能改过行善，我就把你们看作良民，像抚慰赤子般地抚慰你们，不再追究你们从前的过错。如果劣习已成，难以悔改，那也由得你们。我亲领大军，围剿你们的巢穴。你们的财力有限，我的军粮无穷。纵然你们都是老虎长翅，料想也飞不出天地之外。你们一定要残害良民，使我的良民百姓寒无衣，饥无食，住无房，耕无牛，父母死亡，妻离子散。我想让我的百姓躲避你们，可田产家业已被你们侵占，没有可躲避的地方。我欲让百姓贿赂你们，家产被你们劫掠，已没有用来行贿的财产。即便是请你们替我出主意，也一定是杀尽你们而后快。你们好自为之。我已言无不尽，心无不尽。如果还不听从，不是我有负于你们，而是你们有负于我了。呜呼！你们也都是我的赤子，我最终不能抚恤你们，而至于杀掉你们，真令人痛心啊！

风俗不美，乱所由兴。穷苦已甚，而又竞为淫侈，岂不重自困乏。夫民习染已久，亦难一旦尽变。吾姑就其易改者，渐次诲尔。吾民居丧，不得用鼓乐，为佛事竭赀分帛，费财于无用之地，而俭于其亲之身，投之水火，亦独何心。病者宜求医药。不得听信邪术，专事巫祷，嫁娶之家，丰俭称赀，不得计论聘财装奁。不得大会宾客，酒食连朝。亲戚随时相问，惟贵诚心实礼。不得徒饰虚文，为送节等名目，奢靡相尚。街市村坊，不得迎神赛会，百十成群。凡此皆靡费①无益。有不率教者，十家互相纠察。容隐不举正者，十家均罪。尔民之中，岂无忠信循理之人？顾一齐众楚②，寡不胜众。不知违弃礼法之可耻，惟虑市井小人之非笑。岂独尔民之罪，有司者教导之不明，与有责焉。谕南安赣州军民。

【注释】①靡费：浪费，耗费过多。②一齐众楚：犹一傅众咻。

【译文】风俗不美好，变乱就由此兴起。本来已很穷苦，却竞相荒淫奢侈，岂不是加重贫困。百姓风俗熏染已久，也难以在一天之内改变。我姑且把比较容易改进的，依次教诲你们。百姓办丧事，不要用鼓乐，作佛事。竭尽家资，把钱财浪费在无用的地方，却在亲人身上节俭，（将钱财）投之于水火，这是何用心。患病的人应该求医问药，不要听信邪术，一心求告巫师祈祷。娶妇嫁女的人家，应根据家资财力量力而行，不要计较聘礼嫁妆，不要大会宾客，宴筵连日。亲戚朋友随时走动问候，贵在心诚礼实。不要只求讲排场撑门面，为了送礼等种种名目而以奢靡为时尚。城镇乡村不要举办迎神赛会，百十成群。凡是上述各项都是铺张浪费无益的事。有不服教化的，每十家相互纠察。有隐匿不予举正的，十家均有罪过。百姓之中，怎会没有忠信讲理的人，只是由于一人施教，众人喧扰，寡不敌众。不知道违反背弃礼法的可耻，只顾虑市井小人的非难讥笑。这不只是小民百姓的过错，有关衙署教导不明也是有责任的。

各教读，务遵原定教条，尽心训导。视童蒙如己子，以启迪为家事。不但训饬其子弟，亦复化谕其父兄。不但勤劳于诗礼章句之间，尤在致力于德行心术之本。务使礼让日新，风俗日美。庶不负有司作兴之意。与士民趋向之心。凡教授兹土者，亦有光矣。社学条约。

【译文】各教读读书必遵守原定的教条，尽心尽力地训导。把童蒙看作自己的孩子，把启迪教导当作家事一样。不但训饬其子孙，同时也教化其父兄。不但勤于研习《诗》、《礼》辞章，尤其要致力于品行心术等根本。务必使礼让日益改观，风俗日益美好。这才不辜负上级器重抬举之意，以及士民百姓趋向教化的心情。凡在本乡本土从事教授的，也有光彩了。

昔人有言："蓬生麻中，不扶而直；白沙在泥，不染而黑。"民俗之善恶，岂不由于积习使然哉？往者新民，盖尝弃其宗族，叛其乡里，四出为暴。岂独其性之异？亦由我有司治之无道，教之无方。尔父老子弟，所以诲训戒饬于家庭者不早，熏陶渐染于里闬①者无素，诱掖②奖劝之不行，连属③协和之无具。又或愤怨相激，狡伪相残，故遂使之靡然日流于恶。则我有司与尔父老子弟，皆宜分受其责。呜呼！往者不可及，来者犹可追。故今特为乡约，以协和尔民。自今凡尔同约之民，皆宜孝尔父母，敬尔兄长，教训尔子孙；和顺尔乡里，死丧相助，患难相恤，善相劝勉，恶相告戒，息讼罢争，讲信修睦。务为良善之民，共成仁厚之俗。呜呼！人虽至愚，责人则明；虽有聪明，恕己则昏。尔等父老子弟，毋念新民之旧恶，而不与其善。彼一念而善，即善人矣。毋自恃为良民，而不修其身。尔一念而恶，即恶人矣。人之善恶，由于一念之间，尔等慎思吾言。南赣乡约。

【注释】①里闬(hàn)：里间、里巷。②诱掖：引导扶植。③连属：亲友间相互往来的关系。

【译文】前人有句话："蓬草生长在丛麻中，不扶自然挺直。白沙掉在泥中，不染也会变黑。"民俗的好坏，难道不是长年累月的积习造成的吗？过去的新民，曾背弃其宗族，在乡里寻衅滋事，到处作恶。这岂只是他们性情特异？也是因为有司治理无道、教化无方。而你们这些负有责任的父老在家里没有及时训饬，在乡里没有注意平素的薰染，不进行诱导、扶植、劝勉，关系协调无方。又或者愤怒怨恨相激，狡诈虚伪相残，因此使其日益颓靡流于邪恶，这样说来有司与父老子弟都共同承担责任。哎！往者不可及，来者犹可追。所以现在特意制订乡规民约，用以协调百姓。从今以后凡共同做出约定的乡民，都应孝敬父母，尊敬兄长。教训子孙，与乡里和顺。死丧相助，患难相恤。有善行则相互劝勉，对恶行则相互告诫。停止争讼，讲求诚信，修好邻里。务必努力做良善的百姓，共同成就仁厚的风俗。哎！人虽然很愚蠢，但要求他人时都很明白；人虽然都有点聪明智慧，但用来宽恕自己，就会变得昏暗不明。你们父老子弟念念不忘新民过去的恶行，因而不善待他们。他们若有一念之善，便是善人了。不要自恃为良民，因而不加强自身修养。你们若有一念之恶，便是恶人了。人的善恶，全在一念之间。你们要好好思索我的话。

凡立十家牌，专为止息盗贼。若使每甲各自纠察甲内之人，不得容留贼盗。右甲如此，左甲复如此。城郭乡村，无不如此。以至此县如此，彼县复如此，远近州县，无不如此。则盗贼亦何自而生。夫以一甲之人，而各自纠察十家之内，为力甚易。使一甲而容一贼，十甲即容十贼，百甲即容百贼，千甲即容千贼矣。聚贼至于千百，虽起一县之兵剿除之，为力固已甚难。今有司往往不严十家牌法。及至盗贼充斥，却乃兴师动众。欲于某处屯兵，某处截捕。不治其本，而治其末；不为其易，而为其难，皆由平日怠忽因循，未尝思念及此也。目今务令各甲各自纠举甲内，但有平日习为盗贼者，即行捕送官司，明正典刑。其或过恶未稔，尚可教戒者。照依牌谕，报名在官，令其改化自新。官府时加点名省谕。又逐日督令各家，轮流沿门晓谕觉察。如此，则奸伪无所容，而盗贼自可息矣。

【译文】大凡制订十家牌的制度，是专门用来平息盗贼的。假如每甲都能各自纠察甲内的人，使之不能容留盗贼，右甲如此，左甲也如此，城郭、乡村无不如此。以至于此县如此，彼县也如此，远近州县无不如此，那么盗贼缘何而生。以一甲的人数，各自纠察十家以内的范围，从人力上说是很容易的。假如一甲中容留一个盗贼，十甲即容留十个，百甲即容留百个，千甲即容留千个盗贼了。盗贼积聚千百之多，即使调集全县的兵力进行清剿，从人力物力上说的确太难了。而今有司不去严密十家牌的办法，等到盗贼充斥时，却兴师动众，想在这里屯兵，那里截捕。不治根本，反治其末。不做易于做的，却做难以做到的。这都是由于平时怠惰、玩忽，因循保守，没有想到这一层的缘故。眼下务必命令各甲各自纠察自己职责范围。只要发现平日一向有为盗习性的便立即捕送官府,公开处以刑罚。有的罪恶不大,尚可教育改造的,依照告谕,登记在官,令其改过自新。官府要随时点名加以教导劝告。又须每天督令各家轮流沿门依次宣传督察。这样,奸伪之徒无处容身,盗贼就自然平息了。

大抵法立弊生,必须人存政举。若十家牌式,徒尔编置张挂,督劝考较之法,虽或暂行,终归废弛。各该县官,务于坊里乡都之内,推选年高有德,众所信服之人,或三四十人,或一二十人,厚其礼貌,特示优崇,使之分投巡访劝谕。深山穷谷必至。教其不能,督其不率,面命耳提,多方化导或素习顽梗①之区,亦可间行。乡约进见之时,咨询民瘼②,以通下情。其于邑政,必有裨补。若巡访劝谕,着有成效者,县官备礼亲造其庐,重加奖励。如此,庶几教化兴行,风俗可美。今之守令,不知教化为先,徒恃刑驱势迫,由其无爱民之实心。若果然视民如己子,亦安忍不施教诲劝勉,而辄加棰楚③鞭挞。孟子云:"善政不如善教之得民也,"况非善政乎? 能以此为政,则教亦在其中矣。总要有一片爱民实心。惟恐民之愚而犯法。乃善。

【注释】①顽梗(gěng):固执不通。②民瘼(mò):人民的疾苦。③棰楚(chuí chǔ):一种用木杖鞭打的古代刑罚。

【译文】大抵说来一项法令颁布,弊端便也随之产生,所以必须做到人存政举。比如十家牌法,仅仅编制张挂宣布,而督察劝勉考察的办法,即或暂时推行,终归废弛。像这样的各县县官,务必在乡里街坊之内推举年高德昭、能使众人信服的人,或三四十人,或一二十人,给予崇高的礼遇,表示特别的优崇,让他们分头进行巡访劝谕,深山穷谷也不放过。教化那些不亲善的,督导那些不顺从的,耳提面命,多方诱导教化。那些一贯顽固不化的地区,也可以悄悄地进行。相约进见的时候，要向他们咨询百姓疾苦，以通下情，这对一邑的政治必定会有补益。如果巡访劝谕著有成效，县官应准备礼品亲自去家中拜访，重加奖励。这样，应该能使得教化兴盛，风俗美好。而现今的守令，不懂要教化为先，只知道以刑法驱使，用势力压迫，完全是因为他们缺乏爱民之心。如果切实地将百姓视为自己的子弟，又怎么忍心不加以教诲劝勉而动辄施以刑法鞭笞。孟子说："善政不如善教得民心。"何况并非善政呢？

    访得各官，于所行十家牌，视为虚文，不肯着实奉行查考。恐未悉本院立法之意，故特再行申谕。凡置十家牌，须先将各家门面小牌，挨审的实。如人丁若干，必查某丁为某官吏。或生员，或当某差役；习某技艺，作某生理；或过某房出赘，或有某残疾，及户籍田粮等项，俱要逐一查审的实。十家编牌既定，照式造册一本，留县以备查考。如遇勾摄，及差调等项，按册处分，更无躲闪脱漏。一县之事，如视诸掌。每十家，各令挨报。甲内平日习为偷窃等项不良之人，同具不致隐漏结状。官府为置舍旧图新簿，记其姓名。姑勿追论旧恶，令其自今改行迁善。果能改化者，为除其名。境内有盗窃，即令自相挨缉。若系甲内漏报，仍并治同甲之罪。又每日各家照依牌式，轮流沿门晓谕觉察。如此，则奸伪无所容，而盗贼亦可息矣。十家之内，但有争讼等事，同甲实时劝解和释。如有不听劝解，恃强凌弱，及诬告他人者，同甲相率禀官。官府当时量加责治省发，不必收监淹滞。凡遇问理词状，但涉诬告者，仍要查究同甲，不行劝禀之罪。又每日各家照牌，互相劝谕。务令讲信修睦，息讼罢争，日渐开导。如此，则小民益知争斗之非，而词讼亦可简矣。凡十家牌式，其法甚约，其治甚广，有司果能着实举行，不但盗贼可息，词讼可简。因是而修之，补其偏而救其弊，则赋役可均；连其伍而制其什，则外侮可御；警其薄而劝其厚，则风俗可淳；导以德而训以学，则礼乐可兴。凡有司之有高才远识者，亦不必更立法制。其于民情土俗，或有未备。但循此而润色修举之，则一邑之治，真可以不劳而致。以上谕十家牌，如此，方见保甲之有益。

【译文】查访得知各级官吏，对所施行的十家牌法视为虚文，不肯切实施行查考，恐怕是没有完全明了本院立法的意图，所以特地再次申明告谕。凡设置十家牌，必须先将各家门面小牌切实查考落实。比如人丁若干，一定要查明某丁为某官吏、或生员或当某差役，习某技艺，作何生计，或过继某房、出门、入赘，或有某残疾，以及户籍田粮等项，都要逐一审查落实。十家牌编定以后，要照式造册一本，留在县里以备查考。如有勾摄、差调等事项，按册处分，决无躲避脱漏的可能。一县之事，了如指掌，每十家令其各自依次报告甲内平日有偷窃等不良习惯的人，同时开具不致隐漏结状，由官府为这些人造"舍旧图新簿"，记下他们的姓名，暂且不追究他们过去的罪错，令其从今以后改过自新。确实改过的，便从簿中除去姓名。境内发生盗窃，就令甲内自己依次缉查。如果是甲内漏报所致，同甲一并治罪。每天各家各户照依牌式轮流挨门挨户晓谕巡查。这样，奸伪之徒无处容身，盗贼自然平息了。十家之内，一旦发生争讼等事，同甲当即行劝解调和。如有不听劝解、恃强凌弱及诬告他人的，同甲可相继禀告官府。官府当时按情节轻重令其反省，不必收监淹滞。凡遇有问理词状，只要涉及诬告，仍要追究同甲不予劝解禀告的过失。每天各家照牌，要相互劝谕，务必使其讲求诚信，修好邻里，平息争讼，日益开化。这样，就是小百姓也明白争斗的不是，而词讼也可以简省了。十家牌法，作法简单，功效很大。有司要能够切实地施行，不但盗贼可以平息，词讼之事可以简省，就此而加以修补完备，补救其偏颇，改正其弊端，则赋役也可均衡负担。连伍制什,外侮也可抗御。警示德薄者劝勉敦厚者,风俗也可以淳厚。以德来劝导,以学来训饬,则礼乐也可以兴盛,有司中才高识远的人也不必重新制订律法。其于风土人情或许还有不完备之处,但只要照此方法加以润色修治,那么一邑之治,简直可以无须操劳而做到。

安上治民,莫善于礼。冠婚丧祭诸仪,固宜家喻而户晓者。今皆废而不讲,欲求风俗之美,其可得乎?况兹边方远郡,土夷错杂,顽梗成风。有司徒事刑驱势迫,是谓以火济火,何益于治?若教之以礼,庶几所谓小人学道则易使矣。福建莆田,儒学生员陈大章,前来南宁游学。进见之时,每言及礼因而叩以冠婚乡射诸仪,颇能通晓。近来各学诸生,类多束书高阁,饱食嬉游,散漫度日。岂若使与此生,朝夕讲习于仪文节度之间,亦足以收其放心,固其肌肤之会,筋骸之束。不犹愈于博奕之为贤乎。南宁府官吏,即便馆谷陈生于学舍,于各学诸生中,选取有志习礼,及年少质美者,相与讲解演习,使诸生有所观感兴起,砥砺切磋,修之于家,而被于里巷,达于乡村。则边徼之地,自此遂化为邹鲁之乡,亦不难矣。讲礼牌,礼教始于绅士振兴全在官司。

【译文】安上治民,莫善于礼。婚丧嫁娶诸般礼仪本当家喻户晓,如今都荒废了,想求得风俗美好,做得到吗?何况边远地区,土著蛮夷杂居,奸顽成风。有司只知刑驱势迫,乃是用火来救火,于政治有何补益?如果以礼教化,也许这就是所谓的小人学道则易使吧。福建莆田儒学生员陈大章前来南宁游学。进见时每每谈到礼,因此向他探问婚丧祭祀等诸般礼仪,他对此颇通晓。近来各级学校生员,大多将书束之高阁,饱食终日,嬉戏游玩,散漫度日。哪里比得上让他每天给诸生员讲解礼仪文章，这也足以收拾诸生的散漫之心，牢固其肌肤筋骨，不是比博弈之类更好吗？南宁府官吏请立即将陈生食宿安排在学舍之中，（以便让他）在诸生中挑选有志于礼仪文教以及年少品质优良的，给他们进行讲解演练。让诸生们观有所感，激发兴趣，相互砥砺切磋。让他们修习于家中，应用于街巷以至乡村。那么边远地区从今以后慢慢变成像邹、鲁这样的文教之乡，也是不难的了。

　　稔恶各猺，举兵征剿，刑既加于有罪矣。然破败奔窜之余，即欲招抚，彼亦未必能信。必须先从其旁良善各巢，厚加抚恤。使为善者益知所劝，而不肯与之相连相比。则党恶自孤，而其势自定。令良善各巢传道引谕，使各贼咸有回心向化之机。然后吾之招抚，可得而行。而凡绥怀制御之道，可以次而举矣。古之人能以天地万物为一体，故能通天下之志。凡举大事，必顺其情而使之，因其势而导之，乘其机而动之，及其时而兴之。是以为之但见其易，而成之不见其难。天下阴受其庇，而莫知其功之所自也。今皆反之，岂所见若是其相远乎？亦由无忠诚恻怛之心以爱其民，不肯身任地方利害，为久远之图。凡所施为，不本于精神心术。而惟事补凑掇拾^①，支吾^②粉饰于其外，以苟幸吾身之无事。此盖今时之通弊也。绥柔流贼牌。

　　【注释】①掇拾：拾掇；拾取。②支吾：用含混牵强的言语，应付搪塞他人。

　　【译文】对习稔于恶的各猺兴兵征剿，刑罚已经施于有罪了。然而在破败奔窜之余，想要立即进行招安，他们也未必会相信。必须先从其邻近的良善各部族开始，厚加抚恤。让这些良善的更加知道有所劝勉，而不肯与他们并肩联合，那么结党作恶者自然孤立，其势力自然平定。让良善各部传道劝谕，使各贼都有回心转意趋向教化的机会。然后我们再行招抚, 就得以施行了。并且各种绥靖怀柔制御的办法就可以依次实施了。古人将天地万物视为统一体, 所以通晓天下的志趣。凡举办大事一定要顺其情势, 因势利导, 乘机而动, 及时实施。所以做起来很容易, 做成了也不见有什么困难。天下在不知不觉中受到其庇护, 却不知道其功德造化是从何而来。现在正好相反, 难道仅仅是因为其见识与此相比相差太远吗? 也是因为其没有以忠诚、恻隐之心爱民, 不肯切身承受地方的利害, 为其做长远打算。所做的一切, 不是从精神心术的根本做起, 而只知修修补补, 做些含混粉饰的表面文章, 以侥幸谋取自身的安然无恙。这大约是当今的通病。

庐陵文献之地, 而以健讼[1]称, 甚为吾民羞之。县令不明, 不能听断, 且气弱多疾。今与吾民约, 自今非有迫于躯命, 大不得已事, 不得辄兴词。兴词但诉一事, 不得牵连。不得过两行, 每行不得过三十字, 过是者不听, 故违者有罚。县中父老, 谨厚知礼法者, 其以吾言归告子弟, 务在息争兴让。呜呼, 一朝之忿, 忘其身以及其亲。破败其家, 遗祸于子孙。孰与和巽[2]自处, 以良善称于乡族, 为人之所敬爱者乎。吾民其思之。

【注释】①健讼: 喜欢打官司。②巽 (xùn): 顺从。

【译文】庐陵本是文献兴盛之地, 而这里的百姓却以善于诉讼著称, 为此我替这里的百姓感到万分羞愧。县令不清明, 没有听断诉讼的能力。并且体弱多病。现在我与百姓约定, 从今以后除非是性命关天、迫不得已的事不得动辄兴词告状。兴词告状只许诉讼一事, 不许从旁牵连。状词不许超过两行, 每行不过三十字, 超过的不予听理。故意违反者受罚。县里谨厚懂礼法的父老, 请把我的话回去转告子弟, 目的在于平息争讼, 兴礼让之风。哎! 一时的愤怒, 便忘记自身以及亲人。破败家业，遗害子孙。平和自处，以良善著称于乡里宗族，为人所敬重爱戴，谁不愿与这样的人同道呢？请我的子民深思。

灾疫大行。无知之民，惑于渐染之说，至有骨肉不相顾疗者，汤药饘粥不继，多饥饿以死，乃归咎于疫。夫乡邻之道，宜出入相友，守望相助，疾病相扶持，乃今至于骨肉不相顾。县中父老，岂无一二敦行孝义，为子弟倡率者乎？夫民陷于罪，犹且三宥①致刑。今吾无辜之民，至于阖门相枕籍以死。为民父母，何忍坐视。言之痛心，中夜忧惶，思所以救疗之道，惟在诸父老劝告子弟，兴行孝悌。各念尔骨肉，毋忍背弃。洒扫尔室宇，具尔汤药，时尔饘粥，贫弗能者，官给之药，虽已遣医生老人，分行乡井，恐亦虚文无实。父老凡可以佐令之不逮者，悉以见告。有能兴行孝者，县令当亲拜其庐。凡此灾疫，实由令之不职。乖爱养之道，上干天和，以至于此。县令亦方有疾，未能躬问疾苦。父老其为我慰劳存恤，谕之以此意。

【注释】①三宥（yòu）：一是不识，二是过失，三是遗忘。

【译文】灾害疫病流行，无知的百姓被传染之说蛊惑，至于有连亲人骨肉的照顾和医治也得不到的人，由于缺少汤药稀粥，很多饥饿而死，却归咎于疫病。乡亲邻里之道，应该出入友善，守望相助，疾病相扶持。而今却至于骨肉之间都不相顾恤，县里的父老难道就连一二个敦行孝义，为子弟做表率的都没有吗？百姓犯罪尚且要宽恕三次才施以刑罚。如今，无辜的百姓至于全家相枕籍而死，作为百姓的父母官怎么忍心坐视不理呢？言之痛心，半夜里忧愁惶惑，思来想去，救助的办法只在于父老劝告子弟，要兴行孝悌，顾念各自的骨肉亲人，不要忍心背弃。清扫你们的房间，准备好汤、药，按时做好粥饭。贫困无依的，由官府提供药品。虽然已经派医生老人分头巡察乡里，但还是担心会虚文伪饰不能落实。父老应将凡是无法帮助或号令不到的，全都报告给我。凡是能奉行孝义的，县令应当亲自登门拜访。这次灾疫，多半是由于县令不称职，背离了爱民养民之道，上干天和，以至于此。县令现在也正患病，不能亲自吊问疾苦，请父老代为慰问抚恤，转告我的意思。

吾之所以不放告者，非独为吾病不任事。以今农月，尔民方宜力田。苟春时一失，则终岁无望。若放告，尔民将牵连而出，荒尔田亩，弃尔室家，老幼失养，贫病莫全。称贷营求，奔驰供送，愈长刁风，为害滋甚。昨见尔民号呼道路，若真有大苦而莫伸者，姑一放告。尔民之来讼者，以数千。披阅其词，类皆虚妄。取其近似者穷治之，亦多凭空架捏，曾无实事。甚哉尔民之难喻也。自今吾不复放告。尔民果有大冤抑，人人所共愤者，终必彰闻。吾自能访而知之。有不尽知者，乡老据实呈县。不实，则反坐乡老以其罪。至余宿憾小忿，自宜互相容忍。夫容忍美德，众所悦爱，非独全身保家而已。嗟乎！吾非无严刑峻罚，以惩尔民之诞。顾吾为政之日浅，尔民未吾信。未有德泽及尔，而先概治以法。是虽为政之常，然吾心尚有所未忍也。姑申教尔，申教尔而不复吾听，则吾亦不能复贷尔矣。尔民其熟思之，毋遗悔。

【译文】我所以没有按月开衙受理诉讼，并不只是因为我的病情不能胜任事务，而是因为现在正是农忙季节，百姓正是应该倾全力于农田的时候。如果春季农时一失，则全年都没有了指望。如果放告，百姓将相互牵扯倾巢而出，荒废田亩，丢弃家小，老幼失去所养，贫病不得保全。告贷钻营，奔走送礼，愈发助长歪风邪气，造成的祸害更加严重。从前看见你们这些老百姓号泣于路旁，好像真的有深冤大恨不得伸张。刚一放告，来诉讼的百姓就数以千计。披阅讼状，大半是虚妄之词。提取类似的追根问底，多是凭空捏造，根本没有事实根据。你们这些老百姓真是太难以理喻了！从今以后，我不再放告。你们如果确有深冤大恨，如果是人所共愤，早晚会昭彰于世，我自能寻访得知。有不完全知道的，乡老据实禀告。不实，则反坐乡老之罪。至于那些积年的恩恩怨怨，自当互相宽容忍让。容忍的美德，人人都喜爱，并非只是为了全身保家而已。嗟呼！我并不是不会严刑峻罚来惩治你们荒诞不经。只是考虑到我当政时日尚短，你们还没有信任于我，我也还没有恩德施与你们。在这种情况下先以律法实行治理，虽然是为政之常理，但是我还是于心不忍，姑且向你们申明教化。申明教化而你们仍然不听从，那我也不能再加宽贷于你们了。你们要考虑好，不要后悔。

县境多盗，良由有司不能抚缉①，民间又无防御之法，是以盗起益横。近与父老豪杰谋：居城郭者，十家为甲；在乡村者，村自为保。平时相与讲信修睦，寇至务相救援。庶几出入相友，守望相助之义。今城中略已编定，父老其各写乡村为图，付老人呈来。子弟平日染于薄恶者，固有司失于抚缉，亦父老素缺教诲之道也。今亦不追咎，其各改行为善。老人去，宜谕此意。毋有所扰。

【注释】①抚缉：又作"抚辑"，指安抚辑和。

【译文】县境多盗，确实是由于有司不能安抚缉拿，民间又没有防范的方法，所以盗贼蜂起，日益强横。近来与父老豪杰商议，居住城郭中的，每十家为一甲。在乡村的，村自为保。平时相互之间讲求诚信，修好邻里，贼寇来时务必相互救援。希望能够做到出入相友，守望相助。如今城中已大致编定，父老将所在乡村写为图本，交给老人呈来。

子弟平日染上恶习的，固然是有司失于安抚训诫，也是由于父老平素缺乏教诲造成的。现在也不追究他们过去的过错，让他们各自改过从善。老人回去，应该宣谕此意，以免于搅扰。

昨军民互争火巷，赴县腾告，以为军强民弱已久，在县之人，皆请抑军扶民。何尔民视吾之小也？夫民，吾之民；军，亦吾之民也；其田业，吾赋税；其屋宇，吾井落；其兄弟宗族，吾役使；其祖宗坟墓，吾土地，可彼此乎？今吉安之军，差役亦甚繁难。吾方悯其穷，又何抑乎？彼为之官长者，平心一视，未尝稍有同异，而尔民先倡为是说，使我负愧于彼多矣。今姑未责尔，教尔以敦睦。其各息争安分，毋相侵凌。火巷吾将亲视，一不得其平，吾罪尔矣。以上庐陵告谕。

【译文】以前军民互相争夺火巷，到县里争相告状，认为长期以来军强民弱，在县里的百姓都请求抑军扶民。为什么你们百姓把我看得如此狭隘？民是我的民，军也是我的民；他的田地产业，就是我的赋税；他的屋宇构成我的村落，他的兄弟宗族供我役使，他的祖宗坟地就是我的土地，分得开彼此吗？如今吉安驻军的差役也很繁重，我还在怜悯他们的处境，又为什么要压抑他们呢？那为官长的，平心而视，并没有什么不同，而你们这些百姓率先倡导抑军扶民之说，让我有愧于他们太多了。如今姑且不责怪你们，教导你们要和睦相处。彼此不要再争讼，各安本分，不要相互侵害凌辱。火巷我将亲自视察，有一方还不平息，我将怪罪你们了。

赣州致仕县丞龙韬，平素居官清谨。迨其年老归休，遂致贫乏不能自存。薄俗愚鄙，反相讥笑。夫贪污者乘肥衣轻，扬扬自以为得志，而愚民竞相歆羡。清谨之士，至无以为生，乡党邻里，不知周恤，又从而笑之。风俗薄恶如此，有司岂能辞责？赣州府官吏，即便措置无碍官银十两、米二石、羊酒一付，掌印官亲送本官家内，以见本院优恤奖待之意。赣县官吏，岁时常加存问，量资柴米，毋令困乏。呜呼！养老周贫，王政首务。况清谨之士，既贫且老。有司坐视而不顾，其可乎？远近父老子弟，仍各晓谕。务洗贪鄙之俗，共敦廉让之风。

优奖致仕官牌。

【译文】赣州退休县丞龙韬，一向为官清廉恭谨。到他年老退休时，以至于贫困不能养活自己。而世俗愚蠢卑鄙小人反而讥笑于他。那些贪污的人乘肥马衣轻裘，扬扬得意，而愚民们则竞相歆美不已。清廉恭谨之士甚至无以为生，乡党邻里不知周济抚恤，反而跟着别人一同耻笑，人情如此之薄，风俗如此之恶，有司岂能开脱干系？赣州官府应立即筹措闲置官银十两，米二石，羊酒一付，由掌印官员亲自送到本官家中，以示本院优恤奖励之意。赣县官吏每年应时常慰问，定量供应柴米，不要让他们为贫穷困扰。哎！赡养老人周济贫困，是王政的首要任务。何况对清廉之士，既贫又老，有司却坐视不管，这能允许吗？远近父老子弟，仍请你们要明白这个道理。务必洗刷掉贪鄙的风气，共同培养廉洁谦让之风。

有一属官，听讲日久。曰："此学甚好。只是簿书讼狱繁难，不得为学。先生曰：我何尝教尔离却簿书讼狱，悬空去讲学。尔既有官司之事，便从官司之事上为学，才是真格物。"如问一词讼，不可因其应对无状，起个怒心。不可因其言语圆转，生个喜心。不可恶其嘱托，加意治之。不可因其请求，屈意从之。不可因自己事务烦冗，随意苟且断之。不可因旁人谮毁罗织，随人意思处之。此许多意思皆私，须精细省察克治。惟恐有一毫偏椅①，枉人是非，此便是格物致知。簿书讼狱之间，无非实学。若离却事物为学，却是著空。

【注释】①偏倚：倚，通"倚"，偏袒、靠向。

【译文】有个下属官员听讲时日已久，说："这门学问很好，只不过狱讼文书等公事处理起来烦琐艰难，没办法进行学习。"先生说："我何尝要让你抛开簿书狱讼凭空去谈学问。你既然有官司这类公事，就从官司这类公事上入手去做学问才是真正地格物。比如审理一桩诉讼，不可因其应对含混无据便心生怒意。不可因其言语委婉圆滑便生心喜意。不可因为憎恶他请托求人便蓄意整治他。不可因为他恳请哀求便屈意依顺。不可由于自己事务烦冗便随意苟且断案。不可因旁人罗织诋毁便据以处理。以上列举这些其核心都是一个私字，必须精心详细加以反省洞察并克服，惟恐有一丝一毫的偏私而颠倒是非，这就是格物致知。处理公文狱讼的过程中所体现应用的无非都是切实的实用之学，如果脱离这些事物那就难免失于空泛。

功利之毒，沦浃①人心。相矜以知，相轧以势，相争以利，相高以技能，相取以声誉。其出而仕也，理钱谷者，则欲兼夫兵刑。典礼乐者，又欲与于铨轴。处郡县，则思藩臬②之高。居台谏，则望宰执之要。故不能其事，则不得兼其官。不通其说，则不可要其誉。记诵之广，适以长其敖也。知识之多，适以行其恶也。闻见之博，适以肆其辨也。辞章之富，适以饰其伪也。是以皋夔稷契所不能兼之事，而今之初学小生，皆欲通其说，究其术。其称名借号，未尝不曰，吾以共成天下之务。而其心则以为不如是，无以济其私，满其欲也。呜呼，以若是之积染，若是之心志，又讲之以若是之学术。宜其闻圣人之教，而视为赘疣枘凿③。谓圣人之学，为无所用，亦其势所必至矣。以上传习录附。

【注释】①沦浃：感受深切或受影响重大。②藩臬（fān niè）：指藩司和臬司，明清两代的布政使和按察使的并称。③赘疣（zhuì yóu）：比喻多余无用的东西。枘凿（ruì záo）：比喻扞格不入，互不相容。

【译文】功利之毒，渗透人心。以才智相夸耀，以权势相排挤，为利益而相争斗，以技能相较量，以名声选拔人才。做官的人，理钱财的就想要兼掌兵刑之权。掌礼乐的，又想染指中枢要职。位在县郡的则奢望藩臬高位。位居台谏的又觊觎宰执之要。所以不会做这些事就不能兼任官职。不明白其中的名堂就别想赢得声誉。记诵广博恰好助长其高傲。知识广博正可以助其为非作歹。见多识广正好可以帮助其诡辩。辞章丰富正可以装饰其虚伪。所以像皋陶、夔、稷、契这样贤能的人都无法兼任的事，如今一个初出茅庐的后生小子都想要通其说、究其术。为了拉大旗作虎皮，未尝不会说：我是要成就天下大事。而其内心则认为不这样做不足以达个人目的、不足以满足私欲。哎！如此的积淀薰染，如此的胸怀、志向，更兼以讲究如此之"学术"，难怪听到圣人的教诲却认为多余、格格不入，认为圣人之学没有用处，这也是势所必然的。

朝廷用人，不贵其有过人之才，而贵其有事君之忠。苟无事君之忠，而徒有过人之才。则其所谓才者，仅足以济其一己之功利全躯保妻子而已。乞养老疏附。

【译文】朝廷用人，所重视的不是过人的才干，而是对君上的忠诚。假如没有对君上的忠诚，而只有过人的才干，那么所谓的才干也不过仅仅是为了满足一己之功利，保全自身、妻小而已。

蛮夷性犹麋鹿。必欲制中土郡县，绳之以流官之法。是群麋鹿于堂室之中，而欲其驯扰帖服。终必触樽俎①，翻几席，狂跳而骇踯矣。故必放之闲旷之区，以顺适其犷野之性。今所以仍土官之旧者，是顺适其犷野之性也。然一惟土官之为，而不思有以散其党与，制其猖獗。是纵麋鹿于田野之中，而无有墙墉之限。獖牙童梏②之道，终必长奔直窜，而无以维絷之矣。今所以分立土目者，是墙墉之限，獖牙童梏之道也。然分立土目，而终无连属纲维于其间。是畜麋鹿于苑囿，而无守视之人，以时守其墙墉，禁其群触。终将逾垣远逝而不知，践禾稼，决藩篱，而莫之省矣。今所以特设流官者，是守视苑囿③之人也。抚夷之论，千古不易。

【注释】①樽俎（zūn zǔ）：盛酒食的器具。②獖（fén）牙："獖豕之牙"的简称，指割掉生殖器的公猪长牙便不会伤害人了。童梏（gù）："童牛之牿"的简称，"梏"当作"牿"，把小牛圈在牛栏里养着一样会有丰厚的回报。③苑囿（yuàn yòu）：畜养禽兽的圈地。

【译文】蛮夷的本性好比麋鹿。一定要设置如同中原一样的郡县，用置流官的办法加以管理，这就好比将麋鹿群养在堂屋之中却又要它们驯顺服帖，结果一定是触动樽俎，踢翻几席，惊恐万状，狂跳不已。所以一定要把它们放在闲置空旷的地方，以适应它们犷野的本性。如今所以沿袭土官旧制就是为了适应他们犷野的习性。然而仅仅依靠土官而不考虑分散其党羽、制止其猖獗野性，这就等于将麋鹿纵放在田野之中而没有藩篱的限制。不采取将带牙的公猪去势、把小牛圈在牛栏里的方法，结果必定是长奔直窜而无以维系制约了。如今分立土司属员，就是设围墙、篱笆等限制，采取将带牙的公猪去势、把小牛圈在牛栏里的办法。然而分立土司属员，而其中却始终缺乏连属、纲维，这等于将麋鹿畜养在苑囿之中却没有守望看管的人按时守护围墙，禁止其群起抵触，最终还是会跃墙而去却不知，践踏了禾稼还未省悟。如今所特设的流官，就是看守苑囿的人。

思田初服，朝廷威德方新，可无反侧之虑。但十余年后，其众日聚，其力日强，则其志日广，亦将渐有纵肆并兼之患，故必特设流官知府以节制之。其御之之道，则虽不治以中土之经界。而纳其岁办租税之入，使之知有所归效。虽不莅以中土之等威，而操其袭授调发之权，使之知有所统摄。虽不绳以中土之礼教，而制其朝会贡献之期，使之知有所尊奉。虽不严以中土之法禁，而申其冤抑不平之鸣，使之知有所赴诉。因其岁时伏腊之请，庆贺参谒之来，而宣其间隔之情，通其上下之义。矜其不能，教其不逮，寓警戒于温恤之中，消倔强于涵濡之内。使之日驯月习，忽不自知其为善良之归。盖含洪坦易以顺其俗，而委曲调停以制其乱。此今日知府之设，所以异于昔日之流官，而为久安长治之策也。以上图久安疏附。

【译文】刚刚归服的地方，朝廷的威德尚新，可以没有反叛的顾虑。但是十几年以后，那里人口日益积聚，实力日益增强，那么其志向要求也日益广泛，也会逐渐产生放纵肆虐并兼周边的祸患。所以一定要特别增设流官知府加以节制。驾御的方法虽然不像中原那样设置行政疆界，但每年都要交纳岁贡租税，使其懂得有所归顺效忠。虽然不像对中原地区那样施以威德，但要控制其袭爵授官以及征调的权力，使其明白有所统摄。虽然不用中原的礼教规范其行为，但要规定其朝贡觐见的日期，使其懂得要有所尊奉。虽然不严加实施中原的律法，但要使冤抑得以伸张，使其了解向何方诉讼。在他们按季节前来请求狩猎，或前来参加庆典参谒的时候，趁势沟通情况、感情，使其通晓上下尊卑的规矩。同情其不能，教导其不足。将警示训诫寓于温情体恤之中，将桀骜不驯消融于涵濡之内。这样日积月累地进行驯服、教习，使其在不知不觉中归于善良。宽洪博厚、平易坦率地依顺其风俗，用曲调停的方式克制其乱。这就是当前设置知府与从前设置流官不同的长治久安之策。

古之君子，惟知天下之情，不异于一乡；一乡之情，不异于一家；而一家之情，不异于吾之一身。故视其家之尊卑长幼，犹家之视身也；视天下之尊卑长幼，犹乡之视家也。是以安土乐天，而无入不自得。后之人，视其兄之于己，固已有间。则又何怪其险易之异趋，而利害之殊节也哉？今仕于世，而能以行道为心。求古人之意，以达观夫天下。则岭广虽远，固其乡间。岭广之民，皆其子弟。郡邑城郭，皆其父兄宗族之所居；山川道里，皆其亲戚坟墓之所在。而岭广之民，亦将视我为父兄，以我为亲戚，雍雍爱戴，相眷恋而不忍去。况以为惧而避之耶？送黄敬夫序附。

【译文】古时的君子明白天下之情与一乡之情没有不同；一乡之情与一家之情没有不同，而一家之情与我们一己之身没有不同，所以对待一家中的尊卑长幼关系犹如家与一身的关系。看待天下的尊卑长幼犹如乡与家的关系。所以能安土乐天，无论在哪里都能自得自乐。后人看待兄长和自己本来已经有不同，那么他们对吉凶祸福有不同的趋向，对利害有不同的看法又有什么可奇怪的呢？如今在世上做官，能以实践天道为原则，追求古人的意境，达观天下，那么即使远至岭广也是他的故乡。岭广的百姓都是他的子弟，郡邑城郭也都是他父兄宗族聚居的地方，山川道里都是他亲戚坟墓所在。而岭广的百姓也会视我为父兄，以我为亲戚，推崇爱戴，眷恋而不忍离弃，更不要说是会畏惧而躲避我了。

习俗与古道为消长，尘嚚溷①浊之既远，则必高明清旷之是宅。此远俗之所由名也。然以提学为职，又兼理狱讼军赋。则彼举业词章，俗儒之学也；簿书期会，俗吏之务也。二者公皆不免焉；舍所事而曰：吾以远俗，俗未远而旷官之责近矣。君子之行也，不远于微近纤曲，而盛德存焉，广业著焉。故诵其诗，读其书，求古圣贤之心，以蓄其德而达诸用。不远于举业辞章，而可以得古人之学；是远俗也。公以处之，明以决之，宽以居之，恕以行之。不远于簿书期会，而可以得古人之政，是远俗也。苟其心凡鄙猥琐，而徒闲散疏放之是托。以为远俗，其如远俗何哉？远俗亭记附。

【注释】①溷（hùn）：肮脏，混浊。

【译文】习俗与古道相互消长，远离尘嚚溷浊，则必定会迎来高明清旷，所谓"远俗"就是由此而得名的。既然身为提学，却又兼理狱讼军赋，那他所谓的举业词章，不过是俗儒之学罢了；簿书期会，不过是俗吏之务罢了。此二者您都不能免俗啊。舍弃自己的职事，却说什么我以此远俗。只怕是俗未远离而渎职的罪责逼近了。君子的行止不远离微近纤曲而其大德寓于其中，其业绩昭著。所以诵其诗、读其书，探求古代圣贤的思想，积蓄其德行以付诸实用。不远于举业辞章而却能实行古人之学，这是真正的"远俗"。公正地对待，明智地选择，宽容地相处，宽恕地实行。不远离簿求期会却能行古人之政，这是真正的"远俗"。如果心地卑下猥琐，只是假托闲散疏放，认为这就是"远俗"，这与真正的"远俗"有何相干呢？

人者，天地之心也；民者，对己之称也。曰民焉，则三才之道举矣。是故亲吾之父，以及人之父，而天下之父子，莫不亲矣；亲吾之兄，以及人之兄，而天下之兄弟，莫不亲矣。君臣也，夫妇也，朋友也，推而至于鸟兽草木也，而皆有以亲之。无非求尽吾心焉，以自明其明德也，是之谓明明德于天下，是之谓家齐国治而天下平。亲民堂记附。

【译文】人是天地的中心，民是对人自己的称谓。称民，则总括了天、地、人三个方面。所以说亲近自己的父亲推及他人的父亲，天下的父子没有不相亲爱的；亲近自己的兄长推及他人的兄长，天下兄弟没有不相亲爱的。君臣、夫妇、朋友，推及于鸟兽草木，都有不同的方式相互亲爱，无非是竭尽心力，自明其高尚的德性而已。这就是所谓明明德于天下，这就是所谓家齐、国治、天下平。

古者岁旱，则为之主者，减膳撤乐，省狱薄赋，修祀典，问疾苦，引咎赈乏，为民遍请于山川社稷。故有叩天求雨之祭，有省咎自责之文，有归诚请改之祷。盖《史记》所载，汤以六事自责，礼谓大雩，帝用盛乐；《春秋》书九月大雩[1]，皆此类也。仆之所闻于古如是，未闻有所谓书符咒水，而可以得雨者也。仆谓执事且宜出斋于厅事[2]，罢不急之务，开省过之门，洗简冤滞，禁抑奢繁，淬诚涤虑，痛自悔责，为八邑之民，请于山川社稷。而彼方士之祈请者，听民间从便，得自为之。但弗之禁，而不专倚以为重轻。答佟太守书附。

【注释】①大雩（yú）：古求雨祭名。②厅事：古作"听事"。指官署视事问案的厅堂。
【译文】古时发生旱灾，那么为人主的就要减省膳食，裁撤歌舞娱乐，清理狱讼大赦天下，减轻赋役，举行祭典，吊问疾苦，自责放赈，为百姓遍请于山川社稷。因此有叩天求雨的祭祀，有反省自责的文章，有诚心诚意请罪自责的祷告。《史记》所载，商汤自责有六条过错。《礼》所谓的大雩祭礼，帝王要用盛大的礼乐，《春秋》所记的九月大雩，大概都属于这一类。根据我所知道的这些都是古来如此，从未听说画符念咒能求得天降雨水的事。我认为执事者应该出斋听事，停止不很紧迫的事务，打开反省过失的大门，洗雪冤案，清理滞留的狱讼，禁止、抑制奢华繁冗。以精诚之心消除疑虑，痛悔自责，为四方百姓祈请于山川社稷。而方士们的祈请则听任民间自便，允许他们自己去做。只是虽不禁止，却不以此为重。

君子与小人居，决无苟且之理。不幸势穷理极，而为彼所中伤，则安之而已。处之未尽于道，或过于疾恶，或伤于愤激。无益于事，而致彼之怨恨仇毒，则皆君子之过也。昔人有言，事之无害于义者，从俗可也。君子岂轻于从俗，独不以异俗为心耳。与胡伯忠书附。

【译文】君子与小人共处，决无苟且的道理。如果不幸势穷理极而为其中伤，那也只有平静地对待而已。如果在道义上有未尽之处，或过于疾恶，或伤于激愤，不仅无益于事，并因而导致其怨恨仇毒，那都是君子的过失。前人有句话：对无碍大义的事遵从世俗就行了。君子岂能轻易地随从世俗，只是不成心与世俗为异罢了。

在我果无功利之心，虽钱谷兵甲，搬柴运水，何往而非实学，何事而非天理，况子史诗文之类乎？使在我尚存功利之心，则虽日谈道德仁义，亦只是功利之事。况子史诗文之类乎？一切屏绝之说，是犹泥于旧习，平日用功未有得力处，故云尔。与陆清伯书附。

【译文】在自己来说确实没有功利之心，那么即使是钱谷兵甲、搬柴运水，做什么不是实学，什么事不是天理，更何况子史诗文之类呢？假使我还有功利之心，那么即便是天天谈论道德仁义，也只不过是功利的事，何况子史诗文之类呢？一切屏绝的说法，都是由于仍然拘泥于旧习，平日用功未用到得力之处，所以才这样说。

　　夫权者，天下之大利大害也。小人窃之以成其恶，君子用之以济其善，故君子之致权也有道。本之至诚以立其德，植之善类以多其辅，示之以无不容之量以安其情，扩之以无所竞之心以平其气，昭之以不可夺之节以端其向。神之以不可测之机以慑其奸，形之以必可赖之智以收其望。坦然为之下以上之，退然为之后以先之。是以功盖天下而莫之嫉，善利万物而莫与争。杨邃庵书附。

　　【译文】权柄是天下的大利或大害。小人窃取，用以作恶，君子则用以帮助行善。所以君子有获得权柄的方法：以至诚为本，来树立其德行。广结善友以多其辅佐。表现出无不包容的宽阔胸襟雅量以安定其情，扩大其无所争竞的心胸以平顺其气，昭示不可更改的气节以端正其志向。以深不可测之神机妙算震慑其奸诈，树立智慧可赖的形象以收其望。坦然地以下为上终为上，以退后为先终为先。所以功盖天下却不招致嫉恨，善利万物而不能与之争。

　　古礼之存于世者，老生宿儒，当年不能穷其说。世之人苦其烦且难，遂皆废置而不行。故今之为人上而欲导民于礼者，非详且备之为难，惟简切明白，而使人易行之为贵耳。答邹谦之书附。

　　【译文】现存于世的古礼，当年的老生宿儒也不能穷尽其内容。世人对其烦琐艰难感到苦恼，于是废弃不再实行。所以想要用礼法规范百姓的当今人主，并不以礼法详备为难事，只以简切明白使百姓易于实行为贵。

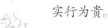

凡荐贤于朝，与自己用人，又自不同。自己用人，权度在我；虽小人而有才者，亦可以器使。若以贤才荐之于朝，则评品一定，便如白黑。其间舍短录长之意，若非明言，谁复知之？小人之才，岂无可用？如砒硫芒硝，皆有攻毒破壅之功。但混于参苓著术之间，而进之养生之人。万一用之不精，鲜有不误者矣。答方叔贤书附。

【译文】大凡向朝中推举贤才与自己用人又有不同之处。自己用人，权衡度量把握之权在自己手中，即便是小人，但确有才能也可以作为有用之物加以利用。如果向朝中推荐贤才，那么品评考察，就如同黑白一般分明，不可更动。这其中舍其短用其长的意味，如果不明说，谁还能知道呢？小人的才干，岂无可用之处？比如砒霜、硫磺、芒硝之类都有攻毒破壅的功效。然而一旦混迹于参苓著术之中，端给需要滋补养生的人，万一使用不够精当，那就少有不误事的了。

诸公名位俱极，是乃圣天子崇德任贤，更化善治，非常之举。诸公当之无愧。但贵不期骄，满不期溢。更须警惕朝夕，谦虚自居。其所以感恩报德者，不必务速效，求近功。要在诚心实意，为久远之图。与黄宗贤书附。

【译文】诸公名分、地位都已达到极点。这乃是圣明天子崇德任贤、移风易俗改善政治的非常之举，诸公当之无愧。但贵不要骄，满不要溢，更应该时刻警惕，以谦虚自居。所用以感恩报德的，不必务求速效，急功近利，关键是要诚心实意，作长远的打算。

当进身之始，德业未著，忠诚未显，上之人岂能遽相孚信？使其以上之未信，而遂汲汲于求知。则将有失身枉道之耻，而悔吝之来必矣。故当宽裕雍容，安处于正。则德久而自孚，诚积而自感。使其已当职任，不信于上而优裕废弛。将不免于旷官失职，其能以无咎乎？五经臆说附。

【译文】初入仕途，德行业绩都不显著，忠诚未得以表现，上司岂能轻易相信？假如在上司还没有信任时，便汲汲于求知于上，那么就会有失身枉道的耻辱，一定会招致悔恨的。所以应当宽裕雍容，态度端正，处之安然，那么，天长日久，德行自然令人信服，诚信累积自会被人感知。假如已经当职在仕，没有取信于上却优游不思进取，废弛政治，那就免不掉空居官位、失职的罪名，能不受到惩罚吗？

子礼为诸暨宰，问政。阳明子与之言学，而不及政。子礼退而省其身，惩己之忿，而因以得民之所恶也；窒己之欲，而因以得民之所好也；舍己之利，而因以得民之所趋也；惕己之易，而因以得民之所忽也；去己之蠹，而因以得民之所患也；明己之性，而因以得民之所同也。三月而政举。叹曰：吾乃今知学之可以为政也已。他日又见而问学。阳明子与之言政，而不及学。子礼退而修其职，平民之所恶，而因以惩己之忿也；从民之所好，而因以窒己之欲也；顺民之所趋，而因以舍己之利也；警民之所忽，而因以惕己之易也；拯民之所患，而因以去己之蠹也；复民之所同，而因以明己之性也。期年而化行。叹曰：吾乃今知政之可以为学也已。书朱子礼卷附，即学即仕之义。此为透切。

【译文】子礼做诸暨地方的行政长官，问政。阳明子与他谈论学问，并不言及政事。子礼回去后反省自身。克制自己的愤怒，因而得以体会到百姓所痛恨的是什么；克制自己的欲望，因而得以体会到百姓所喜好的是什么；舍弃自己的私利，因而得以体会到百姓所趋向的是什么；警惕自己轻慢的，因而得以体会到百姓所忽视的是什么；去除自己的蠹病，因而得以体会到百姓所忧患的是什么；明确自己的情性，因而得以体会到百姓所认同的是什么。如此三个月，政治得以振兴。于是慨叹道：“我今天才知道学问也可用于为政啊。”后来又见到阳明子，便向他问学。阳明子与他谈论政治，而不去谈及学问的事。子礼回去后努力增进学识修养。百姓所憎恨的，自己便注意加以克制，顺从百姓的喜好，并因而杜塞自己的欲望。顺应百姓的趋向，并因而舍弃自己的利益。警惕百姓所忽视的，并因而提醒自己易于轻视的；拯救百姓所忧患的，并因而也去除自己的蠹病；恢复百姓所认同的，并因而也明确了自己的情性。过了一年，教化风行。于是慨叹道：“我今天才知道政治也可以作为一门学问啊。”

耿恭简公《耐烦说》

（公名定向，字在伦，湖广黄州人。嘉靖进士，官户部尚书。）

宏谋按：居官莅事，公文诉纷错杂，日出事生。欲每事躬亲料理，未有不以为苦者。一有厌苦之心，便有不耐之意。或草率了事，或假手他人，或阘茸①稽延②，或急遽无序。民亦多蒙其累，事便不得其平。不耐烦之流弊，良不浅矣。天台先生所著《耐烦说》入情入理，切中锢③病。并谓"耐烦"更在廉之上，尤自来官箴④所未及也。大抵有不容已于斯世斯民之心，则汲汲孜孜、津津亹亹⑤、委曲诚求，以期有济。虽烦而不厌其烦。

【注释】①阘（tà）茸：小草，比喻地位卑微或品格低下。②稽延：迟延，拖延。③锢：同"痼"，痼疾。④官箴：官吏对帝王所进的箴言。⑤亹（wěi）亹：缓慢流动，无休无止，形容孜孜不倦。

【译文】编者按：为官做事，诉讼以及公文等纷乱杂错，每天都会有许多事情发生，想做到每件事亲都要亲自去处理，那的确是很辛苦的。一旦感到厌烦辛苦，便会产生不耐烦的情绪。或者草率了事，或者托付给他人办理，或者精神不振拖拖拉拉，或者匆匆忙忙没有条理。政务不能得到妥善处理，百姓往往从中蒙受很多罪苦，就会影响到时局的稳定。因此而言，不耐烦所导致的不良后果，真是不小啊。天台先生（耿公辞官后居天台讲学，世称天台先生）所著《耐烦说》入情入理，切中弊端。尤其是天台先生认为，"耐烦"比廉政更重要。此观点新颖独到，历来从政言论中都没有谈到。一些官员大都有为国家、社会和人民百姓办些实事、做些贡献的心，那么就要积极肯干、毫不懈怠，精神饱满、勤勤恳恳，想方设法竭诚尽职，努力追求，以此希望于国于民有所补益。因此，事情虽然繁琐，但必须要不厌其烦。

君子之无众寡、无小大、无敢慢。古圣之不泄迩①、不忘远，无非此意。切毋视作好为烦琐，更不可徒视为能耐劳苦而已也。

【注释】①迩：近处。

【译文】君子不论事情多少，也不论事情大小，都不敢怠慢，古代圣人不疏忽眼下的事情，也不忘远，无非都是这个意思。千万不要把这些看作是喜好繁琐，更不要仅仅当作是肯吃苦耐劳的事啊！

有筮仕①为令者，请教于先生。先生反之曰："子兹往也，要如何？"令曰："要廉。"先生曰："否否，要耐烦。"令不达，请曰："廉，士人美节也。先生顾不见可，而曰耐烦，是平平语也。"先生曰："前，吾语汝，耐烦未易言也，子试对境验之。彼令之职，是上之所藉以承宣②，而下之所寄以为命者也。其事任盖丛且伙矣。兹于上也，诸所关白③，诸所谳④审，吾心尽矣，而上或时吾格也。如不耐烦，则愤恚之心生。愤恚之心生，则上下之情暌⑤矣。弗获乎上，民可得治耶？既未可逆上以恣，又不容违道以徇，是惟耐烦始能积诚以相感也。"

【注释】①筮仕：初出做官。②承宣：继承发扬。③关白：陈述、禀告。④谳(yàn)：审判定罪。⑤暌(kuí)：隔离。

【译文】有人初次做官，将要出任县令，向先生请教。先生反问他，说："你这一去，要怎样做呢？"县令说："要廉洁。"先生说："不不，要耐烦。"县令没有明白通达先生的意思，请教道："廉洁，是为官者的高尚节操。先生却不认可，反而说'耐烦'，'耐烦'不过是普通平常言论而已。"先生说："上前来，我告诉你，'耐烦'可不是句容易的话，当你设身处地地尝试体验、考虑一番，就知晓了。那县令之职，是朝廷凭此接续管理教化地方，地方百姓借以安身立命的职责所在，负责的事情十分繁杂琐碎。对上而言，要做诸多禀告，审理许多案件等等，可以说是尽心尽力了，然而上面还要时不时批评纠正县令的工作。如果不耐烦，那么对上就会生出些许怨恨恼怒之心。一旦有怨恨恼怒之心，上下情感沟通则会出现问题，这样就难以得到上面的信任与支持了。如果为官得不到上面的支持与认可，能够管理好百姓吗？既不可以怨恨恼怒违逆上面，又不容违背职责道义而徇私情，只有依靠'耐烦'，累积真诚，天长日久方能感化对方。"

下而林林总总，待命于我者弗齐矣。倏①有甿隶②之子，款启之氓，席其粗戾之习，直突咆哮于吾前。如此而不耐烦，则淫怒以逞，不免有毙于非命者矣。当此之际，须耐烦，而后能原其无知之愚，察其愤惋之情也。又如公务鞅掌③，昃④食靡遑⑤。

【注释】①倏(shū)：极快地，忽然。②甿隶：农夫与皂隶（衙门里的差役），指社会地位低下的人。③鞅掌：职事纷扰烦忙。④昃(zè)：太阳偏西。⑤靡遑：无暇，来不及。

【译文】对下而言，林林总总，等待去处理的事情大大小小，长短不等。说不定什么时候就会有农夫、皂隶之人，或见识狭小之民，带着那粗俗暴戾的习气，突然出现在面前直言唐突，咆哮不止。在这种情形下，如果不耐烦，就会大怒发作来，难免有人死于非命。当此之际，必须耐烦，然后才能原谅他们无知鲁莽，洞察那愤怒怨恨的隐情。又如公务繁忙劳累，日已过午，可是午饭尚未来得及吃。

俟旅宾之鹚①报踵至，俟造请之竿刺频投，此非耐烦，则应之也仪不及物，貌不称情。弗宾之咎丛，礼下之诚荒矣。故须耐烦，而后无众寡，毋敢慢也。又如勾稽期会之琐委，笕库②犴狴③之检防，少不耐烦，则蠹④孔弊窦酝酿于兹矣。故曰耐烦是为令要领也。若夫服官而廉，犹之为女而贞。此其本分之常道，而非异人之奇节也。今日要廉，即此要之一字，便将自负以矜贤。上或有弗礼焉，则自负曰：吾廉如是，而何弗我礼也。由是不耐烦以承上，而傲所不免矣。下或有弗顺焉，则自负曰：吾廉如是，而何弗我顺也。由是不耐烦以恤下，而暴所不免矣。或值不速之客，或当劻勷⑤之务，则又自负曰：吾廉如是，是足自树矣。世俗人何足礼，浅鲜事无足虑也。由是不耐烦以酬世理纷，而惰慢丛脞所不免矣。

【注释】①鹚（cí）：一种鸟。②笕（xiǎn）库：仓库。③犴狴（àn bì）：牢狱。④蠹（dù）：蛀蚀。⑤劻勷（kuāng ráng）：急迫不安的样子。

【译文】一会儿是远方来宾消息接踵而至，一会儿是拜访名帖、邀请帖子等等频频投送。对于这些事情，如果不耐烦，那么应时接待就会礼仪不周，音容举止也会有失分寸。如此以来，接待客人的过错就会多有发生，礼待下属也就更谈不上了。因此，务必耐烦，这样才能做到无论面对何人何事，大小多少，都不敢轻慢。又比如查考核算、按照规定期限施行政令诸类琐细，以及仓库、牢狱检核防范等，稍微不耐烦，各种毛病弊端就会由此滋生蔓延。所以说，耐烦之道是做县令的要领。至于说为官要廉洁，犹如女人要贞洁。这本来就是应该遵守的本分常理，并非是与众不同的特别节操。现在所谓"要廉"，就这一个"要"字，于是很多人就自负自夸了起来，甚至以此作为贤能。上面礼遇偶尔有所不同，就立刻自负而言："我如此廉洁，为何无礼待我？"于是便不耐烦接受上面的命令或吩咐，傲慢在所难免。下面偶有不顺从，就会自负而说："我如此廉洁，为何不顺从我？"于是便不耐烦体恤下面，粗暴也就在所难免了。或者正遇不速之客造访，或有紧急迫切事务，就又会自负地说："我如此廉洁，自己足以能够创造一番事业了，对待世俗之人何必礼遇？浅显小事亦不足忧虑。"于是不耐烦处理各种事务纠纷，懒散怠慢而政务杂乱不经更是在所难免了。

是要廉者，诸过之所生。而耐烦者，众善之所由集也。故曰：耐烦为要。昔象山陆先生曰：耐烦是学脉，其为道也深矣，非特为令要术也。犹龙氏之言曰：知美之为美，不美矣。其要廉之谓欤。

【译文】可见，这"要廉"，是各种过失错误产生的根源，而那"耐烦"，则是成就各种善政美德的缘由。因此说，耐烦是从政的关键要领。从前，象山陆九渊先生说，"耐烦是学脉，耐烦作为人生处世的原则道理，意义非常深刻，并非仅仅是做县令的关键要领"。犹龙氏说过这样的话，"知道美是美的，那就不美了。这难道不是说'要廉'吗"。

吕新吾《明职》

（公名坤，字叔简，河南宁陵人。嘉靖进士，官至侍郎，此巡抚山西时作。）

宏谋按：有是事，始设是官。官因事而设，事即待官以理者也。世之人动曰官耳，而于国家所以设是官，与世所以不可无是官之意杳不相属，则由未明于职之故。吕公《明职》一篇，循名责实①，可为居官者当头一棒。太原谕属，语语透辟②。分为八等，使人反观对照，知所决择。其垂戒③至深切也。或有病其言之太尽者，不知先生惟有此不容已之心，乃为此垂涕洟之道。细玩之，有一字一句不从人情物理体贴而出者乎？有一字一句不从世道人心起见者乎？正虑人看作口头话，漠然无所动于心，岂复以尽言为病也。博野尹健余先生抚中州时，曾为刊示。余服其深得训属之要，而流布未远，故复列于此，以告同官。且亦时时警省，用以自勖④云。

【注释】①循名责实：按着名称或名义去寻找实际内容，使得名实相符。②透辟：透彻精辟。③垂戒：亦作"垂诫"。垂示警戒，留给后人的训戒。④自勖：自勉。

【译文】编者说：都是先有要处理的事，然后开始设置这个官职。官职是为了筹划事务而设立的，事情就是做官的人要去理清的东西。世上的人动不动就报官，而在国家来说这就是设置这个官职的原因，对世人来说不可以没有这个毫无关系的官职的原因，就在于职责的划分的原因不明。吕公所写的《明职》一篇文章，按着名称去寻找实际内容，使得名实相符，可以说是给了做官的人严重警告。太原所说的话很明白，句句透彻精辟。分为八种层次，使人从另外的层次相互对比，知道如何做出选择。他留给后人的训诫最为深切。有的人病入膏肓所以将话一口气都说完了，不知道先生是不是也有这种不愿宽容自己的心，所以为此做了让读者感受良深，然后大哭流涕的道理。仔细赏析，有哪一字，哪一句不是从对人情事理的关怀体贴中写出来的呢？有哪一字哪一句不是从世道人心中看出来的呢？正是担心人们将其当做俗话，而人心冷漠，没有触动，难道仅仅又是将所说的话都说完了而生病的吗？博野人尹健余先生出使中原时，曾经发布告示展示给众人。我十分佩服他深得教育下属的要领，但告示流传的不是很广，所以我将告示重新整理在这，为了告诉同事。而且也是时时让自己警惕反省，用来勉励自己的。

朝廷设官分职，衙门各命以名。百官庶府，各顾名而思职，缘①职而尽分。人人皆满其分量，而天下无事矣。今天下无一事不设衙门，无一衙门不设官，而政事日隳②，民生日困，则吾辈溺于其职之故也。呜呼，何可道哉！乃发明职掌③，申饬大小职官，终日思其所行，经岁验其成效。称职乎？不称职乎？子夜点检④，自慊自愧，必有独得者。奚俟喋喋乎余言。宁陵吕坤书。

【注释】①缘：因由，因为；沿，顺着。②隳（huī）：毁坏；崩毁。③职掌：职务上掌管。④点检：一个一个地查检。

【译文】朝廷设立官位分担职责，衙门各自以官职命名。百官在官府做事，各从名称中看出自己的职责，顺着职务而尽自己的职责。如果每个人都对自己的价值满足的话，那天下就平安无事了。现在天下没有一个事不设衙门，没有一个衙门不设官，而政事却一天天毁坏，人民的生活日益贫困，这都是因为我们过分沉迷于自己的权利的缘故。唉，还有什么可以说的呢？于是设立管理掌管职务人的官员，斥责整顿大小官员，每天都让他们反思他自己的行动，经过一年之后检验这种做法的成效。称职吗？不称职吗？午夜一个一个地检查，有什么感到还满意或是感到羞愧的，一定会有特别的心得。哪里还需要我喋喋不休呢？宁陵吕坤写。

督抚之职

吏治无良，未有不自大吏始者。我洁己①而后责人之廉。我爱民而后责人之薄。我秉公而后责人之私。我勤政而后责人之慢。若以有诸己者非人，止多众口耳，势必不行，以藏身不恕也。夫百司②庶僚，以治军民。督抚者治治军民者也。三晋民物，分治于州县，总治于府，监临于守巡道，统属于布政司，弹压于按察司，而本院则拊绥③之者也。树畜不教，荒芜不辟，流移不复，衣食不足，茕独不恤，寇盗不息，奸暴不戢，衙蠹④不除，诸弊不革，积衰不振。教化不行，邪民不禁，流民不察，游民不业，量衡不式⑤，学政不严，地土不均，赋役不平，杂累不蠲，山泽不殖，讼狱不清，仓库不慎，僭奢⑥不约，积贮不充，钱粮不办，道涂不治，商旅不集，乡甲⑦不联，贪酷不斥，昏庸不戒，势豪不敛，馈遗不省，驿递不节，虚糜不去，幽隐不烛。有如此者，三晋司府责有攸归。而倡率无道，驱策难前，致吏治不修而民生不遂，本院安所归咎耶。顾本院所自信者，除本省乡士夫吉凶礼节不敢尽废亦不能过丰外，其余不彼此交际，假手以润⑧身家。不馈送要津，结心以固荣宠。不以奉承喜属吏。不以虚套责有司。纸赎商税酒课获功及一切不义等物分毫不入私箧以遗子孙之殃。酒席、下程、供张、骖从及一切公会等事分毫不费民，以为州县之累。诸所举动不能欺百司庶僚，不能欺吏书门皂。顾如此砠砠，亦只了自家身上事耳。苟于地方不足为轻，不足为重，则是官也焉能为有，焉能为无。前所云云，所赖监司守令共力同心，次第举行。为军民造无穷之福，为地方垂永久之利。凡本院牌札条示苟于民情无当，不妨明白申呈⑨。苟于事体可行，岂宜延迟废格。诸君子其奋扬⑩精采，殚竭心思。详观往哲良规，痛革俗吏积套。匡我愚迷，规我舛谬，共图治理。是所惓惓注望者也。

【注释】①洁己：修正身心，使自己的行为端正。②百司：大臣，王公以下百官的总称。③抚绥：安抚。④衙蠹：不良的官吏。⑤式：特定的规格。⑥僭奢：过分奢侈。⑦乡甲：乡约保甲制度的简称。⑧润：利益、以财物酬人。⑨申呈：呈报。⑩奋扬：有力地显扬。

【译文】地方官吏的作风不好，源头没有不是大官引起的。我们使自己的行为端正，然后指责别人的气节。我们热爱百姓，然后责备别人的凉薄。我们做事秉持公正之心，然后再指责别人有私心。我们尽力处理政务，然后再责备别人的怠慢。如果用责备自己的心来责备别人，妄想改变大众，那是不可行的，因为自身没有恕道。至于百官，是用来治理军民的。督抚是专门管辖治理军民的人。春秋末年的民众，分别在州县受统治，都在政府统一管理下，在守巡道下被监督，统辖和隶属于布政司，受按察司的镇压，而本院就起着安抚的作用。不让栽种畜牧，不开辟荒芜的土地，使人们再次流亡，衣食都不足，不关心没有劳动力又没有人供养的人，盗贼引起的慌乱不停息，奸恶横暴的人不知道收敛，不除掉不良的官吏，多种弊端不知道改变，长期国势就会衰落不振。对人们的指导工作做的不行，奸邪的百姓不制止，不能调查清流亡外地，生活没有着落的人，不被主流社会容纳的人不去工作，度量衡没有统一为特定规格，有关教育的一切事务不够严厉，土地分配不均，赋税徭役不公平，各种多余的税不去免除，山川河泽不去开辟，诉讼不清，仓库管理不小心，生活过分奢侈不知道节俭，对积累保存起来的财富不满足，税收的问题不知道处理，道路不好走不知道整理，行商人之间关系不和睦，乡里管事的人不知道团结，不责备贪婪残酷的人，不革除昏庸的嗜好，权势强大的豪门大家不知道收敛，不节约馈赠财务的分量，利用驿站传送公文不知道节省时间，不知道减掉浪费的时间及东西，隐居未仕的人不洞悉世情。有这样的人的话，春秋末年的政府的责任就有归属了。而起表率作用的人昏庸无道地去管理，政令就难以推行，导致吏治不能整治，而百姓生活也不顺，本院怎么能心安地推开错误呢？回顾本院所相信的人，除本省的乡绅士大夫之间各种有关吉凶的礼仪规矩不敢都废弃也不能过于丰厚外，其余不彼此交际，借别人来为自己分得利益。不赠送礼物给显要地位的人，与人结交来巩固荣耀。不因为别人的侍奉而喜爱下官。不因为虚伪的客套责备官吏。纸赎税、商税、酒税、农业税和一切不符合道义的财物丝毫不进自己的口袋，以免给子孙带来祸患。酒桌宴席、送别时赠的礼物、供给陈设、侍从和一切同业公会的事分毫不在人民取得，使人们认为州县是负担。所有这些行动不能欺骗百官，不能欺骗官府的文书，看门的差役。做到如此鄙陋而浅薄的样子，也只解决了自家身上的事而已。如果在当地做官不值得为轻，也不值得为重，那么做官的人有跟没有又有什么区别呢？前面所说的，都要依靠监司，守令一起同心协力，依次施行。为军民创造无穷的幸福，为地方留下永久的利益。凡本院牌的札条表示出来的对民众情绪有不当之处，不妨明明白白地报告呈交上司。如果对事情来说可行的话，难道还会延迟废弛的时间吗？各位君子对待工作都有力显扬，精神抖擞，耗尽心思。纵观以往先哲制定的好的规范，完全去除平庸的官吏制定的落后的方案。纠正我的愚昧无知，改正我的错误，共同考虑谋划治理方案。这就是人们真挚诚恳盼望的结果呀。

布政司之职

行中书省与中书省分表里，秩①皆二品，至崇重也。为外僚领袖，为朝政橐钥②。表率吏治，通达民情，至枢要也。名其司曰"承宣布政"。盖"政"者，天子之惠泽。使臣承其流而宣政于一省，俾③一省之政教④号令雷厉风行。一民一物无不得其所，一政一事无不得其宜者也。两院之所监临，监临此政。按察之所廉访，廉访此政。守巡之所分理，分理此政。府州县之所推行，推行此政。元人艳之，名曰"外政府"。姑无论执掌之全，惟是学校之政总属其提调，故贡举起送无不由焉。境内人才总属其体察，故选官保结无不由焉。钱粮完欠，总属其稽考，故征收起解⑤，无不由焉。官吏淑慝，总属其品题⑥，故举刺⑦考察，无不由焉。土田赋役，总属其均厘，故差粮册籍，无不由焉。军匠户口，总属其清理，故内府图籍，无不由焉。至于典常经制、水利农桑、养老恤孤、储蓄蠲赈，凡关系军民利病、地方安危、风教盛衰、政治得失无不由之。而今也止知其为钱粮衙门耳。经年以催解为职，终日以收放为事。或官吏起送保甲⑧，或复命觐贺、造送册揭，虽皆衙门事体所关，而以此毕承⑨宣布政之职，恐小之乎其为藩司矣。

【注释】①秩：古代官职级别。②橐钥：喻指本源。③俾：使。④政教：指刑赏与教化。⑤起解：押送罪犯或货物上路。⑥品题：评论人物，定其高下。⑦举刺：检举揭发、提拔与黜责。⑧保甲：古代（宋王安石始创）

109

的一种户籍编制制度。若干家编作一甲,设甲长;若干甲编作一保,设保长。⑨承:担当,应允。

【译文】行中书省和中书省分管内外事务,都是二品官员,地位很尊贵。是京师以外任职官员的领袖,是掌管朝政事务的本源。是官吏治理的榜样,通情达理民情,是最核心的人。给这个部门的名字设为"承宣布政"。"政"字的原因,是来自天子的惠爱与恩泽。让我担当如此高的等级去管理一个省份的政事,使一个省的刑赏和教化的号令执行起来都严厉迅速。使一个百姓一个物件没有不能得到他们理想的安置的,一个政权一件事没有不得到适合做事的人的。两个院所说的监督,是监督这些政策。巡查的是察探,访问这项政策。守巡官所处理的,是处理此项政策。府州县地方所推行的,是推行这项政策。元人所美慕的,叫"外政府"。姑且不论管理的全不全,也只有这样学校的政治业务才都属于负责指挥调度的人,所以人才的推送没有不是出自这里的。境内人才都属于他们考察,所以推举人才的担保书是没有不是出自这里的。是否纳完钱粮税,都是属于他们考核,所以征收或押送罪犯或货物上路,也都是出自他们。官吏是善良或者邪恶,都出自他们的评价,所以检举揭发和考察,都出自他们。田地赋税和劳役,都由他们来平均整理,所以赋税的名册都是出自他们。军人,匠人的户口数,都属于他们要统计的,所以皇宫仓库里的户籍资料,都是出自他们。至于各种典章书籍、水利工程和农业生产、养老和救济孤苦无依的人、积存钱物,免除租税,救济饥贫,凡是关系到军民的利弊、地区安全、教化的盛衰、政治的得失关键都在他们。而现在他们是只知道掌管钱粮衙门罢了。全年都以赶快处理事件为职责,整天把收税,放税作为重要的事。有的官吏掌管保甲,有的人按命令朝觐庆贺、制作赠给书籍,即使都与衙门的事有关,并且这些都是承宣布政担当的职责,但这样恐怕不足以称得上藩司之职。

执事者果顾斯名也，协分守巡道、督郡邑百司。尽地力以开利源，戒侈靡以节耗费。课桑麻以诘惰农，通商贩以裕财用。引水利以备旱潦，驱游民以安生业。禁异端以息煽诱，均地粮以苏①偏累②。定征收以杜侵牟，严起解以足国用。罪包揽以重钱粮，善摧科以革积弊。停滥役以息民肩，惩衙蠹以除民害。清课税以恤民贫，定斗秤以息奸伪。访把持以通市隋，兴礼教以端士习。定社学以正蒙养③，重乡约以善风俗。崇节孝以兴行谊，严保甲以弭窃劫。简词讼以省劳费，修祀典以事鬼神。严乡饮以示观感。广收鳏寡孤独。疲癃残疾而设法存活，以哀茕民。各道不率循者规正④之。有司不奉行者督责之。虚文罔上，生弊扰下者，参治之。全省之民，庶几其得所乎。不然，承宣布政四字，毫无关涉。而建官之本意，迷失愈远矣。

【注释】①苏：缓解、解除。②偏累：负担不均衡，不公平。③蒙养：以蒙昧隐默的方式滋养正道，比喻教育儿童。④规正：规劝改正。

【译文】做事的人果真注重这个名分，就会协调分管守巡道、监督府县的百官。发挥土地的资源来挖掘产生利益的根源，戒除奢侈来节省浪费。收桑麻税来责备懈怠的农民，与商贩交往用来丰富财产。开发水利用来防备水旱灾害，驱逐游民来维护百姓的生存产业。禁止异端分子来停息煽动诱惑百姓，平均地粮税以缓解负担不均衡。确定征收的标准以杜绝侵害利益，严禁押送犯人或货物上路来补足国家的消耗。对包揽加以治罪，看重钱粮，善于摧毁科目以革除积弊。停止过度的劳役以消除民众的负担，惩罚不良的官吏以除去百姓的祸害。清除征税为了体恤贫穷的百姓，确定斗秤以减少诡诈虚假的情况发生。探访揽权专断的行为，以整顿士气，振兴礼乐教化以端正士大夫的风气。设立教授民间子弟的学校来规范儿童教育，看重共同遵守的规约以形成好的风俗。崇尚有孝行的人来使正义的品行道义流行，严格保甲法以消除偷窃抢劫的行为。使诉讼简洁来节省劳务费用，修复记载祭祀的典籍来祭祀鬼神。严格乡饮酒礼以展示观看某事物后的感情体会。广泛接纳鳏寡孤独的人。帮助衰老多病残疾的人，使他们能够生存下来，以示对孤苦百姓的怜悯。各行政区的不率先遵守的人都将被规劝改正。有关部门不执行的人都将被监管责备。用不切实际的无用文字蒙蔽上面，产生弊端干扰下面的人，都要一同治理。全省的人民，或许可以得到自己想要的。否则，承宣布政四个字，将与职责毫无关系。而建立本官职的原意，将迷失得越来越远了。

按察司之职

廉访之职，盖綦重矣。古者御史大夫掌西台，察奸刑罪，盖瘅恶之司也。以中台不便于察外吏，乃设按察司为外台。弹压百寮，震慑群吏。藩司以下，皆得觉举，实与御史大夫表里均权。厥后①和同②溺职，而事权俱归两院矣。所可叹者，司曰按察司，官曰按察使。按察谓何？但以刑名为职掌，人亦以刑名吏目之。弃其尤重，而独任兼衔。可谓之提刑司、提刑使耳。今内外详③皆转都察院，人未尝以都察院为刑曹，何按察司独专谓刑名乎？即刑名一事，亦多可言：夫廷尉，天下之平。提刑者，一省之平也。遣戍充徒，一失其平，皆得理枉伸冤④。今也强盗人命，非两院批驳，竟不与闻矣。夫死刑必由按察司转详者，谓必按察司以为可杀，而后以闻也。果情法无当于心，则呈驳不嫌于再。至于一省真正强盗人命，郡县俱当申报。问明之日，俱当照详。看得可疑，一体批问，案候两台定夺，以凭同异平反。如是庶不失提刑之职。百官不法，时加体访。可训迪者训迪⑤，可督责者督责，可奖戒者奖戒。其应参拿论劾，指事开陈⑥两院。使一省官吏，视宪使如雷霆，莫不洁己爱民，勤政集事。宋人谓之"天垣执法，人代阎罗"。如是庶不失按察之职。若一崇长厚⑦，百无听闻。贤否取正⑧于府官，依样署考。重轻定拟于院道，代之转详，则法司之权，非人我侵，而我自失之矣。此何官也，而可自失其权哉！惟执事者留意。

【注释】①厥后：从那以后。②和同：伙同、合伙。③详：旧时的一种公文。④理枉伸冤：洗雪冤枉。⑤训迪：教诲开导。⑥开陈：陈述、解说。⑦长厚：恭谨宽厚。⑧取正：用作典范。

【译文】廉访官的职责，这是非常重要的。古代的御史大夫掌管西台，调查奸邪刑罚的犯罪行为，是因为憎恨邪恶的官吏啊。以中台不便于考察外面的官员为理由，于是设按察司为外台。弹压百官，震慑官员。藩司以下，都得到觉举，这实际上是与御史大夫在内外权利上分权。从那以后其他官员都多不尽职，而权力都归两院了。所令人叹息的是，有的官员说是按察司，有的官员说是按察使。按察指的是什么？是指以刑法作为职务的人，人们也用各种刑名来看待这样的官吏。放弃职务中重大的，而只担任附带的小职务。只能称他是提刑司、提刑使罢了。现在内外的公文都转给了都察院，没有人认为都察院是分管刑事的属官，为什么按察司独独称为主管刑事的呢？就刑名一事，也有很多可以说的：廷尉，负责天下的平安。提刑官，负责一个省的平安。派遣军队戍守去充当，一旦失去公正，都能洗血冤枉。现在杀人害命的事件，不是两院批判驳斥，竟然就不予理会了。因为死刑必须由按察司转为详细的公文，所以，必须是按察司认为可以杀的，然后才能处理。果真情法无愧于心的，则呈上理由否定别人不会嫌弃再次进行。对于一个省真正有杀人害命事件的发生，郡县都应当报告。问明白之后，都会准备的很详细。看起来可疑的地方，再一起询问，最后判案等候两府决定，来依靠结果是否相同来平反案件。这样才能不有负于提刑的职责。百官不遵法的话，应该不时地亲自访查。可教诲开导的进行教诲开导，可以监督责罚的监督责罚，可以奖励或惩戒的进行奖励或惩戒。应该掌握证据来谈论是否弹劾，吩咐由两院进行陈述。使一省的官员，看到掌管宪法的官员就像看到雷霆一样，没有不修正身心，爱护民众的，勤于政事并成功的。宋人称其为"既是天上执法的官，也是人间的执法官"。这样才能不失按察使的职责。如果一个崇尚恭谨宽厚的人，百姓从没有听说过。贤能与否交给府官来衡量，然后依样暂代考察。轻重与否决定于院道，代替他转为公文，那么法官的权力，不是别人侵占了我们，而是我们自己丢失了。这是什么官呢，竟然可以失去自己的权威！这是做事的人应该注意的。

提学道之职

两司之清重①莫如督学。世道之污隆②亦惟系于督学。今有督学于此：文学甚优，澡身③甚洁，关防④甚密，持法甚公，校士甚精，阅卷甚敏，贤矣乎？曰："贤矣，而职未尽也。"天下之治乱系人才，人才之邪正关学校。譬之器物，学校其造作⑤处，庙堂其发用处。譬之菽粟布帛，学校其耕织处，海宇其衣食处也。是学政美恶，士习善败，三公九卿不任其咎，百司庶府不任其咎，舍督学将谁归咎哉！夫入学帮补，甚荣进也。宾兴，甚钜典⑥也，此富贵利达之最途也。朝廷悬此以艳天下士，天下士不啻竭蹶⑦趋之。岂以学校乏人，待督学以足数，贡举缺额，待督学以取盈邪！即使朝督暮责，人人尽一等，士士可三元，止作养了许多文章之士、富贵之人，何益于国家理乱之数哉！虞周既远，世教久亡。桓荣稽古一说，已属醉生梦死之言。宋时劝学诸歌，类皆病狂丧心之语。其在当时，明理穷经，尚以天爵要人爵。直至于今，拟题摘段，竟以捷阶取要阶。视学校为利禄之场，以《诗》《书》为富贵之籍。理义身心之学未见聚谈。天下国家之忧无人介意。如是而授之天下国家之寄，令其敷⑧理义身心之教，以成移风易俗之治，臻民安物阜之功，其将能乎？夫天下英俊豪雄尽收之学校，更于何处求兴道⑨致治之人。而今学校反足以坏英俊豪雄，更于何人望济世安民之效。是世道终不还古昔，民生终不见太平，不知国家养贤取士何用也。乃论取士者有曰：当兼乡举里选之法。夫乡举里选之法，至今未尝不在。曰："何在？"保结是已。夫保者，事发连坐。结者，要以终身。立法至严也。

【注释】①清重：清高庄重、清贵。②污隆：常指世道的盛衰或政治的兴替。③澡身：洗身使洁净。引申为修持操行。④关防：防范。⑤造作：制造，制作。⑥钜典：朝廷大法。⑦竭蹶：尽力。⑧敷：陈述。⑨兴道：振兴道德，比喻启发。

【译文】两个部门中较清贵的就数督学一职了。世道的盛衰关键也在督学上。现在有一位督学官员：学问很好，修持操行很高洁，防范很严密，执法很公正，考评士子很细密，评判考卷很灵活，这样可以称得上是贤能了吗？答：可以说有贤能了，但职分还没有完全承担。天下的安定与动乱与人才有关，人才的邪恶与正直与学校有关。比如各种物品，是由学校制作的，是朝廷将其运用。比如各种生活必需品，是学校负责耕织的，是天下基本生活资料所运用的。学校的美与恶，学子学习的成与败，三公九卿不承担指责，文武百官官署也不承担责任，除了督学还将归咎于谁呢？能够入学进修，很能帮助人向上进取。宾兴，是朝廷大法，这就是通往富贵显达的最佳道路。朝廷公开用它来照耀天下的士人，天下的士人都竭力去追求。难道是因为学校缺少人才，等待督学来使补充使数目足够，科举制度缺少数量，等待督学来定额征收，不得短少吗？即使从早到晚地督促检查，人人都第一等级，人人都可以成为前三名，只是培养了许多写文章的人、富贵的人，对治理国家混乱又有多少有利的作用呢？虞周时代过去很远了，对世人的教化灭亡也很久了。桓荣考察古代事迹的说辞，已经属于稀里糊涂的话了。宋朝的劝学歌，一类都是丧失理智的话。在当时，通晓事理，极力钻研典籍的人，也用得到的天理来换取人间爵位。一直到现在，拟定题目摘取段落，竞相从捷径登上紧要的层次，将学校看作追求功名利禄的场所，把《诗》、《书》作为得到富贵的书籍。有关公理与正义的身心学问，没有见到大家议论。天下和国家的忧心没有人关注介意。如果就这样寄予了他天下国家的重任，让他陈述公理与正义的身心的教育，以成就改变旧的风俗习惯的治理，日益完善取得社会安定、物资丰富的成功，他们能做到吗？如果那天下英才豪杰俊雄都被学校收复，又何必要在别的地方寻找振兴道德治理国家的人。而现在学校反而去迫害英雄豪杰，又能期望谁去实现济世安民的效果呢？这世道终究回不去原来的时候了，人民始终看不见太平的时候，不知道国家培养贤才，选取士才有什么作用呢？于是谈论起选取士才时有人说：当同时采用从乡里中考察推荐人才的方法。乡里的推举选拔人才的方法，到现在也不是没有存在。说："在哪里呢？"这就是写担保文书。那担保的人，事情败露时会被牵连。被担保的人，要关系一生的。立法就是如此严厉。

书一名，画一押，用印而附之卷，干系至重也。责保人曰：如虚甘罪①。责所保之人曰：身家并无违碍。夫不遵理道曰"违"。犯于过恶曰"碍"。身有"违碍"，弃之可也。其家并无违碍，里老邻佑保结，据之可也。又取师生县州府司保结。士而至于无身家违碍之事。保结惟取身家无违碍之人，不谓乡举里选可乎。有违碍，虽班、马、曹、刘，不得进取。聪明才辨之士。既亟亟于富贵利达，虽欲不勉为善，强寡过②，得乎？已人仕途，丁忧③养病，起复补官，仍取保结，终身虽欲不勉为善，强寡过，得乎？士而至于勉为善，强寡过，则保结法严之效也。所望督学使君以修己治人之术为科条，以进德修业之实教诸士。立以章程，时其纠察，严其劝惩。端身范以先诸士，责提调以警怠荒④。督教官以修实政。举善必极其优崇⑤，伸德行于文学之上。瘅恶当正其法纪，约诸生于礼教之中。异日荐之乡书者皆端人正士，列之朝著者皆实学真才。庶人心世道有转移之机，而国祚⑥民生享无疆之福矣。

吕新吾《明职》

【注释】①甘罪：服罪。②寡过：少犯错误。③丁忧：官员居丧或遇到父母丧事。④怠荒：懒惰放荡。⑤优崇：优待而尊崇之。⑥祚：福，赐福。

【译文】签上名字画上押，在文书上盖上章，要承担的责任就非常重大了。要求担保人说：如果有虚假情况，我甘愿服罪。要求被担保的人说：我的身清白，并无任何违法乱纪。不遵循理法叫做"违"。做过恶事叫做"碍"。如果一人做了"违背理法的恶事"，丢弃他就可以了。他的家里并没有做违法乱纪的坏事，里长、邻居都可以担保，有凭据就可以。让师生所在的县州府司担保的，士人没有身家和违背理法恶事的，担保只取身家没有违背理法做恶的人就可以了，不称乡里推举可以吗？有违背理法做恶的人，即使是班固、司马迁、曹植、刘桢这样的人，也不能举用。聪明有才智机辨的人，既然急迫想要达到富贵，地位显要，即使不想去做好事，少犯错误，可能吗？已经要做官的人，因父母去世需要服丧，重新再做官，仍要有担保的文书，终身想要鼓励做好事，强迫少犯错误，可能吗？士人到了鼓励做好事，强迫少犯错误的地步，这是担保法律严格的结果啊。所期望的是督学能把修善自身进而再治理人的方法当作教学科目，以增进品德修习学业来教化众人。

建立章程，不时地检举他人过失，严格地奖惩。端正身心示范给其他人，责备指挥调度的人以警告懒惰放荡。监督掌管教化的官员改善时政。推荐德才兼优的人优待、尊崇他们，注重德行胜过文章学问。憎恨邪恶来严明法律规矩，用礼仪教化来规范大家。那么日后推荐的乡里的有文书的人都会是端庄正直的人，朝廷中所做官的都会是有真才实学的人。但愿民心、世道有改善的机会，国运民生将有无边的福报！

守巡道之职

守巡两道非止为理词讼设也。一省之内，凡户婚田土，赋役农桑，悉总之布政司。凡劫窃斗杀，贪酷奸暴，悉总之按察司。两司堂上官势难出巡，力难兼理。故每省计近远，设分守巡道，令之督察料理。所分者总司之事，所专者一路之责。凡一路之官吏不职，士民不法，冤枉不伸①，奸蠹不除，废坠②不举，地粮不均，差役偏累，衣食不足，寇盗不息，邪教不衰，土地不辟，流移不复，树蓄不蕃，武备不修，城池不饬，积贮不丰，讼狱不息，教化不行，风俗不美，游民不业，鳏寡孤独，疲癃③残疾之人不得其所。凡接于目者，皆得举行。听于耳者，皆得便宜。应呈请者，呈请两院施行。应牌扎者，牌扎各州县条议。督责守令，详密如主婆。守令奉法，恐惧如严师。务使一路风清弊绝，所部事理民安。入其疆，无愁叹之声。见其民，无憔悴之色。然后尽守巡之职。本院做秀才时，曾见本道经历吾邑，民间疾苦，不问一声。邑政短长，不谈一语。留州县茶坐，则沾沾煦煦，皆虚夸色笑之言。批州县文书，则婉婉曲曲，无切问直驳之语。下司无不感激，以为盛德④。盖嘉靖末年时事。近日诸君子约己爱民，肃僚勤政，必不然矣。夫两道之位，不为不尊，权不为不重。所以董督⑤守令，爱养蒸黎⑥，修举政事者也。乃中怯外柔若是，其何以正体统而肃纪纲乎！何以策不振而惩不法乎！何以令能行而禁能止乎！何以兴治道而起颓风乎！然则一路不治，千里未安，其故可知已。诸君子慎无复然。

吕新吾《明职》

【注释】①伸：伸张。②废坠：荒废，失於照顾。③疲癃：衰老或身有残缺、疾病的人。④盛德：崇高的品德；深厚的恩德。⑤董督：统率，监督。⑥蒸黎：百姓，黎民。

【译文】守巡两道不仅是为了整理诉讼设立的。一个省的范围内，凡是有关户婚、田土、赋税、徭役、农业生产的事，全部都由布政司负责。凡是掠夺、偷窃、打架、杀人、贪婪、残忍奸诈和残暴的事发生的，全部由按察司负责。两司都是堂上官，使他们很少出外巡视，能力有限以至于很难将事情一起处理。所以每省按照远近，分别设立守巡道，命令他负责监督检查管理的事。所分到地方的人主管事，设专门的人掌管一路的责任。如果一路上的官吏不够称职，人民不遵纪守法，有冤案不去伸张处理，不去消除有害国家的不法行为，荒废的事不去兴办，土地和粮食分配不均，人民承担的无偿劳动很多也很累，穿的吃的也不够，盗贼的事也不平息，教义不纯正的宗教的势力不衰落，土地没有开发建设，流亡迁移的人不能回归，树木不繁茂且没有广植，武器装备不整治，城池不整顿，储存不多，诉讼不能止息，教化不能有效施行，风俗不好，没有工作的人找不到工作，鳏寡孤独，衰老多病的人不能得到生活的保障。凡是眼睛所看到的，都可以实行。听到耳朵里的，都要使其得到利益。应该向两院禀报的，呈请两院去施行。应负责审理的人，审理各州县的种种建议。督促责备守令，详细周密如同主人婆。守令守法，像看到严师一样的害怕。努力让一路上的坏事绝迹，社会风气良好，所部署的事情有道理，百姓安定。有人的地域，没有愁苦叹息的声音。看到他的人民，没有憔悴的神色。然后尽守守巡的职责。我做秀才时，曾看见本道经过我管的县城时，民间的疾苦，从没问过。县城政治管理的优缺点，一句话也不谈。留州县喝茶小坐时，就沾沾自喜，谈笑间都是虚假浮夸的笑容和言语。批阅州县的文书，那么就是弯弯曲曲，没有恳切求教直接反驳的话。下面的官员没有不感激的，认为有崇高的美德。这是嘉靖末年时的事。近日诸位约束自己并爱护人民，认真对待同僚，勤于政事不懈怠，是一定不会这样的。那两道的地位，不是不尊贵，所有的权利不是不重大。是做监督守令，爱护百姓，兴复政府施政的事务。如果是对内做事不合时宜，对外做的事太柔弱，他怎么能纠正规矩并且整肃典章法度呢？怎么振兴衰颓而惩治不法呢？怎么能令行禁止呢？如何建立治理国家的方针而消除颓败的风气呢？然而，这一路没有治理，千里之外也没有使其安定，那么原因就可以知道了。各位千万不要再这样啊。

知府之职

一尺之地，不属某州某里，则属某县某里，未有曰属某府地土者。一丁之民，不属某州某籍，则属某县某籍，未有曰属某府人民者。然则府不虚设而无用乎？曰：无用而为有用之资①者，府是已。何者？府非州非县，而州县之政无一不与相干。府官非知州知县，而知州知县之事无一不与相同。是知府一身，州县之领袖，而知州知县之总汇也。今之为知府者，"廉爱严明，公诚勤慎"，便自谓好官。而课知府者，见其能是，亦以好官称之矣。不知此八字者知州知县之职，而非知府之职也。知府无此八字固为不肖。仅有此八字，是增一好知州知县耳。设府治，建府官之意，岂谓是哉！为知府者，或奉院司之科条董督寮属②。或酌③郡邑之利病细与兴除。所属州县掌印正官及佐领合属一切大小官员，有用刑不当者，持己不廉者，政不宜民者，怠不修政者，昏不察奸者，涂饰耳目者，虚文搪塞者，前件废格者，阿徇④权势者，差粮不均者，催科无法者，收解累民者，窃劫公行者，奸暴为害者，风俗无良者，教化不行者，仓库不慎者，狱囚失所者，老幼残疾失养者,听讼淹滥者,桥梁道路不修者,荒芜不治,流移不招者,衙役纵横不禁者,属官如是,知府皆得以师帅之。师帅不从,知府得以让责之。让责不改,知府得以提问其首领吏书。提问不警,知府得以指事申呈于两院该道。譬之一人,一肢病,不得谓之完身。譬之一裘,一幅斜,不得谓之完衣。所属州县,有一不肖之吏,有一失所之民,有一不妥之事不能安缉而处置之,尚得谓之完府乎?务俾所属之吏廉爱严明,公诚勤慎如我一身。所属之政废兴坠举,弊革奸除如我一堂。所属之民无一不得其所,所属之物无一不得其理。循良者署以上考,无论卑微。不肖者署以下考,无附炎热。使属吏知有府之可畏,不敢不守官。知有府之可服,不患不共命。如是而千里之封疆,凛凛风生。万井之黎民,瀁瀁⑤雨润。知府之职不当如是乎?贤太守其细思之。

【注释】①资:条件。②董督寮属:监督下属。寮,古同"僚",官。③酌:考虑、度量。④徇:顺从、曲从。⑤瀁瀁:波浪开合的样子。

【译文】一尺的地方,不属于某个州某里,就属于某个县某里,没有属于某府土地的。一个成年的人,不属于某个州某籍,就属于某个县某籍,没有属于某府百姓的。然而,府不是凭空虚设,难道就真没有用吗?说:没有用,是有用的条件,府就是这样。什么样呢?府不是州不是县,而与州县的政治无一不与相干。府官不是知州知县,而知州知县的事无一不与相同。这知府,是州、县的领袖,是知州知县的总汇啊。现在身为知府的人,"廉爱严明,公诚,勤慎",就说自己是好官。而考核知府的,看到他能这样,也用好官来称赞他了。却不知道这个八字乃是知州知县的职责,并不是知府的职责。知府没有这八个字固然是不贤的人。仅仅有这八个字,不过是增添了一个好知州知县罢了。设立府治,建立府官的本意,难道只是这样的!为知府的人,或遵守院司的法律监督下属，或考虑郡邑的利弊细与兴除。掌印所属州县正官以及佐领所属一切的大小官员，有用刑罚不恰当的，自己不廉洁的，推行政策不适合老百姓的，懒惰不修明政事的，昏庸不明察奸邪的，弄虚作假的，搪塞应付的，对前任移交文件不认真审核的，谄媚曲从有权势的，征粮不均的，催粮征税不遵照法律的，收监解押犯人牵累百姓的，公然偷窃抢劫的，奸暴作害的，风俗不良的，不行教化的，坚守仓库不谨慎的，监狱里的囚犯流离失所的，老幼残病失养的，案件不能及时处理或胡乱处理的，桥梁和道路不修缮的，荒芜不治，流亡迁移不招安的，衙役纵横不禁止的，下官有像这样的，知府都请老师来带领他。老师带领不听从的，知府便要责备他。责备不改的，知府得以提问他的首领吏书。提问后还不警惕，知府便根据相关事则申诉呈报给两院接受处理。犹如一个人，肢体有病，不能称之为完美的身体。比如一件大衣，幅面倾斜，不能称之为完美衣服。所属州县，有一个无能的官吏，有一个流离失所的人，有一件不妥当的事不能得到合适的处置，还能称之为完备的官府吗？一定要使得所属的官吏正直仁爱严明，公正诚实勤勉谨慎就像我自己本人一般。所属州县的政治百废俱兴，弊革奸除就像我自己的工作场所一样。下属的百姓没有一个不各得其所的，所属的财物没有一样没得到很好的管理。对循规本分的良吏，考核时给予上等的评价，不论其地位如何卑微。对不贤的人考核时给予下等的评价，不管他身后有着什么样的背景。让属吏知道知府的可怕，不敢不守官尽责；知道知府的可以信服，不担心势单力薄。这样，千里的疆土，凛凛风生。万户的百姓，如沐雨露甘霖。知府的职责难道不应该是这样的吗？贤良太守应当仔细想一下这件事。

同知通判推官之职

府总州县之政，事务繁多，又设佐贰①以分之。同知、通判之职掌不同。大率清军捕盗，水利盐法，管粮管马。而推官则专理刑名者也。刑名余详之风宪约。捕盗余详之狱政。而清军、水利、管粮似不必专曹设职，故余独不言。三官各有职掌。惟一以安静为事，则府佐所同也。

吕新吾《明职》

【注释】①佐贰：辅助主官的副官。

【译文】知府总理州县的政治，事务繁多，又设副职来分担它。同知、通判的职责不一样。大致是整肃军队，抓捕盗贼，水利盐法，管粮管马。而推官则专门处理刑名方面的事则。有关刑名的内容详见于风范宪约。捕盗的细则详见于狱政。而清军事、水利、管粮似乎没有必要专门设置职位部门，所以我就不说了。三官虽然各有职责，但只有一个宗旨，就是以安静为事，这对于所有知府的佐助来说都是相同的。

知州知县之职

士君子无济①人利物之心，则希清华，慕通显，总之无益于苍生，听其求富贵可也。苟平生怀救民利物之心，欲朝兴一利，而朝即泽被闾阎②。夕除一害，而夕即仁流市井。随事推恩，听我自便。因心出治，惟我施行，则莫妙于知州、知县矣。夫朝廷设官，自公卿以至驿递，中外职衔，不啻③百矣。而惟牧令，人称之曰"父母"。父母云者，生我养我者也。故土地不均，我为均之。差粮不明，我为明之。树木不植，我为植之。荒芜不垦，我为垦之。逃亡不复，我为复之。山林川泽果否有利，我为兴之。讼狱不平，我为平之。凶豪肆逞，良善含冤，我为除之。狡诈百端，愚朴受害，我为剪之。嫖风赌博，扛帮痴幼，我为刑之。寡妇孤儿，族属侮夺，我为镇之。盗贼劫窃，民生不安，我为弭④之。老幼残疾，鳏⑤寡孤独，我为收之。教化不行，

123

风俗不美，我为正之。远里无师，贫儿失学，我为教之。仓廪不实，民命所关，我为积之。狱中囚犯，果否得所，我为恤之。斛⑥斗秤尺，市镇为奸，我为一之。贫民交易，税课滥征，我为省之。衙门积蠹⑦，狼虎舞民，我为逐之。吏书需索，刁勒吾民，我为禁之。征收无法，起解困民，我为处之。游手闲民，荡产废业，我为惩之。异端邪教，乱俗惑民，我为驱之。庸医乱行，民命枉死，我为训之。士风学政，颓败废弛，我为兴之。市豪集霸，专利虐民，我为治之。捏空造虚，起祸诬人，我为杜之。聚众党恶，主谋唆讼，我为殄之。火甲负累，乡夫骚扰，我为安之。某事久废当举，我为举之。某事及时当修，我为修之。民情所好，如己之欲，我为聚之。民情所恶，如己之仇，我为去之。使四境之内无一事不得其宜，无一民不得其所。深山穷谷之中无隐弗达。妇人孺子之情无微不照。是谓知此州，是谓知此县。俾⑧一郡邑爱戴吾身，如坐慈母之怀，如含慈母之乳，一时不可离，一日不可少。是洞其弊原，酌其治法。日积月累，责效观成。自初仕以至去任，光景改观几何？民愁苏醒几何？政事修举几何？或享利于目前，或垂恩于永久。俾士民得数其事而称之。吾于临去，亦自点检之曰：吾于地方兴得某利，除得某害。如此治民，即是良医治病，何快如之。倘到任时地方是这般景象，离任时地方依旧是这般景象，如此等官，虚享数年俸薪，无益百姓毫厘。试一省察，称职废职，两院之奖荐有愧无愧，戒劾有屈无屈，自有一点不死之真心在，又何暇计较考语优劣，归咎他人诬陷哉！贤者必不谓吾言过激云。

【注释】①济：对困苦的人加以帮助。②间阎：间原指里巷的大门，后指人聚居处。③不啻：不止、不只。④弭：平息、停止、消除。⑤鳏：无妻或丧妻的男人。⑥斛（hú）：中国旧量器名，亦是容量单位。⑦蠹（dù）：蛀蚀。⑧俾：使。

【译文】士人君子如果没有了助人利物之心，就会一味希求清高的声誉，仰慕通达显贵的地位，总之无益于天下百姓，任他寻求富贵就可以了。如果平生怀有救民利物之心，早上想要兴一利，那么早上百姓便得恩惠。晚上除去一害，那么仁爱之风晚上就传播于民间了。随事推恩，怎么做都可以。由心而治，惟我施行，在这方面没有能够比知州知县做得更好的了。大凡朝廷设官，从公卿大臣到驿站小吏，中外职务头衔，不只上百个。但是唯独州牧和县令，人们称他为"父母官"。所谓父母，就是生我养我的人啊。所以作为父母来说，土地不平均，我来均分它。差役征粮指标不明确，我来明确它。树木没有种植，我教百姓来种植。荒芜没开垦，我令它被开垦。逃亡的百姓没回来，我让他们都回来。山林、川泽究竟是否有好处，我来尽最大可能利用它。诉讼案不公平，我来使它公平。凶豪肆意逞强，令善良的人含冤，我来将他们除掉。狡猾奸诈百出，令愚钝朴实的人受害，我来将他们翦除。嫖妓赌博之风，祸害无知幼童，我来刑罚他。寡妇孤儿被族人侮辱巧取豪夺的，我来为他镇压。盗贼抢劫盗窃，搅得人民生活不安宁，我来平定它。老幼病残，丧偶孤独的人，我来收养他。教化不行，风俗不美，我来匡正它。偏远的地方没有老师，贫穷的孩子失学，我来教导他。储藏的米不殷实，与百姓生死攸关，我来累积它。狱中囚犯，是否确实罚当其罪，我来怜恤他。用来称量轻重的杆秤，市镇商贩偷奸要滑，我来统一它。贫穷人民交易，苛政杂税乱用征伐，我来减省它。衙门积害，像豺狼虎豹一样欺压人民，我来驱逐他。小吏习钻，勒索我的人民，我来禁止他。征收不依法度，欺负贫困的农民，我来处置它。游手好闲的人，倾荡家产荒废学业，我来惩罚他。异端邪教，扰乱风俗，蛊惑黎民，我来驱逐它。昏庸医生乱行医，百姓冤枉致死，我来训戒教导他。士风学政，颓败废除松懈，我来振兴它。市豪称霸集市，夺取豪利暴虐百姓，我来治理它。凭空造假，引发祸端诬陷他人，我来杜绝它。纠集恶人，聚众闹事，主谋策划，教唆斗讼的，我来消灭他们。徭役负担重，乡邻骚扰，我来安顿他们。某件事长期废置应当兴办，我来兴办它。某件事应当及时完善，我来完善它。民心所喜欢的，就像自己所喜欢的，我来聚敛它。民心所厌恶的，就像自己所仇恨的，我来驱逐它。使四境之内没有一件事不得至妥善的处理，没有一个人民不能得到他们的居所，深山穷谷中没有隐藏顾及不到的，对妇女幼儿的情况照顾得无微不至。这才叫知此州，这才叫知此县。使一个郡邑的百姓爱戴自己，就像坐在慈母的怀中，就像含着母亲的乳头一般，一时不可分离，一天也不能少。这是洞察弊端的根源，斟酌治理的方法。日积月累，才能收到这样的成效。从开始做官到离任，情况有多大的改变？百姓愁苦缓解了多少？政事修正兴办了多少？有哪些收到了眼前的利益？有哪些能令百姓长久蒙受恩泽，使百姓得以数出这些政绩来称赞我？我在临走时，也能自己回顾这些说：我在这个地方兴办了哪些好事，铲除了哪些弊端。这样管理百姓，就是良医治病，是多么的痛快啊！如果到任时地方是这般景象，离任时地方依旧是这般景象，这些官员，空享几年俸禄薪水，对百姓无毫厘益处。如果一经考查，称职失职，面对两院的奖励推荐有没有惭愧，告诫弹劾有没有冤屈，自己有一点不死的真心在，又怎么有时间去计较评语的优劣，怪罪别人诬陷呢？世之贤者一定不会说我的这些话过于偏激了吧。

教官之职

官之重，无如教官。官之坏，亦无如教官矣。国初以学校为首善之地，教职为风化之官。每选上舍，俾为郡邑师。考其立身端谨①，学政精严，作养人材，堪为世用，则行取为编修检讨，御史给事中，后为大臣，皆有建树。当时以起家教官为第一荣进。匪朝廷滥擢此官，乃教官实称此职也。今日士习何如乎？使为教官者，正其心术，端其趣向②，教以立身行己之法，迪③以济世安民之要。使居乡，则为端人正士，出仕，则为良吏忠臣。一言而乡党相传，一行而家邦取法。不愧俊秀之才，堪为社稷之重。一学得此数人，翘然出色。其余皆小心谨畏，不辱其身。教官如此，可谓称职矣。而抚按不以国初之典荐，庙堂不照国初之例行，必有任其咎者。今也无论教以修己治人之术，望其成德达材之效，即以举业讲课者有几人哉！居是官者能知学校非爱老怜贫之地，教官是正己率物之身。诸生是世道民生之赖。朝廷付我以满庠青衿之士，委我以养贤待用之责，岂区区索赆见，勒④节规，遂足尽教训之职哉！

【注释】①端谨：端正谨饬。②趣向：志趣、志向。③迪：开导。④勒：强迫、强制。

【译文】官员责任的重要，没有像教官一样的。官员的腐败，也没有比教官的腐败更可怕的。国家建立的初期，以学校作为最优秀的地方，教职是掌管风俗教化的官员。每次选择上等馆舍，使其成为郡县的老师。考察他品格端正谨饬，教育工作精细严密，培养人才，足以为世所用，那么就推荐为编修、检讨、御史、给事中，后来成为大臣，都会有所建树。当时把从一开始就从教官起家，视为仕途的第一荣耀。不是朝廷不加选择地提拔官员，是教官确实称职。现在读书人的风气怎么样了呢？如果做教官的人，都能摆正自己的心态，端正自己的志趣，教给学习存身自立，行为有度的方法，开导安邦定国的要点。在乡里，就做一个端庄正直的人，做官，就一定要做一个优秀的官吏，忠诚的大臣。每说的一句话都能在同乡之间传播，每一个行为都被世人所效仿。不愧是优秀的人才，可以担当社稷的重任。一个乡学，能得到如此优秀的几个人，其他的人也都能小心谨慎地做事，不辱没他们的身份。教官做到这种程度，可以算作称职了。然而抚按不遵循国家刚建立时的法典推荐，庙堂不按照国家建立时先例处理，一定有担当此罪责的人。现在不要说教给他们修己治人的方法，盼望他们形成良好的品德，达到成才的效果，就算是为科举讲课的人又还有几个呢？做官的人能知道学校不是晚年养老周济贫穷的地方，怜悯贫穷的地方。教官是端正自己的思想，言行做别人的榜样的人。读书人是世道民生所依赖的。朝廷把年轻学子托付给我们学校，委托我们承担培养贤人以备大用的职责，难道只是收下一点见面礼，然后强迫遵守一些礼仪规范，就算是尽到了教官的训导之责了吗？

州县佐贰之职

州同、州判、县丞、主簿，分牧令之政，共州县之民者也。官虽有正副，而权不轻。位虽有尊卑，而事不异。今汝佐贰各官，有管粮者，当思如何恤民，如何足国。奸顽①富势，如何催征。负累荒逃，如何处置。巡捕者，须获真贼。莫漏网真贼，却将无辜良民受拷。奉堂官批词，切莫不分贫富，但问有力稍力以奉承。切莫受富势嘱托，不问曲直，只是要打要钱以出气。耳软听皂快②支使，性愞任左右通同。至于私接呈状，擅作威福，署印则随事科财，营差则所至媒利，此皆不肖常态，而有志向上者之所耻也。况佐贰之中，容易出色。有一好官，自然荐拔，自得优升。若欲速见小，如前所为，轻则戒饬③，重则拿问，后悔何追。

【注释】①奸顽：指奸诈不法的人、奸诈不老实。②皂快：县衙成员通称差役，亦称皂快。③戒饬：告诫，命令。

【译文】州同、州判、县丞、主簿，他们一起分担着牧令的职责，共同管理州县的民众。官员即使有正副之分，但是权力却没有轻重的区别。职位虽有尊卑的区别，但是做的事没有差异。现在辅佐我的各个官员，有掌管粮食的人，应当思考如何体恤民众，又如何让国家富足。对于那些奸诈不老实，又广有财产和权势的人，如何催促他们交税。对于负罪逃荒的人，如何处置。负责巡视逮捕的人，必须抓到真贼。不要让真贼漏网，却让无辜的善良的民众受拷打。奉堂官批词时，千万不要不分贫富，只问有力稍力以奉承。千万不要接受有权有势的人的嘱托，不分是非黑白，只是要打要钱来为自己出气。没有自己主见听凭衙役的指使，性子懒散放任左右士官勾结在一起。至于私下里接诉状，擅自作威作福，代理官职的随着事情的难易、大小不同，而收取不等的财物，当差的所到之处设法为自己谋取私利，这都是一些不肖之徒中常有的事情，但却是有志向上的人所感到耻辱的。况且在副官之中，很容易发现有才华的人。一旦遇到好的官吏，自然会推荐提拔，自然很快能升职。如果想很快看到眼前的小利，像前面所说的那样，轻则受到训诫，重则被抓捕审问，到那时再后悔又有什么用呢？

库官之职

库官吏之弊有三：重收以苦纳户，轻放以苦支人，暗益以亏公帑是也。然不得单责库官与吏。收放重轻，关系甚大。我平收，则在下者不得借口，而万姓省一分半分之财。我重收，则在下者幸其有名，而万姓多加二加三之费。我得几何，而大家所得者皆我之财。彼罪几何，而众人剥削者皆我之罪。且我既借左右以行私，左右亦借我以请托①。非分之恩，只得从其所欲。难开之例，无能拒其所求。法尽废，令难行，职此之故。至于库官库吏侵盗官银，倘若无所狎昵②，何敢遽萌邪念？向见一府收银，堂下多树木椿，系以横绳。解户投到公文，即时堂下伺候。各将银囊塔挂椿头绳上，挨名点近天平，掣签③

吕新吾《明职》

129

唤吏监兑，听令解户自敲针管，监吏报足，便令收封。如两有争，亲下审视。一面即填库收，一面即押印信。秤兑既毕，当时领文。至于出放钱粮，亦令解人自兑。库官虽怨而无辞，群小^④希恩而不敢。衙门之内，凛凛风生。故曰：廉生威。正大者必光明。光明则吐气扬眉，令行禁止，何利不兴，而何害不除。余因论库官，而有感于所见，以告凡有出纳之责者。

【注释】①请托：请别人办事;以私事相托。②狎昵：过于亲近而态度不庄重。③揲签：抽签。④群小：小人。

【译文】仓库官吏出现问题有三种情况：纳税过多使纳税人感到困苦，放款过少使领款的人受苦，私下里受益公款亏损。但这不能只责备库官小吏。纳税放款是件大事，牵涉到很多方面。我这里正常收税，那么下面的人就没有借口增加，而百姓就可以省下一分或半分的财产。我这里加重了收税力度，那么下面的人有了借口，而百姓就会多增加二成三成的负担。我实际得到了多少？但大家所得到的都是我名下的赃款赃物。他们的罪过又有多少？而令众多百姓受到盘剥的罪过，都将由我来承担。而且我既然能让左右的人来为我操办私事，身边的人也就会凭借我来请托说情走后门。我明知这对于他们是不正当的恩赐，但也只能遂了人家的心愿；明知道不能坏了规矩，但也无法拒绝他们的请求。如此一来，法度都被废弃，法令难以行使，这就是做官做到了这个地步的原因。至于库官库吏盗窃官银，倘若不是这些人平时与我过于亲近，怎么敢突然间萌发这样的邪念？以前曾经看到一位府官收取银税，堂下立着许多木桩，木桩上系着横绳。解纳钱粮的差役交上公文，当时就在堂下等候。分别将银囊塔挂到椿头绳上，挨个按名字靠近天平，抽签叫来官吏监管兑换，听令解户自己敲着针管计数，监收官吏报告足够，便命令收好封存。如果双方有争议，府官亲自审察。一面填写库房收银清单，一面核押印信。秤兑完毕，当时领取公文。至于发放钱粮，也令解押的人自行称兑。库官即使怨气也没有话说，众小人想企求恩典也不敢。衙门内，威风凛凛。所以说：廉洁产生威严。正直的人一定光明磊落。行为光明磊落就扬眉吐气，这样令行禁止，有什么利不能兴？有什么害处不能除？我因为谈到库官，所以就自己曾经看到的这件事有感而发，以告诫所有掌管出纳工作的人。

司狱官之职

监中人犯多非良民。纵是徒罪①充军，那非违条犯法。况颈上长枷，更是重刑。但系强贼，尤为死鬼，朝思暮想，只求撞网脱笼。得便乘机，便要劫囚反狱。司狱官若肯用心关防无缝锁，锁在镣头，白日不消带肘。密梱梱住手脚，夜间更须轮防。纵在荒坡野地，岂能插翅腾空。况监墙重重门户，乃重犯往往脱逃，狱官吏禁，疏慢之罪，百口何辞。至于囚犯发解出门，州县官吏全不坚牢镣锁，又不拣选兵夫，严加申谕②。夫囚犯怀百计脱死之心，解夫无一点防奸之意。力倦心慵，情熟志懈。忽然逃走，尽坐受赃。疏虞③失守，解夫固难辞罪。然卖放罪囚，与囚同罪，解夫岂不习闻？安肯以三五钱银，替人死罪。彼久囚穷困，又安得许多财物，买求性命哉？祇缘发解之时，松羁绊之计，狱官吏禁，不能逃其责。至于牢头狱霸，行暴殴人，当衣夺食，放钱卖饭，或囚饭入门，而本囚未得入口。或囚粮到狱，而本囚不得沾恩。秽污不肯扫除，疾病不报调理。忍寒受热，叫号不彻于公堂。抱屈含冤，心事难白于官府。女监纵吏卒奸淫，轻犯将重匣凌虐。如此作官，必有天祸。明理者知监铺乃阴德④之地，狱官乃方便之人。轻犯存哀矜之心，时加体悉⑤。重犯严关防之法，不肯凌虐。斯为称职，而子孙享其余庆矣。

131

【注释】①徒罪：指徒刑之罪，泛指罪罚。②申谕：反复开导，谕知。③疏虞：疏忽，失误。④阴德：暗中做的有德于人的事。⑤体悉：体恤、体念而知其衷曲。

【译文】监狱的犯人大多都不是好人。即使是犯罪被处以充军的惩罚，哪一个不是违反法律条规犯法的人？何况脖子上有长枷索，更是重刑罪犯。但只要是强大有害的人，尤其是死囚，从早到晚不停地想，只想撞破网逃脱笼子。只要有机会，就要挟持看管囚徒的人逃狱。司狱官如果肯用心防守没有缝隙，锁好刑具，白天不除去带在胳膊上的刑具。密密地捆住手脚，夜间更需要轮流看守。即使在荒坡野地里，哪里能插上翅膀腾空飞走。何况监狱的墙有重重门户把守，而重犯往往逃脱，看管牢狱的官吏，怠慢的罪责，上百张口也无法争辩。至于囚犯被起解出了门，州县官吏全都不加固牢锁，镣铐，也不拣选士兵，严加训诫。那囚犯怀有百种方法逃脱死刑的心，而负责解押的吏卒却没有一点防备的意思。身体累了，心也变得慵懒。和犯人同行，相处久了，警惕性随之放松。有一天罪犯忽然逃走，都说是因为他们接受了贿赂。疏忽失守，负责解押的吏卒确实无法推卸罪责。但是受贿私放囚犯，与囚犯同样的罪，他们岂不是经常听说吗？怎么会用三至五钱银子，替代了人的死罪。坐牢久的人处在贫困的境地，又怎么能得到这么多财物，来求得生命呢？只是因为押送犯人的时候，放松了对罪犯的约束，狱官牢吏不能逃脱责任。至于牢狱中的恶霸，行使暴力殴打囚犯，抢夺衣服吃食，放债卖饭，有时食物进门，但是该吃到饭的囚犯不能吃到。有人把粮食送到监狱，而该得的囚犯却不能沾染一点恩惠。污秽的东西不肯清扫，生了病也不能上报进行调理。忍耐寒冷忍受严热，那哭叫声无论如何凄惨，却永远不能传达到公堂上。有冤屈埋在心底，心事难以告诉官府。女子监狱放纵士兵官吏奸淫犯人，犯罪轻的人受重的虐待。这样作官，一定会有灾祸降临。明白事理的人知道监狱是人讲良心积阴德的地方，狱官是行使方便的人。对轻罪犯存着怜悯的心，时时体恤他们。对重罪犯要加强严密防守的方法，但却不虐待他们。这才是称职，并且你的子孙后代都会因为你的阴德而绵延福泽的啊。

税课司之职

夫百工之事，百货之通，以有易无，本为民便，故古者讥①而不征。今税课设官，一则收余利以充国家之用，一则征商贾以抑逐末之人。虽非正大公平，犹不苛刻纤细。近日巡拦抽税，将小民穷汉，卖鸡鸭，携苔帚，疋布上街，担篚入市无不抽税。油行既税店，又税油。屠行既税生，又税死。有司官指此为科敛之媒，巡税官指此为攘夺之具。针头削铁，所余几何。树剥重皮，岂能堪命。如此刻剥贫民，何异盗贼抢夺。且税课原无定数，税钱岂尽报官。割众家之肉，安自己之身。天灾人祸，岂肯宽饶。本院原有禁约，但有违犯，定行拿问追赃。呜呼！有司若肯清廉，其所以钤制②关防，不患于无法。不然，税课巡拦，且得借我以肥其身。所得几何，而恶名皆我受矣。可不慎哉。

【注释】①讥：指责。②钤制：限制约束，钳制。

【译文】至于百种工匠的事，各种货物的流通，用有的交换没有的物品，本意是为民众提供便利，所以古代的人稽察不法却无征税之说。现在税收设立官员，一是收取余利来充实国库，二是征收商人的财产来抑制从商的人。即使谈不上正大公平，也算不上苛刻琐细。近来巡拦征税，将普通民众、穷人，卖鸡鸭，卖苔帚，疋布上街的人，凡是挑箱子进入市场的没有不征税的。油行既要征税，又要征油。屠杀行既收生税，又收死税。有官员指出这是敛财的媒介，巡税官指出这是掠夺的工具。从针头还要削下铁来，老百姓剩下的还能有多少呢？树皮剥掉一层又一层，怎么还能存活呢？这种盘剥穷人的方法，和盗贼抢夺有什么区别呢？而且税收多少原就没有定数，税钱难道都报给官员吗？割取众人的肉，来养自己的身子，天灾人祸，怎么会宽恕呢？本院原本有禁令约束，只要有违犯规定的，一定抓捕归案进行审问并追回赃款。哎！如果有关部门能够清正廉明，自然能够对这些人严加管束，不担心无法可依。否则，税课巡拦名目繁多，这些人都会借着我的名义去中饱私囊。我自己其实又得到了多少？而恶名却都是由我来承受，怎么可以不谨慎呢？

驿递之职

仓巡看驿递，谓之热闹衙门。盖驿递衙门，路当冲要①，常见上官。年貌才能，容易显露。钱粮出入，常得自由。不知也有苦处：站银急支不来，过客急送不起。怒夫马之不齐者，不管死活。恨供具之不丰者，尝加责骂。上司之公差不免凌索。配来之囚犯每费关防。但官穷，穷不过人夫。官累，累不过骡马。做驿丞的重索马头常例，一不遂心，便派苦差。逼取徒夫面银，一不如意，便加凌虐。以官钱放债，领银则加倍叩还。指过客为名，开销则半属冒破②。徒夫有钱者卖放③，有力者保放，纪法荡然。马骡无钱者多差，有势者不差，公道灭尽，事事可恨。不知近来上司耳目专是寻你小官。百姓口嘴也只奈何小官。一经访察，或被告发，戒饬的也是你，斥逐的也是你，拿问的也是你。不如小心谨守，多做几年，再转两任，长短算来，名利两得。而今世道清明，何尝亏枉好官哉！

【注释】①冲要：军事上或交通上重要的地方。②冒破：虚报，冒领。

③卖放：受贿私放。

【译文】仓巡看驿站，称它为热闹衙门。驿站衙门，在交通要道上，经常看到上司。年龄的长幼、相貌美丑、才能的优劣，都容易被长官发现。钱财粮食的进出，常常是不用发愁的。但也有别人不知道的苦处：专门为驿站征收的银子迟迟不来，经过的客人着急送走，对方却迟迟不肯起程。有些长官常常因役夫、马匹不够而发怒，根本不管人和马的死活。也有嫌驿站的生活器具不如意的，甚至大加责骂。上司的公差不免盛气凌人，配来的囚犯每每要费心关押、看守。官衙里最穷的穷不过役夫，最累的累不过骡马。驿丞按马头索取常例银子，一不如意，便派苦差给你；按人头索取面银，一不如意，就加以凌虐。用官钱放债给下属，领薪时加倍偿还。在驿站以过客的名义，开销有一半是虚报的。至于役夫，有钱的可以出钱放人，有势的可以担保放人，规矩法律荡然无存。被征用马骡的人家，无钱的被频繁差遣，有权势的人家便不被差遣，一点公道都没有了，事事可恨。却不知道最近上司派来的耳目，都是寻找像你这样的小官的错误。百姓嘴里骂的也只能是你们这些小官。一经过访察出来，或者被人告发，整治的目标是你，训斥放逐的人也是你，被抓捕拷问的也是你。不如小心谨慎守着官职，多做几年，再升职两任，好歹算来，名与利都得到了。而如今世道清明，哪里就让好官吃亏了呢？

巡检之职

巡检之设，原为盘诘①奸细，查问逃亡，缉捕盗贼。弓兵要选精壮，枪刀要常演习。山川险隘到处巡逻，村落居民全无骚扰。使军民商贩得以自在通行，盗贼奸徒不敢公然往来。如此三年，方为称职。北方巡检，委实贫寒。有在荒山野岭之中，或居人稀路僻之处。妻子不得宽绰^②，钱财无处得来。但既做寒官，须安穷分。果能有功无过，自得上考优升。而今作巡检的，弓兵不论壮衰，器械不求坚利，武艺全不操演，囚盗全不缉拿，只索^③弓兵常例。甚者一半折干，扰害居民，刁难过客。是增一巡检，添一伙强贼。一毫无益于地方，万分有害于黎庶。以后遵守法度，能尽职业，分外奖励。上等者一体荐扬。仍旧殃民不改者，访知定行拿问。使家乡难还，妻子流落，有甚好？试自思之。

【注释】①诘：追问、谴责。②宽绰：有足够的钱。③索：搜寻、寻求。

【译文】巡检的设置，原本是盘查奸细，查问逃跑情况，缉拿抓捕盗贼的。因此要挑选精壮弓兵，枪刀要经常演练。山川险要的地方到处巡逻，使村落居民完全没有骚扰。使军民商贩能够自在通行，盗贼奸邪这类人不敢公然私自往来。这样经历了三年，才算称职。北方的巡检，实在是很贫寒。有的在荒山野岭之中，有的居住在人少路偏的地方。妻子儿女不能宽裕，钱财无处得来。但是既然做了贫寒的官吏，必须安于穷苦的本分。如果能有功劳没有过错，自然能够上考升任。而现在做巡检的，弓兵不论强壮衰弱，器械不要求坚固锋利，武艺全然不操练演习，囚犯盗贼不能全缉拿，只向弓兵索取常例。甚至有对半索取的，扰害居民，刁难过客。像这种情况，增加了一个巡检，便添了一伙强横的贼匪，不但对地方没有丝毫益处，反而对黎民百姓十分有害。从今以后能遵守法度，能尽职责的，将得到额外奖励。优秀的人一律推荐颂扬。仍旧坑害百姓不改的，访查明确后捉拿审问。到那时就会家乡难回，妻子儿女流落他乡，有什么好处呢？自己好好想想吧。

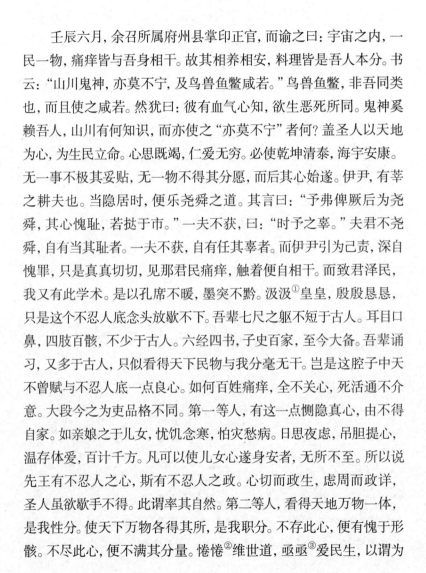

附：太原谕属

壬辰六月，余召所属府州县掌印正官，而谕之曰：宇宙之内，一民一物，痛痒皆与吾身相干。故其相养相安，料理皆是吾人本分。书云："山川鬼神，亦莫不宁，及鸟兽鱼鳖咸若。"鸟兽鱼鳖，非吾同类也，而且使之咸若。然犹曰：彼有血气心知，欲生恶死所同。鬼神奚赖吾人，山川有何知识，而亦使之"亦莫不宁"者何？盖圣人以天地为心，为生民立命。心思既竭，仁爱无穷。必使乾坤清泰，海宇安康。无一事不极其妥贴，无一物不得其分愿，而后其心始遂。伊尹，有莘之耕夫也。当隐居时，便乐尧舜之道。其言曰："予弗俾厥后为尧舜，其心愧耻，若挞于市。"一夫不获，曰："时予之辜。"夫君不尧舜，自有当其耻者。一夫不获，自有任其辜者。而伊尹引为己责，深自愧罪，只是真真切切，见那君民痛痒，触着便自相干。而致君泽民，我又有此学术。是以孔席不暖，墨突不黔。汲汲①皇皇，殷殷恳恳，只是这个不忍人底念头放歇不下。吾辈七尺之躯不短于古人。耳目口鼻，四肢百骸，不少于古人。六经四书，子史百家，至今大备。吾辈诵习，又多于古人，只似看得天下民物与我分毫无干。岂是这腔子中天不曾赋与不忍人底一点良心。如何百姓痛痒，全不关心，死活通不介意。大段今之为吏品格不同。第一等人，有这一点恻隐真心，由不得自家。如亲娘之于儿女，忧饥念寒，怕灾愁病。日思夜虑，吊胆提心，温存体爱，百计千方。凡可以使儿女心遂身安者，无所不至。所以说先王有不忍人之心，斯有不忍人之政。心切而政生，虑周而政详，圣人虽欲歇手不得。此谓率其自然。第二等人，看得天地万物一体，是我性分。使天下万物各得其所，是我职分。不存此心，便有愧于形骸。不尽此心，便不满其分量。惓惓②维世道，亟亟③爱民生，以谓为

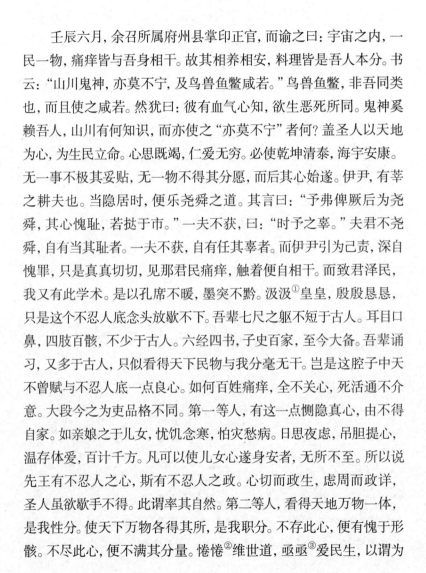

之自我，当如是耳。此谓尽其当然。但才有强勉向道之心，便有精神不贯之处。第三等人，看得洁己爱民，修政立事，则名誉自章，不则毁言日至。士君子立身行己，名节为先，奈何不自爱。是为名而为善者也。第四等人，守能洁己而短于才，心知爱民而懦于政，可谓善矣。然毫无益于郡邑，安能为有无哉！第五等人，志欲有为，而动不宜民。心知向上，而识不谙④事。品格无议，治理难成。第六等人，知富贵之可爱，惧摈⑤斥之或加。有欲心而守不敢肆，有怠心而事不敢废。无爱民之实，亦不肯虐。无向上之志，亦不为邪碌碌庸人而已。第七等人，实政不修，粉饰以诈善。持身不慎，弥缝以掩恶。要结能为毁誉之人，钻刺能降祥殃之灶。地方军民之事毫发不为，身家妻子之图，殷勤在念。此巧宦也。近日大家成风，牢不可破矣。第八等人，嗜利耽耽，如集膻附腥。竞进攘攘，如驰骑逐鹿。多得钱而好官我为，笑骂由他笑骂耳。此明王之所不赦，明神之所以必殛⑥者也。呜呼！正学衰，世道绝。利达之锢⑦习既成，恻隐之真心遂死。失所民物，付托何人。倘⑧一深思，可为恸哭。天生此身，岂为酒肉之囊，锦绣之架哉！天生此民，岂为士夫之鱼肉，官府之库藏哉！倘一深思，可为大愧。本院无能振拔，罪之魁⑨也。诸君千万努力。

【注释】①汲汲：形容心情急切、努力追求。②惓惓：恳切诚挚。③亟（jí）亟：急切。④谙：熟悉、精通。⑤摈：排除、抛弃。⑥殛：杀死、夺去生命。⑦锢（gù）：同"痼"，痼疾。⑧倘：假使、如果。⑨魁：为首的、居第一位的。

【译文】壬辰年六月，我召集所在地府州县执掌印信的正官，并且对他们说：宇宙之内，一人一物，都和我自己相关联。所以与他们互相安养，照顾料理都是我自己的本分。《尚书》上说：山川鬼神，也没有不安宁的，以至鸟兽鱼鳖全都如此。鸟兽鱼鳖，这不是我们的同类啊，也要使他们全都如此。并且还说：他们有血气心智，求生惧死的欲望都相同。鬼神有什么要依赖于人的？又有什么知觉？但也要使它们"也没有不安宁的"，这又是什么意思呢？大凡圣人都是以天地为心，为生民立命。用心到了极点，自然仁爱无穷。一定要让乾坤太平安定，海内安康。没有一件事不尽其妥当，没有一物不达到他分内的愿望，然后他便顺心如意。伊尹，是有莘国的农夫。在隐居的时候，就喜爱尧舜之道。他说：我没有让我的君主成为尧、舜那样的仁君，心里感到羞愧，就像在大街上被人当众责打一样。如果有一个农夫没有收成，他就说："这是我的罪过。"君主不能成为尧、舜一样的君主，自然有应该羞愧的人；农夫没有收成，自然有应该承担罪责的人。而伊尹都引为自己的职责，深深感到愧疚，只是因为他真真切切地看到了君王和百姓的疾苦，既然遇到了，那就与自己有关系。况且造福百姓，我又恰好有这方面的学问和能力。所以孔子停下来不到一会儿工夫，几乎座席还未坐暖，就又起身操劳下一件事去了；墨子家的烟囱尚未薰黑，就又到别处奔波去了。他们努力追求，殷勤恳切，只是自己心底一点不忍看到百姓受苦的念头放不下。我辈七尺的身躯不比古人短。耳目口鼻，四肢百骸，不比古人少。六经四书，子史百家，到现在知识已全具备。我们诵读学习，又多于古人，却好像看着天下百姓的生计跟我毫不相干。难道在我们的胸中，上天就不曾赋予我们一点不忍的良心吗？为什么我们对百姓的疾苦，完全不关心，对他们的死活全不介意？大致是现在官吏的品格不同。第一等人，有这一点恻隐真心，平时一言一行皆是此一点真心自然流露，自己想不这样做都不可能。对待百姓，就像亲娘之于儿女，担忧饥饿寒冷，害怕担心灾祸病害。日夜思虑，提心吊胆，爱护温存，千方百计。凡是可以使儿女能心安的事，就没什么做不到的。所以说先王有不忍百姓受苦的心，才有不忍百姓受苦的政治。心真切就有相应的政事生成，考虑周到，政事就会得到全面的治理。圣人即使想停下来却做不到。这就叫顺其自然。第二等人，把天地万物看作一体，是我的本性所具；使天下万物各得其所，这是我的职责所在。不存此心，就有愧于自己的七尺之躯；不尽此心，就不能圆满尽到自己的本份。恳切诚挚维护社会道德，深切关注百姓生计，并把这些当作是自己的本份，本来就应该是这样的。这叫尽其自然。只是一旦有了勉强自己向道的心，便有了精神不能贯达的地方。第三等人，如果廉洁爱民，修政立事，名誉自然彰显，否则就会听到各种各样的批评。士君子立身行事，名节为先，怎能不爱惜自己的名声呢？这是一种为了名誉才行善的人。第四等人，能洁身自好却没有什么才能，心里爱护百姓却拙于政事，可以说是个好人了。然而丝毫无益于郡邑，怎么能当得起"不可或缺"这几个字呢？第五种人，心里想着有所作为，然而行动却不能真正利于百姓。心知向上，却不熟悉政事。人品方面没什么话说，但治理政事却难以成功。第六等人，喜爱钱财富贵，但是害怕被摒弃呵斥。有欲望却能做到自我节制不敢放肆，有懈怠之心但政事不敢荒废。没有什么造福百姓的善行，但也不会横加虐待。没有向上之心，也不会为非作歹，只是个碌碌平庸的人罢了。第七种人，实政不修，专靠粉饰太平来假装善良；持身不慎，只求弥补缝隙来掩盖罪恶。结交能左右誉论的人，投靠可以给他带来升迁的权门。有关地方军民之事丝毫不作为，有关自家妻子儿女的谋划时时挂在心上。这就是所谓的巧宦啊。近来这种人蔚然成风，彼此勾结已到了牢不可破的地步。第八等人，喜欢钱财一个个虎视眈眈，如蝇逐臭，驱之不散。彼此间竞相争进，闹哄哄如驰骑逐鹿。心里只想着能多得钱财的就是好官职，我怎么也得把它弄到手，别人嘲笑谩骂就由他们笑骂去吧！这种人在历朝历代都是英明的君主所不能赦免的，天地神明也必然会除掉他的。唉！圣学衰微，世风日下。追利的陋习已经形成，恻隐的真心已经消亡。流离失所的民众，应该托付给什么人？倘一深思，足以令人痛哭不已！上天赋予我堂堂七尺之躯，怎能只是酒肉的皮囊，锦绣衣衫的架子呢？上天生育百姓，难道就是要让他们充当这些官员碗中的鱼肉，和官府的库藏吗？倘一深思，就会深感惭愧。本院没有能力拯救他们脱离苦海，身为圣学传人，罪过莫大于此，各位千万要努力啊！

吕新吾《刑戒》

(此为刑部侍郎时作。)

刑者圣人无可奈①何之法，以济德之穷者也。原从悲愍②心流出。用之者当不以犯法为怒，不以得情为喜。怒，则觉彼罪应受，绝无矜怜。喜，则谓我见甚真，惟知痛快。古云：刑官无后，不可不慎也。此《刑戒》一书吕叔简先生从火坑铁床边，行清凉败毒之剂。不惟造福，即是修心。盖用刑之心，其发如火，其流若波，急宜受之以止。常存此心，便有学有养以调伏之。不见我贵民贱，不知此德彼怨，即是圣贤根器，岂仅仕宦楷模哉。愿居官者各留心自戒。而旁观者亦直口戒人。毋自认风霆③为至教④，而相诙怒骂皆文章，则世道人心之厚幸矣。颜茂猷题。

【注释】①奈：同"奈"，怎样，如何。②悲愍：同"悲悯"。③风霆：狂风和暴雷，比喻威势。④至教：极其高明的道理和见解。

【译文】刑罚是圣明之人无可奈何才采用的办法，用来救助那些道德缺失的人。原本就是从悲悯之心流露出来的。运用刑罚的官员应当不因他人触犯法律而感到愤怒，也不因自己得到了实情而感到欣喜。感到愤怒，就会觉得这个罪犯获得刑罚是应该的，绝对不会有怜悯之心。感到欣喜，就会说我看到的和判定的具属实情，只知道图个痛快。古人说：掌握刑罚权的官员会"断子绝孙"，因此不得不谨慎使用刑罚权。这部《刑戒》一书是吕叔简先生对火炕铁床边用的一剂清凉解毒的良药。不仅仅是造福大众，也是修养心性。想要用刑的心态，一旦发作起来就像火一样猛烈，像波涛一样汹涌流动，在急促的情况下应当被制止。经常心存这种想法，就需要用学问和教养来调解。不认为掌握刑罚权的官员是尊贵的，不认为百姓是轻贱的，不知道当事人的彼此德行和恩怨，做到这样就具有圣贤的品行和涵养了，哪里仅仅只是做官的楷模呢？希望居于官位的人都各自记在心里，时常告诫自己。而旁观者也能直言不讳告诫别人。不要自认为威势是最高明的道理和见解，嬉笑怒骂皆成文章，才是世道人心的宽厚和幸运。颜茂猷题。

宏谋按：吕公为政，尚严明，不尚姑息。今观其《刑戒》，委曲爱惜，无微不至。以此见用刑时，其心思固息息与民命相关者也。夫于当刑者尚有所戒，而惟恐或伤之，况其不当刑而刑，其戕人生命，上干天和也，可胜言哉！有司官时时省览此戒，庶无愧于祥刑。

【译文】编者按：吕先生为官执政，崇尚严肃而公正，不崇尚苟且求安。现在看吕公所著《刑戒》，文词转折而含蓄，爱惜百姓，无微不至。由此可见，用刑时，吕公的心思是与百姓的性命息息相关的。对于应当判处刑罚的人尚且如此谨慎戒备，唯恐可能伤害到他，更何况不应当受刑但却受刑，这就是残害别人性命，违反天下和平，哪里能说得尽呢？掌管刑罚权的官员要时时自省浏览这部著作，才能无愧于善用刑罚之道。

五不打

老不打。血气已衰,打必致命。幼不打。血气未全,打必致命。且老幼不考讯,已载律文。病不打。血气未平复,打则病剧必死。衣食不继不打。如乞儿穷汉,饥寒切身。打后无人将养,必死。人打我不打。或与人斗殴而来,或被别官已打。又打,则打死之名。独坐于我。

五莫轻打

宗室莫轻打。天潢之派,即无名封,亦勿轻打。只启王戒饬,或申请上司处分。官莫轻打。即仓巡驿递阴医等官,亦勿轻打。彼既为官,妻子仆从,相对赧颜,亦多殒命。况其体多脆薄,有司不宜擅刑。生员莫轻打。干系诸生体面。有事,轻则行学责戒,重则申究如律,彼自无词。上司差人莫轻打。非恤此辈,投鼠忌器。但理直,亦损上司体面。有犯宜尽书犯状,密申上司,彼自有处。若畏势含忍,又阘茸非体矣。妇人莫轻打。羞愧轻生,因人耻笑,必自殒命。

五勿就打

人急勿就打。彼方急迫无聊,打则适速其死。人忿勿就打。愚民自执己见,方以理直自负。打则其忿愈甚,死亦不服,气逆伤心,易于殒命,宜多方警喻。待其自知理亏,虽打不怨。人醉勿就打。俗云:三官避酒客。沉醉之人,不晓天地。宁知礼法,打亦不痛。倘醉语侵官亦失体统。宜暂管押,酒醒惩戒。亦勿置之冷地,寒气入心,亦足致命。人随行远路勿就打。被打之人,若在家,自能将息。远路随行,日逐跋涉辛苦,又要跟上程途,亦多致命。待其回后惩之。人跑来喘息勿就打。捉拿人犯,从远路跑来,六脉奔腾,喘息未定,即乘怒用刑,血逸攻心,未有不死者。宜待其喘定用刑。

五且缓打

我怒且缓打。有怒不迁,大贤者事。盛怒之下,刑必失中。待己气平,徐加责问试于怒定之后。详观怒时之刑,未有不过者。我醉且缓打。酒能令人气暴心粗,刑必不当。即当,人亦有议。当检点强制之。我病且缓打。病中用刑,多带火性,不惟施之不当。亦恐用刑致怒,人己俱损。我不见真且缓打。事才入手，未见是非，遽尔用刑，倘细审本情。与刑不对，其曲在乙，已刑甲矣，知甲为直，又复刑乙，不独甲刑为冤，颠倒周章。亦为可笑。我不能处分且缓打。遇有难处之事，难犯之人，必先虑其所终。作何结局，方好加刑。若浮气粗心，先即刑责，倘终难了结，反费区处。曾见有打人后，又赔事人者，只为从前慌张耳。

三莫又打

已拶[①]莫又打。语曰：十指连肝心，拶重之人，血方奔心。又复用刑，心慌血入，必致殒命。常见人曾授拶者。每风雨之夕，叫楚不宁，为其已伤骨故。嗟乎，均是皮骨，何忍至此。已夹莫又打。夹棍重刑，人所难受。四肢血脉，奔逸溃乱，又加刑责，岂有不死。且夹棍不列五刑，岂可轻用。下人以力为食，一受夹棍，终成废疾，决难趁食，切宜念之。人谓审强盗宜用，余谓强盗因夹招承。此心终放不下，惟多方设法，隔别细审。令其自吐真情，于心斯安。此等刑终不用可也。要枷莫又打。先打后枷，屈伸不便。疮溃难调，足以致命。待放枷时，责之未晚。

三怜不打

盛寒酷暑怜不打。遇有盛寒酷暑，令人无处躲藏。拥毡围炉，散发振襟，犹不能堪。此时岂宜用刑。盖彼方堕指裂肤，烁筋蒸骨。复被刑责，未有不死者。佳辰令节怜不打。如元旦冬至，人人喜庆，宜曲体人愿，颐养天和。即有违犯，怜而恕之。人方伤心怜不打。或新丧父母，丧妻丧子，彼哀泣伤心，正值不幸，再加刑责，鲜不丧生，即有应刑，尚宜姑恕。

三应打不打

尊长该打，为与卑幼讼，不打。尝见尊长与卑幼讼，官亦分别曲直用刑。不知卑幼讼尊长，尊长准自首，卑幼问干名犯义。遇有此等，即尊长万分不是，亦宜宽恕。即言语触官，亦不宜用刑。人终以为，因卑幼而刑尊长也，大关伦理世教。百姓该打，为与衙门人讼，不打。即衙门人理直，百姓亦宜从宽。否则不惟我有护衙门人之名，后即衙门人理屈，亦不敢告矣。工役

吕新吾《刑戒》

铺行该打，为修私衙，或买办自用物，不打。即其人十分可恶，亦姑恕之。否则人有辞不服，而我之用刑，亦欠光明。

三禁打

禁重杖打。五刑轻重，律有定式。大杖一，足当中杖三，小杖五。官之用刑，只见太过，未见太少。若用轻杖，即多加数杖，亦不伤生。且我见责之多，怒亦息，而杖可已。若重杖，只见数少，而不知其人已负重伤矣。禁从下打。皂隶求索不遂，每重打腿湾，致其断筋而死。或打在一块，同一被刑。而死生异，则贫富不同耳。贫者何辜，而令其受此。禁佐贰非刑打。夹棍重刑，不许佐贰首领衙私置。即正官亦止备一二副，候不常之用。各衙遇不得已而用，赴堂禀请盖正官犹有忖量。而佐贰首领，将势要送来百姓，私衙任意酷打，替人出气，正官全然不知。凡各衙人犯，令其一一过堂，庶知收敛。

【注释】①拶（zǎn）：旧时一种夹手指的酷刑，也指夹手指的刑具。
【译文】五不打

老人不打，幼童不打，病号不打，饥寒而无衣食者不打。被人打过者不打。

五莫轻打

朝廷宗室不要轻易打，官员不要轻易打，秀才不要轻易打，童生不要轻易打，妇女不要轻易打。

五勿就打

人正在着急不马上就打，人正在发怒不马上就打，人醉酒未醒不马上就打，人走远路刚到不马上就打，人半跑而来喘息未定不马上就打。

五且缓打

我正在发怒时且缓打，我饮酒方醉时且缓打，我正在生病时且缓打，我未见到真凭实据且缓打，我对案情处理不了且缓打。

三莫又打

已用过拶指不要又打，已用过夹棍不要又打，将要枷号示众不要又打。

三怜不打

佳节良辰时案犯应该可怜不要打，严寒盛暑时案犯应该可怜不要打，案犯正在伤心时应该可怜不要打。

三应打不打

尊长有错应该打，但他若是与年轻晚辈争讼就不要打；百姓有错该打，但他若是与衙役争讼就不要打；工役铺行有错该打，但他若是为衙门办事或采买自用物件就不要打。

三禁打

禁止用重杖打，禁止从案犯身体下部打，禁止用非刑手段狠打。

李九我《宋贤事汇》

(公名廷机,福建晋江人。万历中会元,官大学士,谥文节。)

宏谋按:宋世人材最盛。名公巨卿,或起家外吏,或由重臣出历州郡。其政事卓卓①可纪皆由蕴蓄深厚,非矜才任气者所可几也。李九我先生所辑《宋贤事汇》分门附类,略等《世说》。余手此一编,以自考镜②,且惭且奋,十年于兹矣。兹③辑《从政遗规》特录其切于政事者若干条。九我先生有云:人之方寸,自有古人。如谷之种,如木之根,此编所以为溉之培之之助也。时势不同,心理则一。或师其事,或师其意,或更推而广之,所得良多。愿毋让美古人也。

【注释】①卓卓:特立、高超出众。②考镜:参证借鉴。③兹:现在,此时。

【译文】编者按:宋朝的人才最多。有名望的权贵,有的是从地方官被征召出任官吏,有的是由朝廷中居要职的大臣出任各个州郡。他们的政绩高超出众,都因为他们蕴藏积蓄深厚,并不是才能自负、纵任意气不加约束的人所能达到的。李九我先生所编辑的《宋贤事汇》分门别类,和《世说》差不多。我经手对此进行编辑,用来对自己进行参证借鉴,惭愧且奋斗着,现在已经十年了。现在编辑《从政遗规》,特此收录其中关于政治事务的若干条。九我先生曾经说过:人的心得, 都是来自于古人。就好像谷物从种子来, 好像树木从根茎发, 我这次编辑是为了帮助后来的人。虽然时代的形势不同, 但人的心理是一样的。有的可以从这件事中学习到, 有的可以从文章的含义中学习到, 有的还可以推而广之, 获益良多。希望比古人做的更好。

王沂公曾尝曰: 昔杨文公有言: "人之操履, 无如诚实。" 吾每钦佩斯言。苟执之不渝, 夷①险可以一致。

【注释】①夷: 平安。
【译文】王沂公曾说过: 往日杨文公有句话是这样讲的: "诚实守信是人最高尚的操守。" 我很欣赏这句话。如果能坚守这一点, 那么不论处于顺境或是逆境, 节操均能不变如一。

寇莱公准, 年十九, 举进士。时太宗取人, 年少者往往罢遣①。或教②公增年, 公曰: "吾初进取, 可欺君耶。"

【注释】①罢遣: 遣散、放遣。②教: 使、令、让。
【译文】寇准, 十九岁的时候, 考中进士。当时宋太宗选用人才, 年轻的人往往会被放遣。因此有的人让寇准增报年龄, 寇准说: "我初中进士, 怎能欺君呢?"

胡文定公安国转徙①流寓②, 至于空乏。然贫之一字绝口不道。尝语子弟曰: "对人言贫, 意将何求。" 张忠定公咏亦尝曰: "廉不言贫。"

【注释】①转徙: 辗转迁移。②流寓: 流落他乡居住。

【译文】胡安国辗转迁移流落他乡居住，极其贫困。但是"贫"这一个字绝口不提。曾经跟子侄辈们讲："对别人说贫穷，意欲何为。"张咏也曾说过："真正廉洁的人，不会讲自己如何清贫。"

羊简穆公次膺，虽贫不自聊^①，一豆羹不妄受。高宗尝面谕之曰："卿廉声著闻，士大夫言卿在闽中，不受俸。"公对曰："臣为贫而仕，岂有辞俸之理。但不当受者不敢受。"上曰："使^②人人似卿，天下何患不太平耶？"上曰："朕知卿如在家僧^③。名利声色，人所好者，卿皆不好。"

【注释】①不自聊：犹无聊。②使：假使、如果。③在家僧：持戒谨严的佛教居士。

【译文】羊次膺，即使贫穷也不依赖别人，一碗豆羹也不随意接受。高宗曾经当面跟他说："你廉洁的名声海内皆知，士大夫说你在闽中，不接受俸禄。"羊次膺回答说："我因为贫穷而担任官吏，怎么会有推辞俸禄的道理呢？但是不应该接受的我不敢接受。"皇上说："如果人人都像你一样，天下又何愁不太平呢？"皇上说："我知道你就像持戒谨严的佛教居士。人们所喜好的声色名利这些东西，你都不喜欢。"

李文定公燔曰："仕宦^①至卿相，不可失寒素体。君子无入不自得者，正以磨挫骄奢，不至居移气，养移体也^②。"

【注释】①仕宦：出仕、为官。②居移气，养移体：地位和环境可以改变人的气质，修养可以改变人的素质。指人随着地位待遇的变化而变化。

【译文】李文定先生说："做官做到卿相，不可以让自己失去寒冷。君子不亲自进去体会，是体会不到的，正好可以消磨减少骄奢的习气，不至于随着地位待遇的变化而变化。"

张文节公知白，仁宗朝在相位，自奉①如河阳掌书记时。或言公自奉若此，外人颇有公孙布被之讥。公叹曰："吾今日虽举家华衣美食何患不能。顾人情由俭入奢易，由奢入俭难。吾俸岂能常有，身岂能常存。一旦异于今日，家人习奢已久，不能顿俭，必至失所。岂若吾居位去位，身存身亡，如一日乎？"

李九我《宋贤事汇》

【注释】①自奉：自身日常生活的供养。

【译文】张知白宋仁宗在位时担任宰相一职，自身日常生活的供养就像当初在河阳担任书记一职时那样，有时在谈论张知白自己过着这样（节俭）生活的事情时，外人对他有不少批评，说他如同公孙弘盖布被子那样矫情作伪。张知白感叹道：我今天的俸禄这么多，即使全家穿绸缎的衣服，吃珍贵的饮食，还怕不能做到吗？只是按人的常情，由节俭到奢侈容易，由奢侈到节俭却困难。我今天这么多的俸禄哪能永远享有呢？我的健康哪能长期保持呢？如果有一天情况与现在不一样，家里人习惯于奢侈的生活已经很久，不能立刻节俭，一定会导致饥寒无依，哪里比得上我在位或不在位，活着或死亡，家中的生活标准都像同一天一样好呢？

王沂公奉身①俭约。每见家人华衣，即瞑目曰："吾家素风一至②如此！"故家人一衣稍华，不敢令公见。一日有同年③孙冲子京来辞。公留饭，安排馒头。食后，合④中送数轴简纸。开看，皆是他人书简后截下纸。其俭如此。

151

【注释】①奉身：养身、守身。②一至：竟至、乃至。③同年：科举考试同榜考中的人。④合：通"盒"，盒子。

【译文】王沂公以俭省节约守身。每当看到家里人身穿华丽的衣服，就会闭上眼睛说：我们家勤俭朴素的家风竟然变成这样。因此，家里人一旦衣服稍微华丽一些，就不敢再让王沂公看到。一天，有同榜考中者孙冲的儿子孙京前来辞别。王沂公留他吃饭，安排了馒头进行招待。吃完饭后，用盒子送给他几卷信纸，孙京打开一看，都是别人写信后裁减下来的纸边。他（王沂公）居然如此的俭朴。

仇泰然愈，大观间，知明州。爱一幕官，欲荐之。一日问君日费几何。对以十口之家，日用千钱。泰然惊曰："吾为郡守，费不及此。属僚所费倍之，安得不贪。"遂不荐，自是见疏。

【译文】仇愈，大观年间，任明州知府。喜爱一名幕僚，想要举荐他。一天，仇愈问他：你每天用多少费用？那个幕僚回答说家中有十口人，每天用千钱。仇愈大惊说：我作为太守还达不到这么高，我的下属官员生活费用却是我的几倍，怎么能不贪污呢？于是就打消了推荐他的念头，自此之后日渐疏远了他。

张子韶九成云："余平生贫困，处之亦自有法。每日用度不过数十钱，至今不易也。"郑亨仲在莱阳，亦日以数十钱悬壁间，椒桂葱姜约一二钱。曰："吾平生贫苦，晚年登第，稍觉快意，便成奇祸。今学张子韶法，要见旧时齑盐①风味，可长久也。"

【注释】①齑（jī）盐：泛指清贫生活。
【译文】张九成说：我平生贫困，对待它（贫困）也有自己的办法。每天的费用开支不过几十钱而已，到现在仍然是这样。郑亨仲在莱阳，也是每天将几十钱挂在墙壁上，另有椒桂葱姜大约一二钱。郑亨仲说：我平生贫乏窘困，年老时才科举中榜，稍微恣意所欲，就会造成出人意料的灾祸。如今仿效张子韶的方法，是想让自己时时看到以前穷困潦倒的样子，这样方可长久。

司马温公光曰：先公为郡牧判官，客至，未尝不置酒。或三行，或五行，不过七行。酒沽①于市。果止梨、栗、枣、柿，淆止脯醢②菜羹。器用瓷漆，当时士大夫皆然。会数而礼勤，物薄而情厚。近日士大夫家，酒非内法，果非珍异，食非多品，不敢会宾友。尝累日营聚③，然后发书。苟或不然，人争非之，以为鄙吝。嗟乎，风俗颓弊如是。居位者虽不能禁，忍助之乎？

【注释】①沽：买。②醢（hǎi）：肉酱。③营聚：操持、准备。

【译文】司马光说：先父担任郡牧判官时，客人来了未尝不摆放酒席，但有时斟酒三次，有时斟五次，最多不超过七次（就不斟了）。酒是向市上买的，水果限于梨、栗子、枣、柿子之类，下酒菜限于干肉、肉酱、菜汤，食具用瓷器和漆器。当时士大夫人家都这样，人家并不讥笑非议。那时会聚次数多而礼意殷勤，食物少而感情深厚。近来士大夫家庭，酒如果不是照宫内酿酒的方法（酿造的），水果、下酒菜如果不是摆满桌子，就不敢约会招待客人朋友。（为了约会招待）往往先要用几个月（的时间）准备，然后（才）敢发请柬。如果有人不这样做，人们（都）争着非议他，认为他没有见过世面、舍不得花钱。因此不跟着习俗顺风倒的人，就少了。唉，风气败坏得像这样，居高位有权势的人虽然不能禁止，难道能忍心助长这种恶劣风气吗？

有货^①玉带于王文正公。其弟以呈公,曰:"甚佳。"公命系之,曰:"还见佳否?"弟曰:"系之,安得自见?"公曰:"自负重而使观者称好,无乃劳乎?"故平生所服止赐带。

【注释】①货:买。

【译文】有人买玉制的腰带送给王旦,(王旦的)弟弟把它呈给王旦,说:很好。王旦命弟弟系上,说:还见得好不好?弟弟说:系着它怎么能自己看见?王旦说:自己负重而让观看的人称赞好,这不是劳烦吗?因此王旦平生所系的只是(皇帝)赐给的带子。

孙侍读公甫,人尝馈一砚,直三十千。公曰:"何贵也。"客曰:"砚以石润为贵,此石呵之水流。"公曰:"京师一担水才直三钱,要此何用。"竟不受。

【译文】有人曾给孙之翰一方砚台,价值三十千钱。孙之翰问:这砚台为何这么贵?客人说:砚台以石质润泽为好,这种石头呵口气就有水流出来。孙之翰说:京师的一担水才三钱,我要它有什么用?最终没有收下。

谢上蔡先生显道尝言:万事有命,人力计较不得。平生未尝干人,在书局^①亦不谒执政。或劝之,对曰:"他安得陶铸^②我,自有命在。若信不及,风吹草动,便生恐惧。枉做却闲工夫,枉用却闲心力。信得命及,便养得气,不挫折。"

【注释】①书局:官府编书的机构。②陶铸:造就、培育。
【译文】谢上蔡先生(字显道)曾经说过:万事都是有自己的命

数，以人力是无法计算比较的。平常没有求人，在书局里也不会做关于怎样执政的说明。有人规劝他，他回答说：他怎么能够造就改变我，我自然有命数。如果不能相信，一有风吹草动就会心生恐惧。白白做了无用功，白白付出了心思和力气。相信命数，就能够有好的精神状态，不会受到挫折磨难。

范蜀公镇不为人作荐书。有求者，不与，曰："仕宦不可广求人知。受恩多，则难自立矣。"

【译文】范蜀公范镇从来不给别人写推荐书。有求他写推荐书的人，他不同意，说：做官不可以四处求人，让人知道。受的恩惠多了，就很难自立自强了。

韩忠献公琦在中书，吕正惠公端为参政。忠献谓人曰："吾尝观吕公奏事①，得嘉赏，未尝喜。遇抑挫，未尝惧。不形于言，真台辅②之器。"

【注释】①奏事：向皇帝陈述事情。②台辅：三公宰辅之位。
【译文】韩忠献（韩琦）先生在中书省，吕正惠（吕端）先生是参政。韩忠献先生对别人说：我曾经观察吕公向皇帝陈述事情，得到皇帝嘉奖赏赐，不会觉得欣喜。遇到了抑制挫折，不会觉得畏惧。高兴或者愤怒都不表现在脸上，真是宰相的气度啊。

吕文穆公蒙正参知政事。初入朝堂，有朝士①指之曰："是子亦参政耶？"公佯为不闻而过之。同列欲诘其人，公止之。时皆服其雅量。

【注释】①朝士：朝中官僚。

【译文】吕文穆（吕蒙正）先生刚担任参知政事，刚进入朝堂时，有一位朝中官僚对他说："这小子也能参政议事吗？吕蒙正公装作没有听见似的走过去了。与他同行的想要责问那个人的官位和名字，吕蒙正公制止了，当时在场的人都佩服吕蒙正公的度量。

王文正公每荐寇莱公准，而寇数短公。一日真宗谓公曰："卿虽称准，准不称卿也。'公曰："臣在位久，阙失多。准对阶下无隐，益见其忠直。此臣所以重准耳。"上由是益贤公。先是公在中书，寇在密院。中书偶倒用印，密院勾吏行遣。他日密院亦倒用印，中书吏亦呈行遣。公问："汝等且道密院当初行遣，是否？"曰："不是。"公曰："既不是，不要学他不是。"

【译文】王旦屡次称赞寇准，而寇准却好几次说王旦的短处。有一天，宋真宗对王旦说：您虽然称赞寇准，他却不称赞你。王旦说：我在宰相的职位上时间长，政事缺失必定多。寇准对陛下无所隐瞒，更加见其忠心正直，这就是我之所以看重寇准的原因。宋真宗因此更加认为王旦有德行。王旦在中书省任职，寇准在枢密院任职。中书省的吏人偶然倒用印，枢密院的吏人就谴责了他们。后来枢密院的吏人也倒用印，中书省的吏人也想谴责他们。王旦问众人说：你们说说看，枢密院当初责罚你们对不对呢？众人说：不对。王旦说：既然不对，就不要学不对的行为。

韩魏公在政府与欧阳公共事。欧公见人有不中理①者辄峻折之，故人多怨。公则从容谕之以不可之理而已，未尝峻折之也。凡人语及所不平,气必动,色必变,辞必厉,唯公不然。便说到小人忘恩背义,欲倾己处,辞和气平,如道寻常事。公家有二玉杯甚佳。一日宴客,置桌上。为一吏偶触碎。吏伏地请罪。公笑谓客曰:"凡物成毁,亦自有数。"俄顾吏曰:"汝误也,非故也。"神色不动。客皆叹服。又尝夜作书,令一侍兵执烛,忽他顾燃公须。公遽以袖摩之,作书如故。少顷回视,已易一兵。公恐主吏鞭之,亟呼曰:"勿易,渠今已解执烛矣。"其量如此。

【注释】①中理:切合事理。

【译文】韩魏公和欧阳公同朝为官共事。欧阳公只要碰到不讲道理的人就会惩罚或斥责他,所以很多人怨恨他。而韩魏公总是从容不迫地用为什么不能这样做的道理来教育他人,从来不斥责或惩罚他人。一般人跟人说话语气有所不平稳,气色肯定会变动,言辞很定会犀利,只有韩魏公不是这样。即便是说到小人忘恩负义,想要把自己的处境都颠覆,语气还是很和气,就好像是在说平常的事一样。韩琦家中有两个玉盏非常好,一天,韩琦设宴款待宾客,把玉盏放在桌上。被一个小吏不小心碰倒了桌子,把玉盏全摔得粉碎,那个小吏趴在地上等着发落。韩琦笑着对宾客说:世间一切东西的存亡兴废,都有一定的时间和气数在那里。又掉脸对那差役说:你是失手了,又不是故意的,有什么罪啊? 宾客们都赞叹韩琦的宽厚。又曾经夜间写信,让一个士兵拿着蜡烛在身旁照明。那个士兵忽然向别处张望,蜡烛烧着了韩琦的胡子,韩琦急忙用袖子撑灭了,照旧写信。过了一会儿,一会儿抬头一看,已经换了一个士兵了。韩琦担心长官会鞭打那个士兵,连忙大喊说:不要换人啦,他已经知道怎么拿蜡烛了。韩琦的宽厚大度就是这样。

王沂公当国①，一朝士与公有旧，欲得齐州。公以齐州已差人，与庐州。不就，曰："齐州地望②卑于庐州，但于私便耳。相公不使一物失所，改易前命，当亦不难。"公正色曰："不使一物失所，惟是均平。若夺一与一，此一物不失所，则彼一物必失所。"其人惭沮③而退。

【注释】①当国：主持国事。②地望：地理位置。③惭沮：羞愧沮丧。

【译文】王沂公主持国事，一个朝中官僚跟王沂公有旧交，想要得到齐州。王沂公用齐州已经派人驻守为由，给他泸州。他不同意，说：齐州的地理位置不如泸州，但是对于我私人来说有便利。你不会损失任何一样东西，改变之前的命令，肯定不难。王沂公正色说道：不损失任何一样东西，只有做到均衡平等。如果我夺取了一个又给予了一个，这一样东西不受损失，那另一样东西肯定有所损失。这个官僚深感惭愧，沮丧地离开了。

吕文穆公夹袋中有册子。每四方官员替罢谒见①，必问人材，随即疏记。分门类，有一人而数人称之者，必贤也。故所用多称职，以此。

【注释】①谒见：进见。

【译文】吕文穆公的夹袋中放有一部册子。每当地方官吏汇报工作之余，他必反复询问地方上有何特别人才，并随时把这些人才的情况分门别类，登记册上，如果其中有谁被多人称道，那么就会被他视为贤才而随时准备为朝廷选用。

杜祁公衍在相位,未期年①而出。尝谓门人曰:"衍以非才,久妨贤路。遽②得解去,深遂乃心。独有一恨③尔。"门人曰:"何也?"公曰:"衍平生闻某人贤,可某任。某人才,可某用,未听悉荐。此所恨也。"

【注释】①期年:一周年。②遽:就。③恨:为做不到或做不好而内心不安。

【译文】杜祁公(杜衍)在位当宰相,不到一年就辞官。曾经对自己的门徒说:我自己并不是人才,我在位已经妨碍贤才的晋升之路,就此得以离开,实在是合我心意。但惟独有一遗憾。他的门徒问他:是什么遗憾?杜祁公说:我平常经常听说某人很贤能,可以担任某某职位,某某人才可以为某某用,却从来没有听到有人推荐。这就是我的遗憾。

程伊川一日与韩持国、范夷叟泛舟于颍昌西湖。有一官员来谒大资。伊川谓有急切公事,既乃是求荐。伊川云:"大资①居位,却不求人,乃使人倒来求己,是甚道理?"夷叟云:"只为正叔太执。求荐,常事也。"伊川云:"不然。只为曾有不求者不与,来求者与之,遂致人如此。"持国便服。

【注释】①大资:资政殿大学士。

【译文】程伊川有一天和韩持国、范夷叟在颍昌西湖上坐船游玩。有一个官员来拜见,程伊川以为有很急切的公事,来了才发现是来恳求举荐。程伊川说:身为资政大学士,不去求别人,反而让人来求自己,这是什么道理?范夷叟说:只是因为你(程正叔)太执着。求你推荐,是很平常的事。程伊川说:不是这样的。只是因为曾经有没有来求举荐的人没有被推举，来求举荐的人被推举了，所以才导致人都来求举荐。韩持国就信服了。

李文正公昉为相，有求差遣①，见其材可用，必正色②拒之，已而擢用③。或不足用，必和颜温语待之。子弟问故，公曰："用贤，人主之事。若受其请，是市恩④也，故峻绝之，使恩归于上。若其不用者，既失所望，又无善辞，取怨之道也。"

【注释】①差遣：派遣。②正色：态度严肃，神态严厉。③擢用：保举贤良，选拔任用。④市恩：以私惠取悦于人。

【译文】李文正（李昉）公做宰相，有官员请求派遣，李文正公见官员有才，可以被重用，一定会态度严肃地拒绝，然后才通过选拔任用。对于那些不能够被任用的，一定会和颜悦色好言好语对待。他的弟子问这样做的缘故，李文正公说：任用贤才，是君主的事情。如果接受官员的请求，这是私惠，所以神色严峻地回绝，让这个恩惠归于君主。如果对于那些不被任用的人，我已经让他们失望了，再没有好的言辞的话，会让他们产生怨恨。

王沂公当国，进退士人，莫有知者。范文正公乘间讽之，曰："明扬士类宰相之任。公盛德独少此尔。"沂公曰："夫执政而欲使恩归己，怨将谁归。"范公服其言。

【译文】王沂公主持国事，提拔罢免官员，没有其他人知情。范文正公曾经讽他说：宣传提拔人才，这是宰相的责任。您的高尚品德中，唯独缺少这一项啊。王沂公回答说：作为执政的人，对人有恩德的事，想加到自己身上，那么怨恨将归结到谁身上。范公对他的言论感到信服。

程明道先生颢为鄂令，当事者^①，欲荐之，问所欲。先生曰："荐士当以才之所堪，不当问所欲。"

【注释】①当事者：当权的人。

【译文】程明道（程颢）先生为鄂城县令，当权的人想要推荐人才，问他想要哪种人才。程颢先生说："举荐人才应当因为他有才，能堪大任，不应当问我想要哪种人才。"

刘元城先生安世言尝见冯文简公京，言昔与陈旸叔、吕宝臣，同任枢密。旸叔聪明，遇事迎刃而解。而宝臣尤善秤停^①轻重。凡事经宝臣处者，人情事理，无不允当。"秤停"二字，最吾辈处事所宜致力。

【注释】①秤停：衡量斟酌。

【译文】刘元城（名安世）先生说曾经见冯文简（冯京）公，说昔日跟陈旸叔、吕宝臣一同担任枢密使。陈旸叔聪明，遇到什么难事都会迎刃而解。而吕宝臣尤其善于衡量孰轻孰重，凡经过吕宝臣处理的事，人际关系、事理标准，都没有不妥当的。"秤停"两个字，是我们这代人处理事情最应当下功夫的地方。

文潞公彦博知益州，尝宴客于钤辖^①廨合^②。夜深，从卒折厩为薪以燕火，军校不能止，白公。坐客惊，欲散。公曰："天实寒，可拆与之。"神色自若，饮如故。

【注释】①钤辖：宋代武官名。②廨（xiè）合：官署，官吏办公处所的通称。

【译文】文潞公（文彦博）在益州当知府，曾经在一个大雪天中宴请宾客，夜深了，随从的士兵有人把马棚拆掉当柴火烧了避寒，军校不能制止，向文潞公禀报。席上的宾客听后都吓得想要离席。文潞公说："天气也确实寒冷，就让他们拆了去烤火吧。"说完就神色自若地继续饮酒。

前辈言莅官^①有三莫：来莫放，事去莫追，事多莫怕。

【注释】①莅官：到职，居官。

【译文】前辈说到职居官有三个不要：来了不要放过，事走了不要去追，事多不要害怕。

元城先生初登第^①，与二同年^②谒侍郎李公若谷请教。李曰："某守官尝持四字，曰勤谨和缓。"一后生应声曰："勤谨和，既闻命^③矣。缓之一字，某所未闻。"李正色曰："何尝教贤缓不及事^④，且道世间，甚事不因忙后错了。"

【注释】①登第：登科。②同年：科举时代同榜录取的人互称同年。③闻命：接受命令或教导。④及事：做某事至于成功。

【译文】元城先生初次登科，和两个同年录取人去向李若谷公请教。李若谷说："我做官一直坚持四个字，叫'勤谨和缓'。"一个年轻人应声说道："勤谨和，是已经接受过教导的，缓这一个字，我从来没有听说过。"李若谷态度严肃地说道："我未曾教你们遇事拖拖拉拉，就说这世间吧，什么事不是因为忙乱才出错的？"

马永卿自言尝问仕宦之道于元城先生。先生问家属毕，曰："贤俸禄薄，当量入为出。"仆①复请益②。先生云："《汉书》云：吏以法令为师。有暇，可看条贯③。不独治人，亦以保身。"仆归检《汉书》，前语出《薛宣传》。先生以仆初登仕④，行或违法，且为吏所欺，故有此言。

李九我《宋贤事汇》

【注释】①仆：古时男子谦称自己。②请益：向人请教。③条贯：条例。④登仕：任官，当官。

【译文】马永卿自己曾说，我曾经向元城先生请教做官的方法。元城先生问完我关于家庭家属的事情，说："你贤能为官，俸禄稀薄，应当量入为出。"我又再次向他请教。元城先生说："《汉书》说：吏以法令为师。有时间的话，可以多看看条例。不单单是为了管理别人，也是为了保全自身。"我回去以后，仔细地检索《汉书》，前面的话出自于《薛宣传》。元城先生因为我刚开始做官，有些行为或许会违反法律，而且可能被一些官员欺骗，所以才说这番话给我听。

杨时山先生时云："孔子言居上不宽，吾何以观之哉。"今人只要事事如意，故觉宽政闷人。不知权柄在手，不是使性气处。何尝见百姓不畏官人，但见官人多虐百姓耳。然宽亦贵有制。若百事不管，惟务宽大，则胥吏①舞文弄法，不成官府。须要权常在己，尽宽不妨。"

【注释】①胥吏：旧时官府中办理文书的小官吏。

【译文】杨时山（杨时）先生说："孔子说'上位者不宽容，我还有什么好说的呢'，现在的人只要事事都很满意，所以觉得宽松的政策让人沉闷。岂不知权力在手，并不是用来任性使气的。未曾见过老百姓不害怕当官的人，但凡见到的大多都是当官的人虐待老百姓。当然政策宽松也是要有节制的。如果什么事都不管，只是一味政务宽大，那么那些小官吏就会舞弊徇私，官府就不像是官府了。所以需要把权力掌握在自己手中，这样的话，即便是宽大的政策，也是没有问题的。

伯淳作县，常于左右书"视民如伤"四字。观其用心，应是不错决挞①了人。

【注释】①决挞：用鞭、杖拷打。

【译文】伯淳做县令的时候，经常在身边写上"视民如伤"四个字。观察他的用心，大概是不要拷打错了人。

张无垢先生九成云："快意事，孰不喜为。往往事过不能无悔者，盖于他人有甚不快存焉，岂得不动于心。君子所以隐忍详复，不敢轻易也。"

【译文】张无垢（张九成）先生说："快意恩仇的事，谁不愿意做呢？但往往事情过去后都没有不后悔的，这是因为对他人造成了不痛快，怎么能够无动于衷呢？所以，君子需要懂得忍耐，不敢轻举妄动。"

熙宁三年，初行新法。邵康节先生雍门生故旧仕宦者，皆欲投劾而归，以书问康节。答曰："正贤者所当尽力之时。新法固严，能宽一分，则民受一分之赐矣。投劾①而去，何益？"

【注释】①投劾：呈递弹劾自己的状文，古代弃官的一种方式。

【译文】熙宁三年，刚开始实行新的法律。邵康节（邵雍）先生的学生和他的旧相识，但凡是当官的，都想要呈递弹劾的状文而弃官，写信向邵康节请教。邵康节回答说："现在正是有贤德的人应当竭尽全力为国家效力的时候，新的法律固然严厉，但如果能宽大一分，那么百姓就能受到多一分的恩赐。现在弃官而去，有什么好处呢？"

邵伯温言尝闻之先辈曰：凡作官，虽属吏有罪，必立案而后决，恐或出于私怒。比案具，怒亦平，不至仓卒伤人。每决人，有未经杖责者，宜谨之，恐其或有所立。伯温终身行之。

【译文】邵伯温说，他曾经听前辈说过：凡是做官的，即便是所属的官吏有罪，也必须先立案然后才能做出决断，唯恐可能出于自己的愤怒而做出错误的决断。等到立案之后，自己的愤怒也就平息了，不至于在仓促之间误伤他人。每当判决的时候，如果碰到有人没有经过杖刑的责罚，就需要谨慎判决，恐怕他有其他的原因。邵伯温终身都在践行这句话。

韩魏公勤于吏职。簿书①文檄②，莫不躬亲。或曰："公位重名高，朝廷赐守乡郡以安养，可无亲小事。"公曰："已惮烦劳，吏民当有受弊者。且日俸万钱，不事事，何安哉？"

【注释】①簿书：官署中的文书簿册。②文檄：檄文。古代用于征召或声讨等的文书。

【译文】韩魏公勤于职守。类似文书簿册、檄文的事情，他都要亲自去处理。有人说："您地位高名望重，朝廷赐给您乡郡的土地以安享天年，可以不必亲自处理这些小事。"韩魏公说："自己害怕烦躁和辛苦，官员、百姓中就会有人受到损害。况且每天拿着这么高的俸禄，不做事，心里怎么会踏实呢？"

欧阳文忠公修尝语人曰："治民如治病。彼富医仆马鲜明，进退有理。为人诊脉，按医书，述病证，听之可爱。然服药无功，则不如贫医。贫医无仆马，举止生疏，不能应对。然服药疾愈，便是良医。凡治人者，不问材能设施何如，但民称便，即是良吏。"故公为数郡，以宽简不扰为意。如杨州、青州、南京皆大郡，公至三五日间，事已日减五六。一两月后，官府闲如传舍①。或问公为政宽简，而事不弛废，何也？曰："以纵为宽，以略为简，则废弛而民受其弊。吾所谓宽者，不为苛急。所谓简者不为繁碎耳。"

【注释】①传舍：古时供行人休息住宿的处所。

【译文】欧阳文忠（欧阳修）公曾经对人说："治理百姓就好比治病。那些富裕的医生，有仆人和马，十分讲究礼节。给病人诊断脉象，按照医书，陈述病人的病症，听上去很动人。然而吃药却没有功效，就不如那些贫穷的医生。贫穷的医生没有仆人和马，举止有些拘谨，不能熟练应付人情世故。然而药到病除，这就是好的医生。凡是治理百姓的人，不问是否有才能，基础设施建设如何，但凡老百姓称赞的，就是好的官吏。"所以欧阳修公曾在数个郡里都当过官，都以政策宽大、简单，不扰民为原则。例如杨州、青州、南京，都是很大的郡，他去了才三五天的时间，事情已经每天都减少了五六成。一两个月之后，官府清闲的好像旅馆一样。有人问他，为什么能够做到政策宽松简便，而事情也不会荒废。欧阳修说："如果把放纵当作是宽松，把忽略当作是简明，那就会造成政事废弛，百姓就会受害。我所指的宽，意思是不苛刻急切，所指的简，意思是不繁琐。"

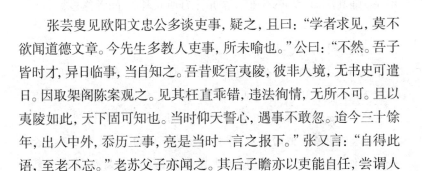

张芸叟见欧阳文忠公多谈吏事，疑之，且曰："学者求见，莫不欲闻道德文章。今先生多教人吏事，所未喻也。"公曰："不然。吾子皆时才，异日临事，当自知之。吾昔贬官夷陵，彼非人境，无书史可遣日。因取架阁陈案观之。见其枉直乖错，违法徇情，无所不可。且以夷陵如此，天下固可知也。当时仰天誓心，遇事不敢忽。迨今三十馀年，出入中外，忝历三事，亮是当时一言之报下。"张又言："自得此语，至老不忘。"老苏父子亦闻之。其后子瞻亦以吏能自任，尝谓人曰："我于欧阳公及陈公弼处学来。"

【译文】张芸叟发现欧阳文忠公大多谈论的是政事，心里很疑惑，就对他说："那些学者来求见，没有不想听您谈论道德方面的学问的。但现在先生大多教他们政事，令人不解。"欧阳修说："不是这样的。我们这些人都是当时的人才，日后为官，这些自然应当知道。昔日我被贬官到夷陵，那里简直不是人待的地方，没有经史一类的书籍可以消遣度日。因此只能从书架上拿那些陈年的案子来看。我发现那些冤假错案，违法乱纪、徇私舞弊的事，没有书里没有的。所以连夷陵都是这样，可想而知整个天下是什么样的。当时我就仰天起誓，以后遇到事情不敢疏忽。至今已经过去三十多年了，进出朝廷，经历了三朝皇帝，肯定是当年一句誓言的回报。"张芸叟又说："自从听到您的这番话，我到老也不会忘记。"苏轼父子也听到了这番话。后来苏子瞻也十分有政治才能，善于管理，他曾经对人说："我是从欧阳公和陈公弼那里学来的。"

欧阳公代包孝肃知开封。包以威严御下，而公简易循理，不求赫赫名。有以包之政励公者。公曰："凡人材性不同。用其所长，事无不举。强其所短，势必不逮^①。吾亦任吾所长耳。"闻者称善。

【注释】①不逮：不足之处，过错。

【译文】欧阳修公代替包孝肃在开封当知府。包孝肃是用威严来管理下属，而欧阳修则简单明了，遵循事理，不追求显赫的名望。有人用包孝肃的政策激励欧阳修。欧阳修公说："但凡人才，习性就不相同。如果能够善用他的长处，事情没有办不成的。如果用他不擅长的去勉强他，势必会产生过错。我也是在发扬我的长处而已。"听到的人都连连称赞。

韩魏公镇大名。魏牒诉^①甚剧。公事无大小，必亲视之。虽疾病亦许就决于卧内。人或劝公委之佐属，公曰："两词在官，人之大事。生死予夺，一言而决，何委人乎？"

【注释】①牒诉：诉状。

【译文】韩魏公坐镇大名。诉状有很多。韩魏公无论事情大小，都会亲自处理。即使卧病在床，也会在卧室里处理事务。有人劝韩魏公将这些事情委托给下属处理，韩魏公说："双方各执一词，全凭官府决断，这是他们的大事，生死裁决，就在一句话之间，怎么能够委托给他人呢？"

周濂溪先生敦颐提点广东刑狱，尽心其职，务在矜恕^①，不惮出入之勤，瘴毒之侵，虽荒崖绝岛，人迹所不至，皆缓视徐按，以洗冤泽物为己任。

【注释】①矜恕: 怜悯宽恕。

【译文】周濂溪（周敦颐）先生在广东刑狱当提点的时候，尽心尽职，以体恤宽恕为主要任务。不害怕进出的辛勤，和瘴毒的侵害，即使是在荒岛和悬崖，人迹罕至的地方，都会缓缓视察，以为百姓洗刷冤屈、润泽百姓为自己的责任。

真西山先生德秀再知泉州，决讼自卯至申未已。或劝啬养①精神。先生曰："郡敝，无力惠民。仅有政平讼理，事当勉。"

【注释】①啬养: 保养。

【译文】真西山（真德秀）先生再次到泉州任知府，处决诉讼案件从卯时一直到申时都没有停止。有人劝他保养身体精神，他说："郡府贫穷，没有能力惠泽百姓。只有让政务平稳，诉讼有理，事情应当尽力而为。"

陆文安公九渊，知荆门军。民有诉者，无早暮，皆得造于庭，复令自持状以追，为立期，皆如约而至。即为决之，而多所劝释。其有涉人伦者，使自毁其状，以厚风俗。唯不可训者，始置之法。

【译文】陆文安（陆九渊）公，在荆门为官。有百姓来投诉的，不管早晚，都能够进入大厅，又让他们自己拿着诉状，约定日期，他们都会按时前来。当即就为他们做出判决，并且大多数都进行劝解解释。其中有牵扯到人伦的，设法让他们自己毁掉诉状，得以使民风朴厚。只有对于那些不听从训斥教导的人，才将他们绳之以法。

赵忠肃公鼎在越惟以束吏恤民为务。每言不束吏，虽善政不能

169

行。由是奸猾屏息。

【译文】赵忠肃（赵鼎）公在越州的时候，主要以约束官吏、体恤百姓为主要任务。他经常说，不对官吏进行约束，即使是再好的政策也不能够得以实施，所以那些奸猾之徒都屏息凝神不敢放肆。

吴正肃公育为政简严。其治开封尤先豪猾①。曰："吾有何以及斯人，去其为害者而已。"

【注释】①豪猾：强横狡猾而不守法纪的人。

【译文】吴正肃（吴育）公为政简明严厉。他在治理开封的时候，首先治理那些强横狡猾而不守法纪的人。他说："我有什么可以帮助这里的百姓的，只有为他们除去为害人间的人而已。"

范忠宣公纯仁知襄城县。襄城民不事蚕织，公教民植桑。民之有罪而情可宽者，使植于家。多寡随其罪之轻重，按所植，与除罪。数年桑树成林，号为"著作林"。著作，公宰县时官也。

【译文】范忠宣（范纯仁）公在襄城县做知府。襄城县的百姓不知道养蚕织丝，范忠宣公教百姓种植桑树。百姓中有犯那些酌情可以从宽处理的罪的，他就让他们在家里种植桑树。桑树种植的多少是根据他们所犯的罪的轻重来定的，按照他们种植桑树多少，来抵除他们的罪过。几年之后，桑树成林，号称"著作林"。著作，就是他当时在县为官的官职。

孙莘老觉知福州。民欠官税钱系狱者甚众。适有富人出钱五百万，葺^①佛殿，请于莘老。莘老徐曰："汝辈所以施钱何也？"众曰："愿得福耳。"莘老曰："佛殿未甚坏，佛无露坐者。孰若为狱囚偿官，使数百人释缧绁^②之苦，得福岂不多乎？"富人从之，囹圄^③遂空。

【注释】①葺：修理房屋。②缧绁（léi xiè）：监狱；囚禁。③囹圄：监狱。

【译文】孙莘老（孙觉）在福州当知府。百姓因为拖欠官府的税钱，被打入牢狱的人有很多。正好有富人愿意出五百万的钱来修理佛殿，向孙莘老请教。孙莘老慢吞吞地说："你们为什么要施舍钱财？"众人说："想要得到福报。"孙莘老说："佛殿没有怎么损坏，佛像也没有坐在露天里。如果你们能够为监狱那些囚犯偿还拖欠官府的钱，让数百人脱离被监狱束缚的痛苦，得到的福报不是更多吗？"那些富人们听从了他的意见，监狱于是一下子就空了。

龙图阁直学士吴芾，在孝宗朝，前后守六郡。尝言："视官物当如己物。视公事当如己事。与其得罪于百姓，宁得罪于上官。"

【译文】龙图阁直学士吴芾，在宋孝宗当朝时期，前前后后在六个郡当过官。他曾经说过：对待官家的东西应当如同对待自己的东西一样。对待公事应当想对待自己的事情一样。与其得罪百姓，我宁愿得罪上司。

范文正公领浙西时，大饥。公设法赈救。仍纵民竞渡^①。太守日出宴湖上，居民空巷出游。又谕诸佛寺兴土木，又新廨^②仓吏舍，日役千夫。监司劾杭州不恤荒政，伤耗民力。公乃自条叙，所以宴游兴造，皆欲发有余之财，为贫者贸易饮食。工技服力之人，仰食于公私者日无虑数万。荒政之施，莫此为大。是岁两浙，惟杭州宴然③，民不流徙，公之惠也。

【注释】①竞渡：划船比赛。②廒（áo）：收藏粮食的仓库。③宴然：安定的样子。

【译文】范文正公在管理浙西时期，遇到了大饥荒。范文正公想方设法赈济灾民，于是鼓动灾民进行划船比赛。太守在日出的时候在湖上举办宴会，居民全都出来观看。又发布布告，让各个佛寺大兴土木，又下令修理仓库和官舍，每天要动用上千名的民工。有人弹劾杭州的官员不体恤百姓，荒废政务。范仲淹便上奏说明，之所以要大摆宴席、大兴土木，都是为了花掉富人的财富，为贫困的人解决温饱问题。那些干体力活、技术活、服务业的人，依靠官府和富人的这些工程，吃饭的每天都有好几万人。在饥荒年间的施舍，这是最为重大的。这一年，两浙地区，只有杭州安定无事，百姓也未流离失所，这些全多亏了范仲淹的恩惠。

富郑公弼知青州。会河朔大水，民流入境内。公劝民出粟十五万斛，益以官廪①，随所在贮之。得公私庐舍十余万间，散处其人。官吏待阙②者给之禄，使即民所聚，选老弱病瘠者廪之。约为奏请受赏。率五日，辄遣人以酒肉劳之。人人为尽力。流民死者，葬之丛冢，自为文祭之。明年麦大熟，流民各以远近受粮而归。凡活五十余万人，募为兵者万余人。上闻之，遣使劳公，即拜礼部侍郎，公辞不受。前此救灾者，皆聚民城郭中，煮粥食之。聚为疾疫，及相蹈③藉死。或待次数日不食，得粥皆僵仆。名为救之，而实杀之。自公立法，简便周至，天下传以为式。公每自言曰："过于作中书令二十四考矣。"

【注释】①官廪：官俸。②阙：同"缺"。③蹋：踩踏，践踏。

【译文】富郑公（富弼）在青州当知府。碰到河朔地区发大水，许多灾民流亡到青州境内。富郑公劝告百姓出粟十五万斛，又加上官俸，都贮藏给灾民的流亡地。征得公私房屋十多万间，分散安置流民。候缺待补的官员发给俸禄，让他们到灾民聚居的地方去，选出那些老弱病残的灾民，发给他们粮食。并约定为这些官员请赏。每隔五天，便派人用酒肉犒劳一次。人人都为之尽力。流亡的灾民中有死亡的，就安葬在墓地里，他亲自给他们撰写祭文。第二年，麦子大丰收，所有灾民按照路程的远近，发给他们粮食让他们回归故乡。使得五十万人得以活命，并招募为兵的有一万多人。君主听说后，派遣使者前来，当即拜富弼为礼部侍郎，富弼推辞，不肯接受。在此以前，来救灾的官员都是将百姓聚集在城里，煮粥给他们吃。灾民聚集，使得瘟疫疾病流行，相互践踏而死。有时，又连续几天不给吃的，等有粥的时候，都饿死了。名义上是救济，实际上是杀害。自从富弼开创了这个办法，简便周到，天下流传，作为救灾的模范。富弼想到这些，常常自言自语说："这胜过做中书令二十四考了。"

赵清献公抹熙宁中以大资政知越州。两浙旱蝗，米价踊贵，诸州皆厉禁。公独榜衢①路，令有米者任增价粜②之。于是米商辐凑，米价更贱，民无饥死者。

【注释】①衢（qú）：大路。②粜（tiào）：卖米。

【译文】赵清献公以资政殿大学士的身份管理越州。两浙地区发生旱灾、蝗灾，米价飞涨，各个州都严厉禁止米价上涨。只有赵清献在大路上张贴榜文，让有米的人随意涨价卖米。于是四面八方的米商都向这里涌来，米价反而更贱了，百姓没有饿死的。

石林梦得政和间帅颍昌。岁值灾伤，浮殍^①自邓唐入境，不可胜计。公尽发常平仓，奏赈十余万人，惟遗弃小儿无处。一日询左右曰："人之无子者，何不收以自续乎？"曰："人固愿得之，但患既长，来识认耳。"公阅法，凡伤灾弃遗小儿，父母不得复取，古有为此法者。遂作空券数千，具载本法，给内外厢界。凡得儿者，书券付之。凡三千八百人，皆夺之沟壑而置之襁褓者。

【注释】①殍（piǎo）：饿死的人。

【译文】石林（石梦得）在政和年间统帅管理颍昌。当时正是灾荒年间，快饿死的人从邓唐入境，人多的数不胜数。他常常将仓库全部打开，上奏请求赈灾，救济的人达十多万，只是那些被遗弃的小孩子没有着落。一天他问身边的人："那些没有子孙后代的人，为什么不去收养孤儿作为自己血脉的延续呢？"身边的人说："人们当然愿意这样。只是担心孩子长大以后，又被认领回去。"他查阅了法律，凡是因为灾荒把孩子遗弃的，父母不得重新认领，这是自古以来就有的规定。于是他便制作了数千张空白契约，把这条法律写在上面，散发给境内外。凡是得到小孩子的，就把契约收回。最后一共有三千八百名婴儿，都是从山沟里抢救来，放在襁褓里的。

伊川先生每见后生有讥议前辈者，曰："贤且寻他好处说。"邹志完浩以谏得罪，或疑其卖直。先生曰："君子之于人也，当于有过中求无过。不当于无过中求有过。"张绎曰："此忠厚之道。"

从政遗规

【译文】伊川先生每次看见有晚辈后生在讥讽自己的前辈，便说："你还是要找找他的好处来说吧。"邹浩因为进谏而获罪，有人怀疑他卖弄自己的正直。先生说："君子对待他人，应该是从他人的过错中寻求没有过错的地方，而不应该从没有过错中寻找过错。"张绎说："这是忠厚之道。"

李文靖公沆为相，专以方严重厚镇服浮躁，尤不乐人论说短长。胡秘监旦，谪州，久未召。尝与公同知制诰①，闻公参政，以启贺之，历诋前为参政者，而誉公甚力。公慨然不乐，命小吏封置别箧②。曰："吾岂真优于数公，亦适遭遇耳。乘人之后而讥其非，吾所不为。况欲扬一己而短四人乎？"终为相，旦不复用。

【注释】①知制诰：官名。②箧（qiè）：箱子。

【译文】李文靖（李沆）公做宰相，专门用方正严厉厚重的方法来镇压浮躁，尤其不喜欢人议论长短。胡秘监（胡旦）被贬出州，很长时间没有被召回。他曾经与李沆一同做知制诰，听说李沆做了参知政事，便写信来贺喜，并在信中极力诋毁前任参知政事，而对李沆大为称赞。李沆心里很不痛快，命令小官员把这封信放在别的箱子里。他说："我哪里是真的强过前面几位先生，只不过是遇上了好的机会。在人背后议论他人的是非，我是不做这种事的。何况为了褒扬自己而贬低了四个人呢。"在他做宰相的期间，胡旦再也没有被启用过。

吕正献公公着，人或议其太恕。以为除恶不尽，将失有罪，为异日患。公曰："为政去其太甚者耳。人才实难，当使之自新，岂宜使之自弃耶？"

【译文】吕正献（吕公著）公，有人议论他为人太过宽恕，认为不把恶人除尽，将会放过有罪的人，成为以后的祸患。吕公著说："为政，只要把罪过太大的除去就行了。人才实在难得，应当让他有改过自新的机会，怎能让他自暴自弃呢？"

曹武惠王彬知徐州。有吏犯罪，既立案，逾年，然后杖之。人不晓其旨。曰："吾闻此人新娶妇。若受杖，其舅姑必以妇为不利而恶之。吾故缓其杖，亦不赦也。"及讨蜀，所获妇女悉闭一第，窍以度食。戒左右曰："是将进御。"洎①事罢，访还其家，无者嫁之。

【注释】①洎（jì）：到、及。
【译文】曹武惠（曹彬）在徐州当知府。有个小官员犯了罪，立案后，过了一年以后才行杖刑。别人不明白他的意图。他说：我听说这个人刚娶了媳妇。如果被施以杖刑，公公婆婆等人一定会认为他的媳妇不吉利而厌恶她。所以我要暂缓行杖，但又不能赦免。"后来，曹彬征讨蜀地，所抓到的妇女全都关在一个房间中，只留下一个送饭的小洞，让她们不至于饿死。并告诫身边的人说："这是要进献朝廷的。"等到事情结束后，将她们都放还回家。还没成家的就让她们嫁人。

赵清献公嫁兄弟之女以十数。在官为人嫁孤女二十余人。居乡葬暴骨及施棺给薪者不知其数。

【译文】赵清献公嫁兄弟的女儿有十几个人。在朝为官时，又替人嫁孤女二十多人。告老还乡以后，收埋暴露的尸骨还给人棺木的不计其数。

庞庄敏公籍知定州。请老,召还,请不已。或谓公精力少年不逮,主上注意方厚①,何遽引去之坚? 公曰:"必待筋力不支,明主厌弃,是不得已,岂止足之谓耶?"

【注释】①方厚: 正直厚道。

【译文】庞庄敏(庞籍)公在定州当知府。他请求告老还乡,被召回朝中,仍然请求告老还乡。有人说先生精力旺盛,少年人都赶不上先生,皇上也非常欣赏注意先生的正直厚道,为什么一定要这么坚决地告老还乡呢? 先生说:"如果一定要等到体力不支的时候,明显是主上厌弃了,那时告老就是不得已,哪里还谈得上精力足与不足呢?"

薛简肃公奎知开封。时明参政镐为府曹官,简肃待之甚厚,直以公辅①期之。有问公何以知其必贵,公曰:"其为人端肃,言简而理尽。凡人简重则尊严,此贵臣相也。"其后果至参知政事。

【注释】①公辅:宰相一类的大臣。

【译文】薛简肃(薛奎)公在开封当知府。当时明参政(明镐)是府里的曹官,薛简肃待他特别好,一直把他当作宰相的人才。有人问薛公为什么知道他以后一定会显贵,他回答说:"他为人端正肃穆,说话简洁而道理都在里面。大凡一个人庄严持重,则必定会有尊严,这是贵臣的品相。"后来,明镐果然做了参知政事的官职。

张南轩先生栻,答郑自明书云:"工于①论列者,察己常阔疏。狃②于讦直者,发言多弊病。"

【注释】①工于:善于、长于。②狃(niǔ):习惯。

【译文】张南轩（张栻）先生回复郑自明的信里说：那些善于议论别人的人，反省检察自己往往疏忽宽松，习惯于直言不讳地揭露他人过错的人，往往会在话语上有失当的地方。

或问："簿，佐令者也。簿所欲为，令或不从，奈何？"明道先生曰："当以诚意动之。令是邑之长者，能以事父兄之道事之，过则归己，善则惟恐不归于令。积此诚意，岂有不动得人？"

【译文】有人问："簿是辅佐令的人。簿想要做的，令有时不同意，该怎么办？"明道先生说："应当用诚意去感动他。令是一邑之长，能用事奉父亲和兄长的方法去事奉他，将过错归结于自己，好处就怕不能归结在令的身上。这样的诚心累积起来，哪有能不打动人的呢？"

范文忠公镇为谏官，赵清献公抃为御史，以论事有隙。王荆公数毁范公，且曰："陛下问赵抃即知其为人。"他日神宗以问清献，对曰："忠臣。"上曰："卿何以知其忠？"对曰："嘉佑初，仁宗违豫①。镇首请立皇嗣，以安社稷，岂非忠乎？"既退，荆公谓清献曰："公不与景仁有隙乎？"清献曰："不敢以私害公。"

【注释】①违豫：帝王有病的讳称。
【译文】范文忠（范镇）公做谏官时，赵清献公（赵抃）是御史，两人因为对事情的见解不同而产生了矛盾。王荆公多次诋毁范公，并且说："陛下去问赵抃，就知道他的为人。"后来，宋神宗就去问赵抃，赵抃回答说："是忠臣。"皇上说："你怎么知道他是忠臣？"回答说："嘉佑初年，仁宗皇帝身体有病，范镇带头请求立皇太子，以安定国家社稷, 这难道不是忠心吗? "退朝后, 荆公对赵抃说: "您不是和范镇有嫌隙吗? "赵抃说: "不敢因为私人的恩怨而损害国家的利益。"

范忠宣公"解他山之石可以攻玉"云: "玉者, 温润之物。若将两块玉来相磨, 必磨不成。须是得麤①矿的物方磨得出。譬如君子为小人侵凌, 动心忍性, 修省防避, 便得道理出来。"

李九我《宋贤事汇》

【注释】①麤(cū): 同"粗"。
【译文】范忠宣公关于"他山之石可以攻玉"的解释说道: "玉是性质温和的东西。如果拿两块玉相互摩擦, 一定磨不成功。一定要用粗糙的东西才能磨出它的本色。就好比君子被小人侵害和侮辱, 要忍耐、反省、防范、回避, 便悟出道理来了。"

范忠宣公忤章惇, 落职, 知随州。素苦目病, 忽失明。上表乞致仕, 惇抑之, 不得上。贬武安军节度副使, 永州安置。公怡然就道。每诸子怨惇, 怒止之。江行, 舟覆, 扶出, 衣尽湿。顾诸子曰: "此岂章惇为之哉!"至永州, 诸子闻韩维谪均州, 其子告惇, 以父执政日, 与司马公议论多不合, 得免行, 欲以公与司马公议役法不合为言。公曰: 吾用君实荐, 至宰相。同朝论事不合, 即可。今日言, 不可也。"诸子乃止。在永州三年, 课儿孙读书, 怡然自得。每对客, 惟论圣贤修身行己, 及医药方书, 他事一语不出口。

【译文】范忠宣公不顺从章惇, 被贬了官职, 去随州当知府。他平时就患有眼病, 又忽然失明, 便向上级请求退休, 被章惇扣压了请求书, 没有向上级报告。范纯仁后来被贬为武安军节度副使, 安置在永州。他很高兴地上路了。每当儿子们怨恨章惇, 他就生气地加以制止。沿江走水路，船翻了，被救上岸后，衣服都湿透了。他对儿子们说："这难道也是章惇干的吗？"到了永州，他的儿子们听说韩维被贬谪到均州时，韩维的儿子告诉章惇说，他父亲执政时，和司马光有很多意见不合的地方，结果就被免受了处分。范纯仁的儿子也想以当初他与司马光在役法问题上意见不合为理由帮父亲开脱。范纯仁说："我是因为得到司马光的推荐，官职才能升到宰相。同朝议事意见不合是可以的，但今天的这个话，是不能说的。"他的儿子们只能作罢。范纯仁在永州的三年，督促儿子和孙子们读书，悠然自得。每当面对宾客时，只谈论圣贤修身养性以及医药方面的书籍，其他则一概不谈。

　　伊川先生颐自涪还洛，气貌髭①发皆胜平昔。门人问何以得此，先生曰："学之力。大凡学者，学处患难贫贱。若富贵荣达，即不须学也。"

　　【注释】①髭（zī）：嘴边上的胡子。
　　【译文】伊川先生程颐从涪陵返回洛阳，气色和容貌都比平常好多了。他的弟子问他怎么才能够做到这样，他说："这都是学问的功力。所谓的学者，学的都是如何和患难贫贱相处。如果已经富贵腾达，便不需要学了。"

　　晦翁曰："学者常以志士①不忘在沟壑为念，则道义重，而计较死生之心轻矣。"又曰："古人刀锯在前，鼎镬在后，视之若无物者，盖缘只见得道理，不见那刀锯鼎镬②。"又曰："须是在我者仰不愧，俯不怍。别人道好道恶，管他。"

　　【注释】①志士：有坚决意志和节操的人。②镬：锅。

【译文】晦翁说："学者如果能够经常以志士不能忘记过去的逆境为信念，那么他就会重道义而轻生死了。"又说："刀锯摆在身前，鼎和锅摆在身后，古人都能视若无物，这都是因为他们眼里只有大道义，所以看不见锯刀和油锅。"又说："对我来说，应该是仰不愧天，俯不愧地。别人说好说坏，管他的呢。"

司马温公每见士大夫，询生计足否。人怪而问之。公曰："倘衣食不足，安肯为朝廷轻去就耶？"

【译文】司马温公每次见到士大夫，都要询问他们是否能够维持生计。别人感到奇怪，便问司马光。司马光说："如果连衣食都不能够满足，怎么肯为了朝廷而去过分地卖命呢？"

吕正献公公着尝荐处士常秩。秩后稍变节，公谓知人实难。以语程子，且告之悔。程子曰："然不可以是而懈好贤之心。"公矍然^①谢之。

【注释】①矍然：惊视的样子。

【译文】吕正献（吕公着）公曾经推荐处士常秩。后来常秩的气节渐渐地改变了，吕公着感慨认清一个人实在很难。他把这件事告诉程颐，并且告诉他自己的悔恨。程颐说："但是不可以因此而松懈了好贤的心。吕公着惊慌地向他道谢。"

或问伊川先生，家贫亲老，应举求仕，不免得失之累，奈何？先生曰："此只是志不胜气。然得之不得，曰有命。"又问，在己固可，为亲奈何？曰："为己为亲，也只一事。若不得，其如命何？"

【译文】有人问伊川先生,家里贫穷,父母年老,去考试追求仕途,不免会有得与失的痛苦,该怎么办呢?程颐说:"这只是志向胜不过运气。但是得与不得,都是命中注定。"那人又问,对自己来说固然可以这样,可是如何对亲人交待?回答说:"对自己对亲人都是一回事。就算得不到,又能拿命运怎么样呢?"

张横渠任云岩令,政事以敦本①善俗为先。每以月吉,具酒食,召乡人高年②,会于县庭,亲为劝酬③,使人知养老事长之义。因问民疾苦及告所以训戒子弟之意。有所告教,常患文檄之出,不能尽达于民。每召乡长于庭,谆谆口谕,使往告其闾里。间有民因事至庭,或行遇于道,必问某时命某告某事,闻否。闻即已,否则罪其受命者。故一言之出,虽愚夫孺子无不预闻。

【注释】①敦本:注重根本,多指注重农业。②高年:年纪大。③劝酬:劝酒。

【译文】张横渠担任云岩县的县令,处理政事以注重善良风俗为先。每个月都要选择好的日子,准备好酒肉食物,召集乡里那些年龄大的人,在县衙的庭院中聚会,亲自为他们劝酒,让人们知道赡养老人是人本有的恩义。趁机询问民间的疾苦,并告诉他们训诫弟子的意图。有想要告诫和教化的事情,并告诉他们为什么要对子弟多加训诫。一旦有了告诫和教诲,却常常担心发出的檄文和无法完全传达到百姓。因此经常把乡里的长辈召集到县衙,谆谆告诫,让他们去转告全乡的人。有时候有人因事到县衙,或者遇到顺路的人,一定会问某时间叫某人转告某件事,听说了吗?如果听说了就好,如果没有听说,便要怪罪当初接受他命令的人。所以,只要话一说出来,即便是傻子和小孩子也没有听不到的。

宋仁宗性仁恕，一日语近臣曰："昨夜因不寐，甚饥，思食烧羊。"侍臣曰："何不降旨取索？"仁宗曰："比①闻禁中每有取索，外面遂以为例。诚恐自此逐夜宰杀，以备非时供应。则岁月之久，害物多矣。岂可不忍一夕之馁②，而启无穷之杀也。"

【注释】①比：近来。②馁：饥饿。

【译文】宋仁宗仁爱宽容，一天，宋仁宗对身边的大臣说："昨天晚上我睡不着，觉得肚子很饿，特别想吃烧羊。"大臣听到后即问："那圣上何不吩咐去取些来？"宋仁宗听后说道："近来听说皇宫里只要索取一次，宫外的人便以此为例。实在担心从此天天宰羊，以备我（皇上）享用。那么久而久之，要去宰杀多少畜生呀！为什么要因为一时的饥饿，而开始无止境的杀戮呢？"

莆阳一寺建大塔，工费钜万。或告陈正仲曰："当此荒岁，兴无益土木，公盍白郡禁之。"正仲笑曰："寺僧能自为塔乎？莫非佣此邦人也。敛于富家，散于窭①辈。是小民借此得食，而赢得一塔也。当此荒岁，惟恐僧之不为塔耳。"

【注释】①窭（jù）：贫困的人。

【译文】莆阳有一寺院要建造大塔，工费耗资十分巨大。有人对陈正仲说："现在正是荒年，兴建毫无用处的土木工程，你为什么不告诉郡里禁止这件事呢？"陈正仲笑着说："寺里的和尚岂会自己造塔？还不是要雇佣当地的人。从富人那里收敛来的钱财，散发给那些穷困的人，使得百姓因此而得以谋生，同时，又能获得一座大塔，在这种荒年里，我还正担心寺僧不去建塔呢！"

　　有范延贵者，为殿直，押兵过金陵。张忠定公时为守，因问曰："天使沿路来，曾见好官否？"延贵曰："昨夜过袁州萍乡县，邑宰^①张希贤，虽不识之，知其好官也。"忠定曰："何以见之？"延贵曰："自入县境，驿传桥道皆完葺。田莱垦辟^②，野无惰农。至邑，则鄽市^③无赌博，市易不敢喧争。夜宿邸^④中，闻更鼓分明。是以知其必善政也。"忠定曰："天使亦好官也。"即刚司荐于朝。

　　【注释】①邑宰：县令。②垦辟：开垦。③鄽（chán）市：城市、街市。④邸：官员办事或居住的住所。

　　【译文】范延贵担任皇帝的侍从官，押兵路过金陵。张咏当时在金陵担任太守，因而询问范延贵说："天使沿途而来可曾见过好官？"范延贵回答说："路过袁州萍乡县，那里的县令张希颜，虽然不认识他，但却知道他是一名好官。"张咏问："怎么看出来的呢？"范延贵说："我进到这个县境，看到道路桥梁完葺，休耕的田地都犁过了，田野中没有不勤于耕作的农民。到达县城中，街市上没有赌博的，百姓买卖交易也从不吵闹争夺。晚上住在居所中，听到更点清楚。因此知道县令必定是善于治事之人。"张咏说："天使您也是一名好官啊。"于是立即将他向朝中举荐。

　　陈良翰在瑞安。瑞安俗号强梗，吏治尚严。陈独抚之以宽。催科^①不下文符，民竞^②乐输。听讼咸得其情。或问陈何术，答曰："良翰无术。第^③公此心，如虚堂悬镜耳。"

　　【注释】①催科：催收租税。②竞：竞相、争相、争着。③第：只、仅仅。

　　【译文】陈良翰任职瑞安县，瑞安民风以骄横跋扈闻名，官吏治理政事崇尚严厉。陈良翰偏偏用宽厚的办法安抚当地百姓，催租不下文书，百姓争着高高兴兴地交纳。判决诉讼都能查得实情，有人问他用的是什么方法，陈良翰回答说：没什么办法，只不过我使自己的心保持公正，好像空堂上悬挂明镜一样能洞察一切。

　　郑清之私居青田。府鹿食民稻，犬噬杀之。府嘱守黥①犬主。幕官拟曰："鹿虽带牌，犬不识字。杀某氏之犬，偿郑府之鹿，足矣。"守从之。

　　【注释】①黥（qíng）：古代一种刑法，用刀刺刻犯人的面额，再涂上墨。

　　【译文】郑清之居住在青田的时候，郑府的一只鹿因为吃老百姓的稻子，被一只狗咬死了。郑府要求太守处罚那只狗的主人。太守手下的一个幕官草拟了一份公文写道："郑府的鹿虽然带了牌子，但狗不识字。现在把某人的那只狗杀了，偿还郑府的鹿也就足够了。"太守听从了幕官的意见。

　　吕文懿公初辞相位，归故里。有一乡人，醉而詈①之。吕公不动，语其仆曰："醉者勿与较也。"闭门谢之。逾年，其人犯死刑入狱。吕始悔之曰："使当时稍与计较，送公家责治，可以小惩而大诫。吾当时只欲存心于厚，不谓养成其恶，陷人于大辟也。"

　　【注释】①詈（lì）：骂、辱骂。
　　【译文】吕文懿公初辞相位回故里，有一乡下人喝醉酒后大骂吕文懿公,吕文懿公不动声色,告戒仆人说:"不要与喝醉酒的人计较。"一年后,这个人触犯死罪入狱,吕文懿公后悔说:"假使当初稍微和他计较,送去官府责问,施以小小的惩罚,可以给他很大的警戒。我只想到保持自己的厚道,反而养成他的恶行,而让他陷入犯罪的地步。"

曾子固与王荆公友善。神宗以问子固云:"卿与王安石相知最厚,安石果何如?"子固曰:"安石文章行谊①不减杨雄。以吝,故不及。"神宗遽②曰:"安石轻富贵,似不吝也。"子固曰:"臣所谓吝者,以安石勇于有为,而吝于改过耳。"

【注释】①行谊:品行、道义。②遽:急忙、赶快。

【译文】曾子固与王安石交情很深,宋神宗问曾子固道:"你与王安石互相都很了解,他这个人到底怎么样?"曾子固回答说:"王安石的文章、为人,都可以和杨雄相比,但因为他吝啬,所以又不如杨雄。"宋神宗又急忙说:"王安石对富贵、功名,看得很轻,不像是吝啬之人。"曾子固说:"我说的吝啬,是指王安石勇于作为,而对改正自己的错误,却很吝啬。"

鞠咏为进士,以文受知于王公化基。王公知杭州,咏知①仁和县,为属吏。先以书文寄公,公不答。及到任,略不加礼,课②其职事甚急。鞠大失望,于是不复冀③其相知,而专惰④吏干矣。后王公参知政事,首以咏荐。人问其故,公曰:"咏之才,不患不达。所忧者气峻而骄。故抑之以成其德耳。"

【注释】①知:掌管。②课:督促完成指定的工作。③冀:希望。④专惟：专心。

【译文】鞠咏考中进士，他以文才得到王化基的赏识。王化基做了杭州知府，鞠咏也被任为杭州仁和县的知县。鞠咏赴任前，先写了一封信寄给了王化基，王化基却没有给鞠咏回信。鞠咏到任后，（王化基）并未给予任何特别的礼遇，而考察督促鞠咏的政事却非常严格。鞠咏大失所望，从此不再奢望得到王化基的额外关照，而是专心治理县事。后来王化基入朝被任为参知政事，首先推荐鞠咏。有人问他原因，王化基说："鞠咏有才干，不怕被埋没。我所为他担心的是气盛和骄傲，所以我才有意压制一下他这种情绪，以使他的品行更高尚。"

张循王尝教子侄曰："子弟随父兄显宦，不患人事不熟，议论不高，见闻不广。其如'居移气，养移体'何？一旦从事，要当痛锄①虚骄之气。昔之照壁后訾②量人物，指摘③仪度，见其或被上官诋呵④、进退失措者，莫不群笑，声闻于外。及今趑趄⑤客次，庭揖而升。回视照壁后窃窥者，乃昔日之我也。"每三复斯言，为之慨叹。非身历者，不知其言之切当也。

【注释】①锄：根除、铲除。②訾：衡量、计量。③指摘：指责、指出错误。④诋呵：诋毁、呵责、指责。⑤趑趄(zī jū)：脚步不稳、行走困难。

【译文】张循王曾经教导儿子和侄子说："你们跟随父亲和兄长这样的高官，不必担心对于人情不练达，议论不高明，见识不广博。应该如何看待'居移气，养移体'这句话呢？一旦要做事，关键是要去掉身上虚浮骄傲的气质。以前在墙后议论他人，指责他人的仪表风度，看到他被上司呵斥，进退两难，都一起去嘲别人笑，声音在庭院外都能听得到。到了现在，自己也会在庭堂里徘徊，作揖等待着升堂。回头看看那些在墙后偷窥窃笑的人，这不就是之前的自己吗？每每再三体会这些话，心中感慨万千。如果不是自己亲身去经历这些，是不能理解这些话是多么的真实恰当。"

张侗初《却金堂四箴》

（先生名鼐，松江人。万历进士，官吏部侍郎。）

宏谋按：《四箴》所云当为者，即孟子所云求在我者也。不当为者，即孟子所云求在外者也。迹①虽近似，义实相妨②。今一一胪列③之，互举④之，是非公私，显然可见矣。忆余为诸生时，于官斋屏壁间，曾见此箴。觉有怵于心，而未知其言之切而中也。比来阅历仕途，深尝世故。每见士大夫，往往于此四者辩之不明，遂致误入歧途，贻悔末路。益服先辈格言，切中世病，足发深省。而愧前此失于体认⑤，草草读过也。然则思齐内省，为所当为，不为所不当为，愿与世之君子共勉之。

【注释】①迹：事情、行为。②相妨：互相妨碍、抵触。③胪（lú）列：罗列、列举。④互举：相对举出，形容并列的两个事物，互相衬托。⑤体认：体察、认识。

【译文】编者按：《四箴》所讲应当做的，就是孟子所讲的所求的东西就在自身。不应当做的，就是孟子所讲的所求的东西是身外之物。事情虽然相似，意思实际相互区别。现在将它们逐一罗列，相对举出，是非公私就显而易见了。回忆我是学生的时候，在官舍的屏壁上，曾看见这篇文章。当时心中就有所触动，却不知道文章切要中肯。相比来看，自己的仕途阅历，深切地感受到了世俗人情。士大夫往往对这四者辩解不清楚，因而致使自己误入歧途，被逼到绝境留下悔恨。更加佩服先辈的格言，准确说中世俗的弊病，足以让人深刻醒悟。惭愧自己之前没能仔细体察、认识文章，只是草草地读了一遍。那么就应向前人看齐，并在内心省察自己的思想、言行有无过失，做应当做的，不做不应当做的，愿意与世间人格高尚、道德良好之人共勉。

士大夫当为子孙造福，不当为子孙求福。谨家规，崇俭朴，教耕读，积阴德，此造福也。广田宅，结姻援，争什一，鬻功名，此求福也。造福者澹①而长，求福者浓而短。

【注释】①澹（dàn）：恬静、安然的样子。

【译文】士大夫应当为子孙后代创造幸福，不应当为子孙后代谋求幸福。严谨家规，崇尚俭朴，教导耕作读书，多做与人为善的事，这就是创造幸福。广纳田土屋宅，缔结裙带姻缘，斤斤计较，出钱买功名，这是谋求幸福。创造幸福就能使福运清淡而长远。谋求幸福则只能使儿孙风光一时。

士大夫当为此生惜名，不当为此生市①名。敦②《诗》《书》，尚气节，慎取与，谨威仪，此惜名也。竞标榜，邀津贵，务矫激，习模棱，此市名也。惜名者静而休，市名者躁而拙。

【注释】①市：交易、做买卖。②敦：注重、推崇。

【译文】士大夫应当为自己爱惜名誉，不应当为自己出卖名誉。诚心攻读经典诗书，崇尚高风亮节，不随便拿取和给与，注意自己言行仪表，这是爱惜名誉。争着夸耀自己，向权贵邀宠献功，故作矫异激切，处事模棱两可，这是出卖名誉。爱惜名誉的人稳重不乱。出卖名誉的人躁动不安。

士大夫当为一家用财，不当为一家伤财。济宗党，广束惰，救荒俭，助义举，此用财也。靡苑囿，教歌舞，奢燕会，聚宝玩，此伤财也。用财者损而盈，伤财者满而诎。

【译文】士大夫应当为自己的家庭使用财富，不应当为自己的家庭败坏财富。接济亲戚，馈赠朋友，支援赈灾，襄助慈善事业，这是使用财富。大植花园果苑，教人唱歌跳舞，举办奢华宴会，聚敛玉器古玩，这是败坏财富。使用财富，虽然亏损，却是充盈。败坏财富，虽然兴旺，却在走下坡路。

士大夫当为天下养身，不当为天下惜身。省嗜欲，减思虑，戒忿怒，节饮食，此养身也。规利害，避劳怨，营窟宅，守妻子，此惜身也。养身者静而大，惜身者膻①而细。

【注释】①膻（dàn）：胸。
【译文】士大夫应当为天下保养身体，不应当为天下吝惜身体。减少嗜欲爱好，少胡思乱想，戒绝仇恨怒气，节度饮食，这是保养身体。逃避利害，畏忌劳苦，经营私宅家园，成天厮守妻子，这是吝惜身体。保养身体的人，态度从容而心胸宽广。吝惜身体的人，举止世俗而心胸狭窄。

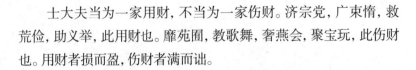

卷下

高忠宪公《责成州县约》

（公名攀龙，字存之，号景逸。江南无锡人，万历进士，官左都御史，赠太
子少保。）

宏谋按：所列条约，皆州县所必有之事，而士民所切切然日望于其
官者也。惟能事事从民生起见，则有一番措注，即流一番福泽。余故采
其尤要者，具著于编。俾世之君子，时常借以自镜，孰为循名而责实，孰
为苟且以塞责。何去何从，当必有能辨之者矣。

【译文】宏谋按：这里所罗列的条约，都是州县所必定存在的事
情，同时又是民众每天都对他们的官府所殷切期望的事情。只要能够
做到事事从民众的生活出发，就会有一套措施，也就会播撒一片福
惠、恩泽。因此，我选择其中最重要的部分，一一记录在这部集子里，
以让世上有才德的人能够经常借以对照自己，哪些是因循名义而获得
落实的，哪些是随随便便应付差使的，何去何从，必然有能够借以分
辨的标准了。

臣观天下之治，端本澄源，必自上而率下。奉法守职，必自下而
奉上。故朝廷膏泽，惟州县始致之民。州县者，奉法守职之权舆也。
州县贤，则民安。州县不贤，则民不安。顾天下之为州者，凡二百二十

有一。为县者，凡一千一百六十有六。岂能尽得贤者而用之？贤者视君为天，不敢欺也；视民为子，不忍伤也。奉法修职，出于心所不容已，非有所为也。其次则有所慕而勉于为善，有所畏而不敢为不善。其下则不知职业为何事，法度为何物，恣其欲而已。是民之贼也。故为政者，拔才贤，除民贼，约中人。天下惟中人为多，约之于法，皆不失为贤者。太守，约州县者也。司道，约府州县者也，抚按无所不约。约之使人人守法，如农之有畔而无越思，则天下治矣，臣谨条画州县所当持行者，令自抚按而下，以递相约，庶几皇上之仁恩，得实究之民也，谨列款如下。

【译文】我观察天下的治理，正本清源，必定由上层率领下层进行；遵守法制和职责，必定由下层对应上层。因此朝廷的恩泽，全靠通过州县传播给民众。州县是奉法守职的关键。州县长官有才德，那么民众就安宁；州县长官没有才德，那么民众就不得安宁。环顾天下，共有二百二十一个州，一千一百六十六个县，怎能保证所用的长官都是有才德的人呢？有才德的人把国君视为上天，不敢有所欺骗；把民众视为子女，不忍有所伤害。奉法守职的动机，出于起码的良心而并非是想有所作为才如此。其次是心里有所仰慕而勉强做好事，有所畏惧而不敢做坏事。最下等的则是不知职守和法度是怎么一回事，随意纵欲，这是民众的贼寇。所以从事政务的人，要选拔有才能的人，清除民众的贼寇，约束才德平庸一般的人。天下大多是才德平庸一般的人，只要能够用法制去约束他们，也都不失为有才有德的人。太守是约束州县长官的人；司道是约束府州县长官的人；抚按可以约束所有的地方长官。如果能够像农田有田界互不逾越那样约束人们，使每个人都遵纪守法，那么天下就得到治理了。我谨慎地制订出州县长官所应当遵守执行的条规，让抚按以下的地方长官一层一层地递相制约，那么皇上仁慈的恩惠差不多也就可以真正落实传播到民众了。谨列条款如下：

一课农桑。须中心诚恳，欲开民衣食之源。赏勤警惰，使民兴起。毋得徒事虚文，差人下乡，反滋民害。

【译文】考察农桑。应诚心诚意开辟民众衣食源头，奖勤罚懒，把民众的积极性调动起来。不得只做表面文章，差使下面的人下乡，反而增加民众的祸害。

一兴教化。教化自身而出，非以弥文①。故曰：民不从其令而从其好。为人上者，敬以持身，廉以励操，肃以御下，民自观而化之。更须彰善瘅恶②，树之风声。孝子顺孙，义夫节妇，必表扬之。乡绅耆德，必尊礼之。邑中经明行修，令誉著闻者，必稽考其实。闻之巡按御史，疏荐于朝，以补乡举里选之废典。而不孝不悌，及一切关人伦，伤风俗者，必置之法。如是久之，而教化自兴。

【注释】①弥文：谓夸饰之辞。②彰善瘅（dàn）恶：表扬好的，斥责恶的。

【译文】加强风化教育。风化教育要由自身做起，不是用来粉饰摆样。所以说，民众不听从长官的命令而只听从长官的嗜好。做长官的，要虔敬以修身，清廉以砥砺操守，整肃以驾御下属，民众自然观而随之。更应该表彰善良、挞伐凶恶，大张旗鼓，造成声势。对于孝顺的子孙，义节的夫妇，一定要予以表扬；对于有德行的地方绅士，一定要尊重并待之以礼；对于城邑中明晓经义、行为修正、声誉良好并著名的人士，一定要考察如实后，向巡按御史报告，并向朝廷上疏推荐，以作为地方选举制度弊端的补充；而对于不讲孝悌以及一切有违人伦、有伤风俗的人，一定要以法制处置。像这样的话，久而久之，风化教育自然兴起。

一育人才。朔望临学宫，必以圣贤明训，为诸生谆切教诲。俊秀之士，必令读四书，五经，小学，近思录，性理^①，纲目^②，以端其心术，正其识见，为国家有用之才。

【注释】①性理：人性与天理，指宋儒性理之学。②纲目：指南宋朱熹《资治通鉴纲目》。全书以"纲目"为体，纲仿《春秋》，目仿《左传》，朱熹完成纲的部分，他的弟子赵师渊续成目的部分。

【译文】培育人才。每到月初和月中，到学校视察，一定要以圣贤的英明训语，向各位学生作情真意切、语重心长的教诲。对于有杰出才华的人，一定要让他学习四书、五经、传统语言文字学、《近思录》、性理之学和纲目之学，以端正他的品德和见识，培养他成为国家的有用之才。

一乡约，为教化内一要事。但县官不以诚心行之，徒成虚文。而约正约副等，反为民害。果有力行者，必敦请邑中德行乡绅，或孝廉贡士，为民钦服者，主其事。而约正副等，以供奔走。乡约行，则一乡之善恶无所逃。盗息民安，风移俗易，皆得之于此。有记善簿，记恶簿，又须有改过簿，许令自新。

【译文】地方约法。这是实行教化的一件重要事情，但如果县官不诚心诚意去执行，那么就只能是一纸空文，而安排正、副等职，反而成为民众的祸害。假如有努力执行的人，一定会敦请城中为民众所钦佩的有德行的地方绅士或以孝廉闻名的贡士主管这件事，同时安排正、副等职以供调遣。地方约法获得施行，那么一方善恶就彰明而无所隐暱，盗贼无踪而民众安宁。风俗得到改变，皆因施行了地方法规。应当设立行善登记簿、作恶登记簿，还应设立改过登记簿，以允许作恶的人改过自新。

一乡饮巨典，不得滥及匪人。

【译文】乡饮酒这样隆重的大典，不得滥请不适当的人员参加。

一社学，务选教读得人。

【译文】学校一定要选用合适的教学人员。

一学宫敝坏，即申详修理。境内凡有古先圣贤，及祀典所载山川祠宇敝坏者，即时修理完好。仍要埽除洁净，关锁祠门。不得容人堆积杂物，坐卧作践①。四方过客瞻拜，有识者，常以此占州县官之品，何可忽也？

【注释】①作践：糟蹋，浪费。
【译文】校舍破旧、损坏，应马上申报修理。一境之内凡供奉古代圣贤以及祀典所记载的山川祠庙如有破旧、损坏，应立即修理完好，并且要清扫干净，关锁祠门，不得允许别人堆积杂物以及随地坐卧糟践。各地有见识的过客来此瞻仰、礼拜，常常拿这里的情况来估测该州县长官的品德，怎可忽略呢？

一积贮，民之大命。丰无所储，荒无所赈，尚可称民父母乎？必须随宜设法，使一县积谷，足备一县赈济。岂独活民？即以弭乱^①。为州县者，功在苍赤，庆流子孙，端系于此。

【注释】①弭（mǐ）乱：消除祸端，平息战乱。

【译文】积累储存，是民众的生命所系。假如粮食丰收的时候没有储存，饥荒的时候就无法放赈，这样的话，州县长官还称得上民众的父母官吗？一定要根据不同情况，采取相应办法，使全县积储粮食足以预备全县的放赈救济，不但可以使民众获得生存，而且可以消除社会动乱。州县长官之所以能够建功立业、福泽流传及子孙，原因全在于此。

一社仓，是救荒良法。各乡劝缙绅及名家，自造仓廒^①，自放自收，不可以官府与之。其法量人户种田多少，人口多少。以二分起息。于青黄不接时借贷。又必二三十户连名保借。欠者，即同保内人户摊赔。小荒减利，中荒捐利，大荒连本米下熟征催。官府给与印信文簿，为究治奸顽，使之可久。

【注释】①仓廒（áo）：亦作"仓敖"、"仓厫"。储藏粮食的仓库。

【译文】建立地方粮仓是救济粮荒的好办法。各乡应鼓励有实力的绅士及富豪名门自建粮仓，自行放赈和收租，不要全部依赖官府进行救荒。具体做法是，根据某人或某户种田亩数多少以及某户人口多少，租息从二分算起，在青黄不接时借贷，还必须有二三十户的联名保借，万一欠而不还，则担保人或担保户要摊派赔偿。遇到小饥荒则减少利息；遇到中饥荒则放弃利息；遇到大饥荒则连本米一起到次年收获之后再行征催。官府要给地方粮仓配备印信文簿，以查究和惩治奸猾之徒，从而使建立地方粮仓的做法得以长期进行下去。

一境内有荒芜田土，宜竭力开垦。流移人民，宜竭力招抚。

【译文】所辖区内的荒地要尽力开垦；盲流的人员应竭力招抚。

一境内有陂池宜浚者，及时开浚圩^①岸宜筑者，及时修筑。城垣颓塌，桥梁毁坏者，及时整理。高原圩下所宜树木，及时种植。

【注释】①圩（wéi）：中国江淮低洼地区周围防水的堤。

【译文】境内如有要清浚的陂池，应及时开浚；如有要修筑的堤岸，应及时修筑；如有颓塌的城垣和毁坏的桥梁，应及时修复；如有适于种植树木的高原、堤下，应及时种植。

一养济院，近来竟成弊薮^①。茕独^②不沾实惠，皆繇^③吏胥添捏诡名混冒。须是州县官，据其陈告者，审实，给以面貌木牌。仍不时查核，分别革留。凡男妇犯重罪，或游荡倾家，及有子孙婿侄可养者，不得混收。

【注释】①薮（sǒu）：人或物聚集的地方。②茕（qióng）独：没有兄弟，忧愁孤独的人。③繇（yóu）：古同"由"，从，自。

【译文】救济院。近来救济工作竟然成了弊端的渊薮，孤寡者得不到实惠，而都由奸猾小吏妄自增加、胡编假名混充冒领。州县长官应当依据揭发予以审查并核实，发给画有面貌特征的木牌，并经常查核，分别处理。凡是犯有重大罪行的男子和妇女，或是游手好闲致倾家荡产的人，以及有子孙女婿、侄甥可予赡养的老人，都不得胡乱收养。

一州县极贫待毙之民，大约可计。每岁动支预备仓谷，城中四门，择寺观宽绰者，设厂煮粥。每人米五合，即可苟延残喘。自十月十五日起，正月十五日止。孤老有粮，不许混冒，约费米百余石耳。设诚行之，利济不少。所当委任得人，稽查出纳，无成虚文。

【译文】州县之中，极度贫困即将饿死的民众，大致可以统计。应每年启用预备粮仓的粮食，在城邑的四方城门以及场地开阔的寺庙或道观，设厂煮粥。每人获五合米食，即可获得一时生存。从每年的十月十五日起到次年的正月十五日止，凡是孤寡老人，都有救济粮食，不许随便冒领，只需一百多石米就够了。假如真能够切实施行，就会使许多人获得救济。关键在于用人得当，检查出纳，才不致成为虚饰。

一钱粮一县大事。秋冬之交，必先算定分派由帖，使小民先知办纳之数。征粮则总立一簿，算定人户额田数，田粮数，均徭里甲条鞭数，分为十限，每月限完几分。比较只用此簿，不得别立第二簿。完欠俱用实写，不得用浮签。民间依限完者，即不听比。过限不完，方拘其尤者比责。须是分数明白。如欠一两而从未完者，即从重究。欠十两而完过七八分，存剩二三两者，即从宽处。毋得但论银数多寡，而不分全欠零欠之殊。催征只用里甲。间于奸顽之户，行不测之威，票拿一二。无得遍差皂快①，执牌下乡，徒空鸡犬，无益茧丝。

【注释】①皂快：旧时州县衙役有皂、快、壮三班：皂班掌站堂行刑；快班又分步快、马快，原为传递公文，后掌缉捕罪犯；壮班掌看管囚徒。其成员通称差役，亦称皂快。

【译文】财政和粮食是全县的大事。每年的秋冬之交，一定要预先算好并分派妥当，让普通民众事先知道应交纳的数额。征收粮食则建立一本总簿，算好每人每户平均种田亩数、每亩交粮数以及均徭里甲条鞭数，并将它们分为十个期限，每月限定完成几个等份。互相比较只用这本总簿，不得设立另外第二本账簿。完成数和所欠数都要在簿上实际写明，不得用浮签记录。对于按照期限完成任务的民众，不予责备；过了期限还没完成，才拘传较严重者予以责备。应当分清数额比例。假如欠一两却从不完成，就应从重追究；欠十两而完成七八两，只剩二三两未完成，就应从宽处理。不能只讲绝对银钱数的多少，而不分全欠和零欠的区别。催征钱粮只用当地甲长，以暗中了解奸猾、顽固之户的情况，采取突然威慑行动，拘捕个别人。不能到处派遣捕吏拿着令牌下乡，以至于徒然吓跑鸡狗，不利于农业生产。

一无情之词，十无一实。县官贪取罪赎，辄多准词。致原被两家，同归于尽。民之穷困，此其一端。为民父母，当肫切劝化，令勿轻讼。事涉伦理，而无大故者，即为焚其状词，免其仇隙，其他苟无关系，概勿听可也。

【译文】不讲情面的讼词，十句中没有一句是真的。县官贪婪地获取罪犯的赎金，往往随便允准，以至于原告和被告两家的财力同时消耗光。民众之所以穷困，这是一个原因。做民众父母官的，应当谆谆劝和，化解怨仇，不要让民众轻易诉讼。假如事违伦理却并没有什么大的过错，应即刻烧掉状纸，以免结成怨仇。其他无关紧要的事，可以一概不予过问。

一人命状词，尤不可轻准出牌。在城告人命者，县官即至其家相验，审问四邻。诬告者重惩，情真者方准。在乡者，必令带尸到坛，带四邻到尸所，然后投状。县官即到坛中相验审问，一如在城之法。则不真者，自不敢轻告。非但官省事，民保家，以人命诈人者亦息。老稚之获全其命者多矣。

【译文】对于事关人命的状词，尤其不能轻易发出令牌。凡是城中出了人命案，县官应即刻到现场勘验，讯问四邻街坊。对于诬告者予以重惩，必须说真话才行。如果农村出了人命案，一定要命令人先把尸体带到庭院，再把四邻街坊叫到尸体所在的地方，然后投状报案，县官就到庭院里勘验审问，程序和方法完全与城中一样。这样，说谎的人自然不敢轻易告状，不但官府省事，民众安全获得保障，而且通过谋害人命陷害别人的事情也不会出现，许许多多的老幼性命获得保全。

一勾摄止差里长。非真正强盗人命巨恶，不得滥差皂快下乡，以滋诈扰。是造福小民第一义。

【译文】传讯只派里长前往。如果不是事关真正的强盗和谋害人命的首恶，不要随便派捕吏下乡，以免增加不必要的混扰。这是造福于民众最重要的一点。

一妇人非犯奸，及人命，及被公婆夫男所讼，俱不许拘。

【译文】妇女与男子通奸，如果不涉及人命以及被公婆、丈夫所诉讼，一概不许拘捕。

一轻犯罪人，勿得轻送监铺，致染瘟疫，及为牢头索诈。妇人不系大辟^①，及勘合追赃家属，虽娼妇亦勿滥禁。

【注释】①大辟（pì）：古代五刑之一，死刑。
【译文】罪轻的犯人，不得轻易送往监狱，以至于染上瘟疫，以及被牢头狱霸敲诈勒索。妇女如果与重大罪行无关，或是需配合追赃的家属，那么即使是卖淫妇女也不予随便监禁。

一吏书门皂，昵之纵之，皆县令也。众胥役分其利，一县令受其名，所宜猛省。

【译文】官府衙吏、文书、守门人及捕快的行为得到隐匿和放纵，都是由于县令的缘故。众多衙役分赃获利，而让一个县令蒙受恶名，这是县令所应猛然省悟的事情。

一善人者，一方元气，民间有孝子悌弟其上矣；次则仗义好施者；次则终身自守，不作非为者。必须访实，各书所长，匾额表其门。免其杂泛差役，以为民劝。

【译文】善良人士是一个地方的精神财富。民间的孝敬父母友爱兄弟是善行中最上的人士；其次则是崇尚义气、喜欢施舍的人士；再其次则是一辈子洁身自好、不胡作非为的人。必须调查清楚，把他们的优点各自写在匾额上，贴在他们的家门口，免除他们的各种差役，作为鼓励民众的楷模。

一恶人者，良民之蟊贼^①。蟊贼去，而良民始安。凡天罡地煞^②，打行把棍③之类。访其首恶重治，仍籍之于官，使禁其党类。一有党类诈害良民者，并其首治之。

【注释】①蟊(máo)贼：吃禾苗的两种害虫，食根曰蟊，食节曰贼。比喻危害人民或国家的人。②天罡地煞：道书中有三十六天罡，配七十二地煞。比喻恶势力。③打行：明清之际一种替人充当保镖、打手的行帮。把棍：光棍，流氓。

【译文】恶棍是善良民众的死敌、祸害。祸害除掉了，善良民众才能获得安宁。对于形形色色的地痞流氓，要从重打击首恶分子，并将其财产没收入官府，以查禁同党。如果有黑党诈害善良民众，就连同首恶分子一同处理。

一讼师教唆起灭，破民家，坏民俗。一片机械变诈①，无识者竟以为能。浸淫入于其术而不觉，不复顾天理人心为何物矣。所当访实，悉榜其名于申明亭。审出刁诬词状，追究写状之人，并拿重治。

【注释】①机械：巧诈多机心。变诈：诡辩巧诈。

【译文】帮助打官司的讼师指使案子或立或撤，破坏民众的家庭，败坏民众的习俗，完全是人为的机变和奸诈，无知的人竟认为讼师能干，逐渐陷入讼师的圈套而一无所知。这样的讼师就已不再考虑什么是天理良心了。对于这种讼师，应当调查清楚，把他们的姓名全部张贴公布在大庭广众之处，审问出奸习、不实之词，追究起草状纸的人的罪责，一并擒拿，从重惩治。

一刑杖，竹篦不得过重。务要削平棱节。不许打在一处。不许打腿湾。桚指①不得过两时。非强盗人命，不许轻用夹棍。不得过两时。敲杖不得过三十。

【注释】①椊（zā）指：旧时酷刑之一。即用椊子夹受刑人的手指。

【译文】刑讯所用棍杖、竹篦等刑具，不能用得过重。务必要削平棱边和竹节，不许打在犯人的同一身体部位上，也不许打在腿弯处。夹指不得超过两个时辰。除非案涉强盗、人命，否则不许随便使用夹棍，即使使用，也不得超过两个时辰。敲杖不得超过三十下。

一堂上须要肃清。不得容吏书皂快门役，拥立左右，致奸弊出于意外。

【译文】审讯堂上应当保持肃静，不得让衙吏、文书、捕快和守门人等在左右簇立，以至于发生想象不到的奸弊事端。

一每日所行事，须立一簿，逐件登记，完者勾之。一月内事，必于一月内了。使吏书不得延捱①索诈。上司事，亦不至沉阁取咎。

【注释】①捱（ái）：延缓。

【译文】应当设立一本登记簿，把每天所应做的事情逐项登记在簿上。做完一件就勾掉一件。当月的事情必须在当月之内完成，使衙吏、文书不得借机拖延时期、索要敲诈事主钱财，同时也不至于将上级布置的事情延缓误期，自取过错。

一私衙要关防严密。多有清谨官，为妻子僮仆亲戚所坏。交通衙役，私出官票，暗骗民财，时宜觉察。

【译文】官衙私人办公处要严密防范。有许多自己清廉而谨慎的官员，被妻儿、亲戚或身边僮仆败坏了名誉和前程。要时时察觉自己的家属或身边工作人员交结衙役，私自开出官票，暗中骗取民众钱财等腐败现象。

一县官乡里亲戚，不得容留在寺院，说事得财，以速官谤①。

【注释】①官谤：因居官不称职而受到的责难和非议。

【译文】县官的同乡、亲戚，不得被允许在寺院长期留住，以免他们靠游说、干预公事而获取不义之财，因居官不称职而受到的责难和非议。

一本县每日供给，须照时价给现银，与市民两平易买。不得倚官减值，亏短赊欠。不得纵容买办人，索取铺行钱物。佐贰衙，一并禁戢①。

【注释】①禁戢（jí）：禁止，杜绝。

【译文】县府日常生活物资供给，应当按照当时价格付给现钱，与市民平等交易、买卖。不得倚仗官势减低价格或亏短、赊欠；更不得纵容采购人员索取铺行钱物。对于副手们有上述违法违纪现象的，要一并查禁。

一各役工食，按季放给，不得预放扣减。

【译文】对于各类杂役的工钱和粮食，要按季度定期发放，不得提前发放或扣减。

一生辰令节，不得受礼物，以长奔竞。

【译文】遇到生日或各种节日，不得收受礼物，以免助长攀比送礼的不正之风。

一不得称贷富室，及至富室监生家饮宴。

【译文】不得向富有人家借贷或到富有的国子监学生家里赴宴。

一上司铺陈，往往借用当铺。江南则派粮，长借办，极为扰害。须本县节省公用置办。着库吏收领封贮，入查盘事件内。无令移用，以致缺少。

【译文】以前官府举办筵席，往往向承办的饭店借用餐具。江南则往往派粮长向各家借办，极为扰民。应当由县府节省开支，公费置办，责成仓库管理人员收领封贮，逐件清点餐具数量，归入相应门类，不得移作他用，以致缺少。

一保甲所以弭盗安民。今本县开报保长时，既餍饱①吏胥。而棍徒充当保长，又诈害良民无已。竟使善法，皆成厉政，徒滋扰害而已。既不可惩噎而废食，岂可不循名而责实？要在贤者着实举行，周密防备。天下多事之时，此实为未雨绸缪之计，不可忽也。

【注释】①餍（yàn）饱：吃饱。
【译文】保甲制度的作用是消除盗贼隐患、保障民众安宁。现在本县报批保长时，一方面衙吏中饱私囊，由地痞恶棍充任保长，另一方面又无休止地欺诈扰害善良民众，竟然使好的法律都变成了恶毒的政治，徒然增长扰害而已。既然不能因为惩治恶势力而放弃保甲制度，那么又怎可不要求"名"与"实"相符合呢？关键在于举荐、任用有才有德的人，并加以周密的防范和戒备。天下动乱多事的时候，这实在是提前准备、防患于未然的办法，不可忽视。

一盗贼地方大害，必有窝家，必与捕快交通。平日当密访窝家，及通盗捕快，置之于法。一有生发，即行严捕，必擒获而后已。此等风采彰闻，自然盗贼屏息。乃不肖有司，护盗如子。既欲邀盗息民安之誉，又避上司地方多盗之责。往往深怒失主呈告，反责捕快诈诬。其甚者，与盗相通，纳其货贿。致盗贼以此县便于行劫，纵横无忌。失主不敢告，捕快不敢擒。酿成大乱，恒必由之。所当痛以为戒！

【译文】地方上对社会构成重大危害的盗贼，必定有窝藏的据点，必定与官府捕快有所交往。平时应当暗中侦察盗贼的窝藏据点，以及与盗贼相勾结的捕快，把他们纳入执法视线。一旦发生案情，就立即予以严密搜捕，一定要将他们擒拿归案。这样影响扩大以后，盗贼自然隐藏、老实起来。至于有的腐败官员，像袒护孩子一样袒护盗贼，既想获得盗贼止息、民众安宁的美誉，又想避免被上级责怪地方多盗贼，往往非常痛恨事主报案，或者反过来责备捕快报告不实，甚至与盗贼相勾结，收受盗贼的贿赂钱财，以至于盗贼认为该县便于抢劫作案而肆无忌惮，横行霸道。终致事主不敢报案，捕快不敢擒拿，酿成巨大祸乱。长此以往，放纵不治，这是应当深深引以为戒的。

一强窃盗到官，县官即刻自审。勿轻用刑，只严急起赃，赃真然后具招。勿轻信扳诬^①，而容捕快先拷。勿先发佐贰审问。

【注释】①扳（pān）诬：连累诬陷。

【译文】重大盗窃案犯捕到官府后，县官应立即亲自审讯，不要轻易刑讯逼供，只要抓紧起出赃物。赃物确凿，然后案犯自然一一招供。不要轻信案犯的虚假检举，只让捕快先行拷问确凿，而不要先派副手审问。

一赌博为盗贼之源，必须严禁。民间开场赌博者，责令两邻首告不首者同罪。

【译文】赌博是产生盗贼的源头，必须予以严厉查禁。民间如有人开设赌博场所，应责令其左右邻居揭发检举，知情不报者与犯案者同罪。

一娼家为盗贼之薮，不许容留城内居住。有居住者，两邻不首同罪。

【译文】妓院是盗贼的聚集点，不许在城内容留居住。如果在城内居住，左右邻居知情不报者与该娼妓同罪。

一州县官表率一方，宜先节俭，以挽侈靡之俗。即宴会名刺^①，不可以为小事，漫从流俗。当照宪规，刊刻小约，与本地缙绅，彼此遵行。节财用于易忽，移风俗于不觉矣。

【注释】①名刺：名帖；名片。

【译文】州县长官是地方的表率，应当首先提倡节俭，以改变侈靡浪费的社会风气。即使是赴宴、拜访，也不可视为小事而随便迎合世俗。应当按照规章制度，刊印约法小册子，与本地绅士共同遵守、执行，在容易被忽略的方面节省财用，这样就在不知不觉当中改变社会风俗了。

一民间淹杀子女，最伤天地之和。有犯者重治。四邻不首者同罪。

【译文】民间有淹死婴儿子女的陋习，这是最伤天地和气的事。如有犯者，应从重惩治，周围邻居不检举的与犯者同罪。

傅元鼎《巡方三则》

（公名梅，直隶邢台人，万历举人，官刑部主事，卒赠太常卿。）

宏谋按：为大吏者，以一人之耳目，而察数十百人之贤否。地远势隔，视听难周。于是有托密访于私人，采虚声于道路。而狙诈百出，传闻异词。若即为定论，所谓一指当前，不见泰山者也。傅公巡方三则，因其事之所必有，揆其理于不可易。不事揣测钩距，而光明正大，自无遁情。其察吏之金鉴哉。为属吏者，更可知所以实致其力，而不必为涂饰耳目之观矣。

【译文】宏谋按：做大官的人，仅靠一个人的视听来考察好几十甚至上百人是否有才德，然而因地域和领域远隔，视听自然难以周全。于是就产生了暗中向个人了解情况、听信道听途说的现象。正所谓一个手指挡住视线，连泰山都不能见到这句俗语所说的那样。傅公这篇《巡方三则》，根据事物之间所存在的必然联系，总结无法更改的事理，依靠光明正大而不是主观揣测、推断，任何情况无所隐遁，这真是考察官吏的宝贵的对照标准啊！作为下级官吏，更应明白怎样真正致力于管理实绩，而不必只做涂抹、装点门面的表面文章了。

一曰因文。属吏有谒见，必有谈吐。有文移，必有论议。就中细细察之。有据理据势，明白直截者；有不吞不吐，骑墙两顾者；有一问即对，条畅无隐者；有再问不答，沉吟含糊者；有实见得是，虽违众而必争者；有中实无主，一经驳而遂靡者。此中察吏，可得十之五六。以言察吏，大概不出此几种，第言有诚伪，事有是非，又当有辨，故云止得五六。

【译文】 一种是从外观考察。下级官吏有所谒见，必定有谈吐，有公文必定有议论。从中细细考察，有的是依据事理和现状，说得明白而直截了当；有的是吞吞吐吐，风吹两边倒；有的是一问就答，条理清楚，毫无隐瞒；有的是屡问不答，沉默含糊；有的是想到什么说什么，即使得罪众人也要据理力争；有的是心里实际上没有主见，一经驳斥就缩了回去。根据这些来考察官吏，大致可以有十分之五六的把握。

一曰因人。巡方时，经过阡陌，间一省视。遇佳山水，暂一登临。不拘耕牧樵渔，霁色^①与言。问年成，则可次及于催科。问道里，则可次及于勾摄。问保甲，则可次及于佐领。问乡约，则可次及于官师。未有大贤而百姓不极口者。未有大不肖而百姓不攒眉者。此中察吏，可得十之七八。事本相因，故得十之七八。

【注释】 ①霁（jì）色：晴朗的天色，此处指温和的脸色。

【译文】 另一种是从别人那里了解情况来考察。到地方巡察时，经过田间小路，稍作观察；遇到环境优美的山山水水，稍作登临。不管是见到耕农还是牧民还是樵夫或是渔民，都和颜悦色地与他们聊天。问及一年收成，就可顺便问及催征与课税；问及乡里，就可顺便问及司法；问及保甲，就可顺便问及主管治安官吏的情况；问及乡里约法，就可顺便问及主管风化教育官吏的情况。百姓不会对特别有才德的官吏不交口称赞,也不会对特别没有才德的官吏不皱起眉头的。以此考察官吏,大致可以有十分之七八的把握。

一曰因事。当揽辔入境,略一浏览。桥梁道路,亦王政所关。置邮见其精神,城池见其保障,学宫见其文教,器械见其武备,仓库见其综理,养济见其慈惠。实做者,自与虚应者有间;浑坚者,自与妆点者殊科。见任去任,悉无遁情。此中察吏,百不失一也。种种皆有实迹,不可假借故百不失一也。

【译文】还有一种是根据工作实绩来考察。当巡察官员手揽马缰进入县境的时候,可稍作大面上的浏览。桥梁、道路,也是官方政治的重要体现。邮政反映了县府的精神面貌,城池反映了县府的保卫工作,学校教室反映了县府的文化教育工作,兵器兵械反映了县府的武装战备工作,仓库反映了县府的物资储备管理工作,养老救济院反映了县府的慈善民政工作。真抓实干的与虚假应付的有所区别,工作扎实的与粉饰点缀的也有所不同。无论是担任现职的官吏还是已经离职的官吏,都无法隐瞒任何情况。根据以上情况来考察官吏,百无一失。

袁了凡《当官功过格》

（先生名黄，字坤仪，浙江人。万历进士，官至大参。）

宏谋按：居官者，论法则为赏罚，论理则有是非。功过者，即所行之是非也。了凡先生功过格，举官司应兴应革之事，条分缕析。即其得失之轻重，以定功过之多寡。于此见居官者每日之内，一举一动，非功即过。见过易，见功亦易。返观内考，盖无刻不在功过之中，可不惧而知所勉乎？古人每晚，必将一日所行之事，焚香告天，其即此意也夫。

【译文】宏谋按：当官的人，从法上说有被赏罚的，从理上说有是非功过的，那就是因为他们的行为有对错。了凡先生的《功过格》，举出应提倡和应革除的事，条分缕析，按照它们得失的轻重，来定其功过的多少。由此见出当官的人每天之内，一举一动，不是功就是错。发现错误容易，发现功绩也容易。从内部进行观察考验，基本上无时不在功错之中，怎能不畏惧而知道应该努力去做的事呢？古人每天晚上，必定将一天当中所做的事，焚香告诉上天，大概就是这个意思吧！

功格

吏

能为地方兴利除害，使百姓永受实惠，算千功。

【译文】能为地方创造利益，除去弊病，使老百姓永远受到实在的好处，算一千功。

劝戒同僚行善止恶，以事之大小算功。劝戒上司倍算。

【译文】劝告当官的同事做好事，不做坏事，按事情的大小计算功绩。劝告上司的加倍计算。

劾去府州县贪酷正官一员，算千功。佐贰减半论。

【译文】弹劾掉一名府、州、县贪污、狠毒的正职官员，算一千功。副职则按一半计算。

下僚非得罪地方，不轻革逐，一人算十功。

【译文】下级如果不得罪地方百姓，不轻易免职驱逐，一个人算十功。

遇大寒大暑大风大雨，钱粮停比，词讼停审，一次算十功。

【译文】碰上大寒大暑大风大雨，钱和粮食停止发放，案件停止审理，一次算十功。

能禁戚势宦豪奴，不使播恶。算百功。

【译文】能够禁止有权势官僚家的奴仆，不让他们到处作恶，算一百功。

能摘发奸恶神棍，置之于法，不使骗诈愚民，算十功。

【译文】能够揭露奸诈凶恶的无赖，绳之以法，不让他们欺骗老实的百姓，算十功。

偶有错误，片念拨转，不吝改过，并不喜奉承迎合之言，算十功。

【译文】偶然有错误，一闪念之间就转变过来，不吝于改正错误，并且不喜欢奉承迎合的话，算十功。

严禁佐贰，不得擅受民词，算十功。

【译文】严禁副职，命令他们不得擅自处理百姓的纠纷，算十功。

远来人役，早发回文，一事算一功。

【译文】对从远地来的差人，尽早发放回复的批文，一件事算一功。

凡解人之怒，释人之疑，济人之急，拯人之危，皆随事之大小，人之善恶算功。

【译文】凡是化解人们的愤怒，清除人们的疑虑，帮助人们的困难，拯救人们的危险，都根据事情的大小、人们的好坏算功。

户

催征有法，劝谕乐输，不烦敲扑，而钱粮毕办，算千功。

【译文】催促收租得法，劝说百姓乐于交粮，不依靠强迫逼收，而钱与粮食全部办完，算一千功。

审编里役，差遣均平，使合县受福，算千功。

【译文】审核村巷的差役，调度安排均衡合理，使整个县得到恩惠，算一千功。

清核地亩钱粮，井井有条，使里胥保歇，不得欺隐包侵，致累小民，算千功。

【译文】清查审核田地和钱粮，井井有条，使村巷的差吏不可能欺骗隐瞒，侵吞公物，致使百姓受到损失，算一千功。

遇大灾大荒，能早勘早申，力请蠲赈^①，设法救活多命，算千功。

【注释】①蠲（juān）赈：亦作"蠲振"。免除租税，救济饥贫。

【译文】碰到大的灾荒，能够尽早勘查，尽早上报，尽力请求免除赋税和获得救济，设法救活更多人的性命，算一千功。

设法敛解，缓急有序，革除陋规积弊，不苦粮里，不累赍^①解员役，算十功。

【注释】①累赍（jī）：累及。赍：同"及"。

【译文】设置征敛的办法，分诸缓急，井然有序，废除不合理的规矩和长期形成的弊病，不使产粮的地区受苦，不使办差的人受牵连，算十功。

较准大小法马^①，严加稽查，使胥吏不得出轻入重，算千功。

【注释】①法马：天平上作为重量标准的物体。今多作"砝码"。

【译文】将大小砝码较核准确，严格地加以检查，使官吏不可能卖出用轻砝码，收进用重砝码，算一千功。

给发役从工食，养济口粮如期，并禁吏胥克减，一次算十功。

【译文】发放劳作人员的食品，给养口粮如期供给，并且禁止官吏克扣，一次算十功。

荒年煮粥，赈济孤独，及收养遗弃小儿，一人算一功。劝其亲戚，责以大义，令各收养者，倍算。

【译文】灾荒之年熬粥，救济无父母无子女的人，或收养被遗弃的小孩，一人算一功。劝小孩的亲戚，给他灌输大的道理，让他们各自收养被遗弃的小孩，加倍算功。

用物照价平买，不倚官势亏民，一日算一功。

【译文】使用东西按价格公平购买，不倚仗权势，使百姓吃亏，一天算一功。

礼

阐明正教，维持正法，使圣贤遗旨，灿然复明于世，功德无量。

【译文】阐述清楚正统的教义，维护保持正常的法规，使圣贤们传下来的思想，在社会上得到光大发扬，功绩无量。

凡事惜福，躬行节俭，使风俗返醇，算千功。

【译文】凡是做事，珍惜已有的福分，在自己的行为中做到节约俭朴，使社会风俗重新变得淳朴，算一千功。

祈祷能谨，斋戒祭祀，如对神明，竭诚有应，免水旱瘟疫之灾，算千功。

【译文】能够谨慎地进行祈祷，斋戒祭祀都如同真的面对神灵，诚心诚意，获得感应，从而免除水旱瘟疫的灾难，算一千功。

表章先贤，旌举忠孝，一事算百功。

【译文】表彰故去的贤人，宣传忠孝之人，一事算一百功。

亲讲乡约，惩劝有方，诲诱顽民，平其忿心，改恶从善，各因人受益之大小而定功。

【译文】亲自宣传乡里的法规，惩罚人和鼓励人有好的方法，教诲劝导顽固的百姓，平息他们怨恨的内心，使他们改恶从善，各按照他们受到益处的大小来确定功劳。

考较公明，不阻抑孤寒，一名算一功。

【译文】考核权衡公正廉明，不阻挠压制无权无势的人，一人算一功。

开报生员优劣，采访的确，使人知劝惩，士风丕变，算千功。

【译文】向上汇报考生的优劣，调查了解准确无误，使人人知道该怎么做，士风得到大大的改善，算一千功。

故旧经过地方,厚待加礼,一人算十功。若患难死丧而加抚恤者,倍算。

【译文】以前的老朋友经过自己的地方,很优厚地加以招待,一人算十功。如果是患难之交去世,加以抚恤,加倍算功。

禁止恶俗,如淹女,火葬,宰牛,杀牲,酒肆台戏等类,一日算十功。

【译文】禁止丑恶的风俗,如淹死女孩,烧毁死人,宰杀牛,杀牲口,酒店戏台一类,一天算十功。

接文士下僚,有礼无慢,一日算一功。

【译文】与文人和下级交往,有礼貌,不傲慢,一天算一功。

同僚下司,身故失位而家贫者,助一两,算一功。劝人共助者同算。

【译文】同事或下级,因去世失去地位而家庭贫寒者,帮助一两,算一功。劝别人共同帮助的,也一同计算。

瘟疫疟痢盛行,开局医疗,一人算一功。垂死而得生者算十功。

【译文】疟疾、痢疾等瘟疫盛行,开设医院医治,一人算一功。救活快死的病人,一人算十功。

葬死人及枯骨，一人算十功。

【译文】埋葬死人和枯骨，一人算十功。

兵

力行保甲，亲编亲审，不致扰民，而邪教奸宄^①自息，算千功。

【注释】①奸宄（guǐ）：违法作乱的事情。
【译文】努力实际保甲制度，亲自安排，亲自审查，不使他们搅扰百姓，而邪恶的宗教与奸诈之徒自然消亡，算一千功。

遇兵盗窃发，能豫为防范，力加捍御，免百姓被难，算十功。

【译文】碰上当兵的和强盗偷盗财物，能事先加以防范，尽力加以抵抗，使老百姓免除蒙受灾难，算十功。

盗贼拿到即审，务得真情真赃，不许捕役私拷，不委衙官混供，不许扳累无辜，不专靠拶^①夹招承，无枉无纵，一次算十功。

【注释】①拶：一种酷刑，使用木棍或类似物体夹犯人的手指或脚趾，通常在木棍中穿洞并用线连之，将受刑人的手、足放入棍中间，在两边用力收紧绳子。
【译文】盗贼被捕获，立即加以审理，务求获得真实情况和真实的赃物，不允许私刑拷打，不派官吏诱供，不许牵连无罪的人，不专靠酷刑使其招供认罪，不冤枉好人，也不放过坏人，一次算十功。

严戢捕役牢囚，飞诈良善，算十功。

【译文】严格地禁止管理囚犯的人讹诈善良的人，算十功。

刑

凡听讼能伸冤理枉，按事之大小算功。

【译文】凡是审理诉讼能够为冤枉的人伸冤，按照事情的大小算功。

斗殴人命，或故或误，为首为从，俱细细分别，立时亲检定罪，不致游移出入，干连无辜，算千功。

【译文】打架出了人命，或者是故意的，或者是误杀的，有为首的，有跟着干的，都仔细区分，当时就亲自查验，加以定罪，不使他们改变口径，牵连无罪的人，算一千功。

冤枉重辟，案成囚狱，能详覆审豁者，免大辟一人，当百功。永戍一人，五十功，满徒一人，二十功，三年徒，十五功，二年者，十功。一年者，算五功。满杖一人，算三功。九十以下，算二功。

【译文】被冤枉而定案的死囚犯，能够详细地加以复查清楚，免除一人死刑的，相当于一百功。免除一人永远守边的，算五十功。免除

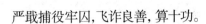

225

十年囚禁的，算二十功。免除三年刑期的，算五十功。免除两年刑期的，算十功。免除一年的，算五功。免除一人被打一百杖的，算三功。免除一人被打九十杖以下的，算二功。

责人须明告其罪，使之知改，凡刑人而当，使受者愧服，见者惩诫，算十功。

【译文】惩罚人必须明确地告知他的罪是什么，使他知道改正，凡是惩罚人得当，使当事人惭愧而服罪，看见的人从中受到教育的，算十功。

重治不孝，重治叛奴，及赌博者，一人算十功。

【译文】重重地惩治不孝顺的人，重重地惩治叛变的奴仆和赌博的人，一人算十功。

惩治讼师扛证，不得刁唆构衅，废荡人家，一人算十功。

【译文】惩罚治理帮打官司的人做假证，使他们不可能挑唆是非，构成仇恨，使人的家庭被毁，一人算十功。

用刑有条，如老幼醉酒不打，妇女非犯奸不打，尊长告卑幼，百姓告衙役，虽失实弗打，已拶弗夹，要枷弗打，一人算十功。

【译文】使用刑罚有条规，比如老年人、小孩、喝醉酒的人不打，妇女不犯男女错误的不打，地位高的年纪大的人控告地位低的年纪小的、老百姓控告官吏，即使与事实不合，不打。已经用了拶指之刑把手指捆起来了，就不要再夹紧；已经用枷锁拷上了，就不要再打，一人算十功。

供招出入，自为简点，不容吏胥上下其手^①，算十功。

【注释】①上下其手：表示玩弄手法，颠倒是非的意思。
【译文】犯人的供词有出入，应当自己加以检查，不能让小官吏在里面做手脚，算十功。

词状少准，妇人非关节要，即为抹去，人犯一到即审，不令守候，一事算一功。

【译文】判案的文辞要基本准确，女人如果不是牵涉到重要的问题，就删去，犯人一到，立刻审理，不让他等候，一事算一功。

词讼据理直断，不嗔越诉，不偏护原告，不徇嘱托，耐烦受言，使两造得尽其情，及到别衙门，随其转辨，不以成心怒翻案，一事算五功。

【译文】对官司要根据道理公正地断案，不呵斥越级上告的，不偏护原告，不因别人打了招呼就徇私情，对别人的申诉要耐心，使原告与被告都能表达清楚情况，等到了别的衙门，如果他们改变了辩词，也不要认为他们是在翻案而生气，一事算五功。

重惩诬告以息刁讼，一事算一功。

【译文】重重地惩罚诬告的人，来平息那些无理的官司，一事算一功。

审无重情，免供逐出，准息，量罚纸谷，如有力稍力无力，听犯自认，不以赎锾①媚上司，一事算十功。

【注释】①赎锾(huán)：赎罪的银钱。

【译文】审查没有重大案情，不必驱逐出去，准予休息，根据情况罚谷子，有能力、稍有能力、没有能力的，任凭犯人自己说，不用赎买来讨好上司，一事算十功。

无力犯人，当时释放，纳赎徒罪，亦准召保，使免监禁之罪，一人算五功。

【译文】没有能力的犯人，当时就释放，用钱来抵罪，也准许保人保释，使他免于坐牢，一人算五功。

追赃有法，禁扳害亲友，以保无辜，依赃之多寡算功，能为开豁者，五两算一功。出己财代完者，倍算。

【译文】追讨赃物有办法，禁止危害亲友，以保护没有罪的人，根据赃物的多少计算功绩。能够追回五两的算一功，拿出自己的财物代替的，加倍算功。

严禁佐贰，不得擅羁人犯，算五功。

【译文】严禁副手，不能让他们擅自羁押犯人，算五功。

严禁狱卒牢头，勿肆凌虐，使囚得安宁，一人算一功。牢瘟传染，命狱官狱卒，扫除积秽，多燃苍术，夏贮凉水，冬天给草荐姜汤，使囚得方便，一人算十功。

【译文】严禁监狱的看守和犯人的头目，不让他们肆意逞凶，使囚犯得以安宁，一人算一功。监牢里瘟疫传染，命令监狱的官吏和看守清扫长年的脏物，多多地点燃苍术，夏天贮存凉水，冬天供给草垫子和姜汤，使囚犯得到方便，一人算十功。

重犯无家属者，照例申请囚米，一人算一功。例有不合，自为设处者，倍算。

【译文】重刑犯而没有家属的，按照常例申请囚犯的粮食，一人算一功。按常例有不符合的，自己想办法加以解决的加倍计算。

工

开渠筑堤，疏通水利，视事之大小算功。

【译文】开凿渠道，修建堤坝，疏通水利，根据工程的大小计算功绩。

役使地方及衙门人，概从宽厚，一人算一功。

【译文】使用地方上和衙门里的人员，一概宽厚待人，一人算一功。

修葺学宫官堂，及乡贤名宦祠，正神祠庙，仓房狱舍，桥梁，道路，费十两，算一功。劝人乐助者，同算。

【译文】修理学校、官堂，以及乡里贤良的官宦的祠堂，修好神的庙宇、仓库、监狱的房屋、桥梁、道路，花十两，算一功。劝别人乐于来帮助的，同样算功。

当官善事，未易枚举，即此以例其余。扩而充之，在人各尽心力。

【译文】做官的人做好事，不容易一一列举，就根据这些来参考其他的，推广扩充这些好事，还在于人人各自尽自己的心意。

过格

吏

地方利病，绝不留心，置民生疾苦于度外，其过无涯。地方利病，明知应兴应厘，不肯出身担任，一味推卸，图便己私，罔知民隐，图便目前，罔计永远，算千过。

【译文】地方利病绝不留心，置民生疾苦于度外，其过无涯。对于地方上的利弊，明明知道哪些该提倡，哪些该改正，却不愿意出面来担当；一味推卸责任，只图谋取自己私人的利益，不知道老百姓的隐情，只图眼前的方便，不考虑长远，算一千过。

风土异宜，时势异窾^①，不虚心参酌，强不知而为知，见一偏而不见全局，妄作妄为，使百姓受累，算千过。

【注释】①窾（kuǎn）：法则，规矩。

【译文】风土不同，时势不同，不虚心地加以比较斟酌，把不知道的非要说成知道，看见片面的一面而看不见全面，胡作非为，使老百姓遭受拖累，算一千错。

日逐所行事件，不畏天人，惟凭吏胥，更将上司行移，或分付言语，不即用心祗^①奉力行，使民隐弗申，上泽不究，算千过。

【注释】①祗（zhī）：敬，恭敬。

【译文】每天所做的那些事情，不畏惧天，不畏惧人，只依靠官吏，而且还将上司的指示不用心去加以执行，使百姓的隐情得不到申诉，上司的恩泽得不到落实，算一千过。

开报贤否失当，随官之大小，人之善恶。算过。

【译文】向上汇报某人的贤能与否不恰当，根据官位的大小，此人的好坏，计算错误。

保约奉行不善，轻委衙官，及致骚扰，算百过。

【译文】乡保的行为不好,轻易地委任衙门的官吏,以至于百姓受到骚扰,算一百错。

听信左右,指拨害人,逢迎势要,冤抑平民,受人嘱托,枉害善良,使百姓含怨,算百过。

【译文】听信了左右的话,揭发和害人,对有权势的要人逢迎拍马,使老百姓受到冤屈,受人的嘱托,枉害善良的人,使百姓饱含怨愤,算一百错。

事不即决,淹禁停滞,使讼中生讼,破人身家,一事算十过。

【译文】事情不立即处理,拖延时间,使官司中又生出官司,损害别人的身家性命,一事算十错。

听审人犯已齐,因慵懒饮宴,轻为更期,累众候费烦苦者,一事算十过。

【译文】审理犯人已经完毕,因为懒惰和吃喝,轻率地改变日期,使得众人浪费时间,烦躁苦恼的,一事算十错。

偏护衙役,姑纵奸徒,设局诈骗,阱人身家,算十过。

【译文】偏袒衙门里的办事人员,姑息放纵奸诈之人,设下圈套诈骗,陷害别人的身家性命,算十错。

上司怒人，明知其枉，不敢辨救，一事算十过。

【译文】上司对某人发火，明明知道此人是冤枉的，而不敢去辨白救助，一事算十错。

事关前任，及别衙门事，明知其枉，而泥成案，徇体面，不与开招者，一事算三十过。

【译文】事情与前任有关系，或牵涉到别的衙门，明明知道是冤枉的，却拘泥于已经形成的定案，碍于情面，不去为其开脱的人，一事算三十错。

毁人扬己，市恩①避怨，不顾前官职司，不顾后官难继，算十过。

【注释】①市恩：谓以私惠取悦于人。犹言买好，讨好。
【译文】诋毁别人，抬高自己，赚取别人对自己的感恩，躲避别人可能会有的怨恨，不顾前任所作的业绩，不顾后任难以为继，算十错。

沽不准词状之名，使含冤者无处陈诉，一事算五过。必要贿嘱方准，一事算十过。

【译文】为了获得不准状告的名声，使含有冤屈的人没有地方去陈述，一事算五错。一定要行贿或请求才准允，一事算十过。

门禁不严, 致家人通同衙役作弊, 一日算十过。

【译文】门口的警卫不严, 使得家人与衙门的人员勾结作弊, 一天算十错。

出入行牌不信, 使官役守候劳苦, 供应耗费者, 一次算十过。

【译文】出入的通知不真实可靠, 使官吏等候的太辛苦, 供应也耗费的, 一次算十过。

户

催征无法, 任吏书欺隐, 保歇包侵, 不能清楚, 乱拿乱责, 追呼愈急, 完欠愈淆, 使合县不宁, 算千过。

【译文】催逼征收赋税没有法度, 任凭官吏欺骗隐瞒, 保甲侵吞, 不能弄清楚, 乱拿乱收, 追逼越急, 欠缺的越多, 使整个县不得安宁, 算一千错。

擅自加派增粮, 使小民永受赔累, 算千过。

【译文】擅自增加摊派的粮食, 使老百姓长期遭受牵累, 算一千错。

点役不公, 任吏胥作弊, 使合县受累, 算千过。

【译文】派劳役不公平，任凭小官吏作弊，使整个县受到拖累，算一千错。

遇灾荒弗早申请，使民心不安，上泽不究，算千过。

【译文】碰上灾荒不早申请，使老百姓的心中感到不安，上头的恩泽没有结果，算一千错。

劝地方好义，救荒积谷练兵等事，不虚公详恕，偏听率性，苛派不堪，算百过。

【译文】劝说地方上的人好道义、救灾荒、积粮食、练兵军事，不谦虚公正，周详宽恕，而听一面之词，任着性子，摊派苛刻，不能忍受，算一百错。

遇患不救，遇赈而吝，力可以济人而不肯尽，算百过。

【译文】碰上难处不去救助，碰上救济的事而十分小气，能力可以帮助人，却不肯尽力，算一百错。

轻用民力，随众多寡算过。

【译文】轻率地使用百姓之力，根据使用人数的多少计算错误。

礼

祭祀不敬谨，水旱不祈祷，及祈祷不尽诚，惟以虚文塞责，算百过。

【译文】祭祀不恭敬谨慎，水灾旱灾不祈祷，或者祈祷不竭尽忠诚，只用虚浮的文辞敷衍，算一百错。

好为奢侈，伤财害民，阴坏风俗，算千过。

【译文】好做奢侈的事，伤财害民，不知不觉地败坏了风俗，算一千错。

考较不公，使孤寒不得上进，一名算百过。

【译文】考核评比不公正，使孤独贫寒的人不能够争取到高一层的位置，一名算一百错。

开报生员优劣不确，使劝惩无力，士习日靡，算千过。

【译文】上报考生优劣的情况不准确，使鼓励与惩罚都软弱无力，士风一天天颓靡，算一千错。

纵容左道惑众，及聚众赛会，不行严禁者，算百过。

【译文】纵容邪道旁门迷惑百姓，又聚集大众赌博，不加以严厉禁止的，算一百错。

不禁溺女恶俗，赌博为非，及屠宰耕牛者，算百过。

【译文】不禁止淹死女孩的丑恶习俗，用赌博来做非法的事，以及宰杀耕牛的，算一百错。

好长夜饮酒，登山玩水，耗费人财，累地方下役守候，一次算十过。

【译文】喜欢整夜喝酒，游山玩水，浪费百姓的钱财，使得地方的下层小官等候，一次算十错。

待人不诚，责人不恕，接下僚而亵慢爽仪，遇知己而含疑不尽，算十过。

【译文】待人不诚恳，要求人不宽恕，与下级交往而傲慢违背仪礼，碰到知己却心怀疑惑而不坦诚，算十错。

拘泥旧闻，沉迷积习，见阐明正学者，反加非笑谤，阻人好修之念，自障入道之门，其过无量。

【译文】拘泥于以前的传说，沉迷在长期形成的习俗中，看到阐明正直有学问的人，反而加以讥笑诽谤，阻挠别人爱好修养的念头，自己挡住了进入道义的门，这样的错误没有限量。

兵

纵奸捕唆盗扳，牢囚通同烧诈，良善平民，鸡犬不宁，算千过。

【译文】放纵奸诈的人以及偷盗的行为，犯人与看守勾结，致使善良的百姓过得鸡犬不宁，算一千错。

获盗不即亲审，得其真情真赃，致黠盗漏网，扳累良民，算百过。

【译文】抓到窃贼不立即亲自审问，获得真实的情况和真实的赃物，致使狡猾的窃贼漏网，连累了良民，算一百错。

盗有或初误犯，或迫饥寒，不原情警豁，使人无自新之路者，算十过。

【译文】窃贼有的是初次犯法，或者是被饥寒所逼，不探究他的情况，警告并宽大他，使他没有了重新做人的机会，算十错。

刑

人命不即检验伤证定案，致招情出入，拖累多人，算千过。

【译文】出了人命不立即检查取证定案，使得交待的情况有出入，拖累了许多人，算一千错。

问罪成招，本有生路，不开一线，只图上司不驳，一事算十过。

【译文】追究罪责，犯人招供，本来是有生路的，却不网开一面，只图上司不反驳，一事算十错。

服毒，投水，悬梁，图赖人命，审无威逼，辄断葬埋，以长轻生之习，一事算百过。审非真命，而轻易发检，使死者不得完尸，生者多般受累，一事算百过。

【译文】服毒药、跳水、上吊、冤枉人的性命，审查时不加以严厉逼迫，就定案，葬送人命，助长了轻视生命的习俗，一事算一百错。审理不是真实可信，又轻易地打开棺材检验，使死了的人不能有一个完整的尸体，活着的人遭受许多的牵累，一事算一百错。

情罪未核，杖死一人，算百过。

【译文】犯法的情况还没有加以核实，就打死一人，算一百错。

醉怒重杖责人，算二过。无罪误责，算十过。

【译文】喝醉了酒发怒，用棍子重打人，算二错。没有罪而错打了人，算十错。

借地方公事为名，滥罚者，一两算一过。

239

【译文】借口办地方上的公事而滥罚款的，罚一两算一错。

多问罪赎，以肥私囊，以媚上司，一事算千过。

【译文】多多地追究罪责，以罚款来填肥自己的腰包，来讨好上司，一事算千错。

受人嘱托，故纵应罪者一人，算一过。纵真命一人，算百过。纵大盗，及豪强奸蠹一人，算百过。若受贿故纵，倍算。

【译文】受了别人的请求，故意放掉一个应该判罪的人，算一错。放掉一个有人命的人，算一百错。放掉一个大的盗贼和奸诈强盗，算一百错。如果是接受了贿赂故意放掉，加倍算错。

用刑不当，以多寡算过，罪不至死而杖毙者，一命算百过。

【译文】用刑不当，根据过失多少计算。罪不至死而被杖死，一条命算百次过失。

纵行杖人打下腿湾，需索诈害，一日算十过。

【译文】纵容行刑者打受刑者的下腿弯，向人犯索要贿赂，一日算十次过错。

无过淹禁平民者，一日算十过。

【译文】无故拘禁平民，一天算十次过错。

以口腹之故，轻杖人，一杖算一过。

【译文】为满足口腹之欲，随便杖打别人，打一下算一次过错。

工

地方水利，不留心查察，致有渠不开，有塘不浚，有堤不筑，不蒙水之利，但受水之害，视事之大小算过。

【译文】对地方水利不留心检查，以致有渠不开，有塘不浚，有堤不筑，不受水利之惠，但遭水害，根据事实大小抵算过错。

学校教士之处，桥道济众之处，听其颓败，亦照工程之大小算过。

【译文】学校是教养士子的地方，桥梁道路是方便大众的，根据其颓败的程度，参照工程的大小折算其过错。

当官过失，未易枚举，即此可例其余。有则改之，无则加勉。

【译文】当官的过失，难以一一枚举，此处所例举的，其余可依此类推。有则改之，无则加勉。

从
政
遗
规

颜光衷《官鉴》

（先生名茂猷，福建平和人，崇祯会元。）

　　宏谋按：《官鉴》者，颜光衷所著《迪吉录》之一类也。原书专从因果报应立论，然所采故实①，皆出史鉴，其事理正自确不可易。夫果报者，数也。数或有时难知，理则千古可信。居官者，听其数于在天，而守其理于在己。岂非所谓脚踏实地者哉？至于乡绅中，未仕者，将来皆有从政之责；已仕者，即今日之从政者也。知乡绅之所得为，与所不当为。则将来之从政也，必不苟。而从政者于乡绅，既不致忿疾而失平，亦不敢徇私以害公。更可即此而得倡率化导之方，以收易俗移风之效。岂不美与？

　　【注释】①故实：指出处；典故；以往的有历史意义的事实。
　　【译文】宏谋按：《官鉴》是颜光衷编著的类似《迪吉录》一类的吉凶果报书。原书专论因果报应，但是所选择的典故大都出自史实，事理端正不易改变。所谓果报，命数而已。命数有时难以说清楚，而事理却是亘古不变的。做官的人，听命于天，而遵守事理却全在自己，难道这不就是脚踏实地吗？至于乡绅中现在未当官的，将来都有从政的责任；已经做官的，就是今天从政的人。乡绅明白该做什么，不该做什么，将来从政时就一定不苟且。而从政的人，对乡绅既不会因愤怒而

242

有失公平，也不会因为个人利益而损害国家的利益。更可以因此而引导风化，起到移风易俗的功效。这岂不是两全其美？

狄仁杰为宰相。有元行冲，数规谏。谓仁杰曰：公之门，珍味多矣，愿备药物攻疾。仁杰叹曰：吾药笼中物，何可一日无也。已复荐张柬之为宰相。又荐姚崇、桓彦、范敬晖等，皆为名臣。自古圣贤豪杰，无不以得人为急。汉高问人于监门卒，得郦食其。收子房于韩相。拔陈平于亡虏。汲汲求贤，无须臾离也。昭烈三屈隆中，而天下鼎足。又如夫子大圣，而齐交平仲，郑兄子产。一遇程子于途，即修币定交。其汲汲于人如此。故子游宰武城，而夫子首问得人。此第一要义也。子贱宰单父，只用父事兄事，便已了了。今世士大夫，祗急簿书①，不知政本。又见一二卑贱儒绅，奔求可厌。一概峻其门户，尊己凌人。是乌足与言风化哉？故经世②而不能得人，不成大功。诚使君相至于守令乡绅，莫不彰善崇德，求贤敷教。何忧人才不盛，俗化不美乎？且自家善量品格，全在此处别大小耳。朝廷政事，草野风俗，均待人而成。

【注释】①簿书：这里指官署中的文书簿册。②经世：是指治理国事或阅历世事的意思。

【译文】狄仁杰做宰相时，元行冲屡次用忠言劝谏他。元行冲对狄仁杰说："在您府上，珍奇贵重的食物有很多，希望您准备好攻疾的药。"狄仁杰叹气道："我药笼里怎么能一日缺少呢？"不久，他推荐张柬之为宰相，随后又荐举姚崇、桓彦范、敬晖等，这些都是名医。从古到今的圣贤人物，没有不是以得到人才作为最重要的事情的。汉高祖从看监狱的人那里访求贤能，得到了郦食其。从韩信那里求得张良，从俘虏中提拔了陈平。汉高祖可以说是求贤若渴到了一刻也不能离开的地步。刘备三顾茅庐，最后才能三分天下。孔夫子在齐国时，结交了齐国的晏婴，郑国的子产。在去郑的途中遇见了程子，便交谈甚欢。由此可见，他们对贤能非常渴求。因此，子游在做武城县令时，孔子首先问他是否找到了人才。这便是第一要义。子贱在任单父县令时，只用对父亲和对兄长的礼节，便把整个县治理得很好。而当今的士大夫，只着急处理文书簿册，不懂为政的根本。又总有绅士，奔走求官，令人厌恶。和这样的人怎么能够谈风化呢？所以说治理政事却没有得到人才，便很难成就大事。如果从君主、宰相以至于守令乡绅，没有不从善崇德，求贤并倡导教育的。何须担心人才不兴旺，风俗不美化呢？况且自己修炼品格，全都要在这里一分高下。

　　唐杜悰节度江陵。黔南廉使秦匡谋，战蛮寇不克，来奔谒。悰怒其不趋庭，使吏让之。匡谋不为屈，乃遣絷①之。奏秦匡谋擅弃城池，不能死王事，诛之。行刑之际，悰大惊，暴卒。长子无逸，相继而死。议者以悰恃权贵，枉刑戮，获兹报焉。夫杜悰不过作贵倨态，要人尊敬耳。而竟以此置人于死，折己之禄，则我慢之为累也。居官长吏，以礼节喜怒人，低昂人者，不少。当其怒时，亦自依傍道理。谓匡谋擅弃城池，死之不足过。孰知皆为客气所使乎？此意不除，害人仍自害，何嗟及乎？中有成见，有一分道理，便看作十分。皆所云依傍道理，为客气所使也，戒之哉！

【注释】①絷（zhí）：拘捕，拘禁。

【译文】唐代杜悰在江陵当节度使时，黔南廉使秦匡谋和蛮寇作战不利，前来求救。杜悰对他不行趋庭之礼感到愤怒，让人责罚他。秦匡谋始终不肯屈服，于是杜悰便派人将他捆绑起来。并且上奏朝廷说，秦匡谋擅自放弃城池，不肯为您战死，应该杀掉他。行刑的时候，杜惊受惊，忽然暴死。他的长子杜无逸也相继而死。人们私下议论，杜惊仗着权势，枉杀无辜，这是遭到了报应。其实，杜惊不过自认为尊贵，故意做出高傲之态，让他人尊敬他罢了，而他却置人死地，折损了自己的寿命，这是因为他傲慢所导致的。作为官吏，因为礼节而高兴、愤怒、贬低或高看人，这并不少见。在恼怒时，通常也认为自己有道理。说秦匡谋擅自放弃城池，死不为过。岂不知这是因为"客气"所造成的呢？这种观念不祛除，害人害己，有什么还会比这更厉害呢？

宋韩琦，识量英伟。临事，喜愠不形于色。自谓才器须足周八面，入粗入细，乃是经纶好手。又尝论王安石曰：为翰林则有余，居辅弼则不足。或问其故。曰：尝见其奏议，只为一己，而不为天下也。有才而无济于世，皆坐此病。

【译文】宋人韩琦，见多识广，器宇轩昂。遇事时，喜怒不形于色。他认为一个人的才能和器量要考虑得全面周到，兼顾大局和细节，这才是善于治理政事。他曾经评论王安石："'作翰林有余，当宰相却不足。'有人问他原因。他说：'我曾看过他的奏章，他只考虑自己，而不为天下考虑。'"

钱若水，字长卿，为同州推官。有富民失女奴，父母诉于州，委之录参。录参旧与富民有求，不获。遂劾富民父子共杀，诬服，具申。独若水迟疑，录参曰：汝得富民钱，欲出之乎？若水笑曰：父子皆坐重辟，岂不容某熟察？若水诣州所，屏人告曰：某之迟留富民狱者，虑其冤耳。使人访求女奴，今得之矣。知州呼女父母，出示之。父母泣曰：是也。遂引富民父子，悉破械纵之。且曰：此推官之赐也。富民诣若水来谢，闭门不纳，富人绕垣而哭。知州欲奏其功，若水辞曰：某初心止欲雪冤，非图爵赏。万一敷奏，在某固好，于录参何如。知州叹服，录参知之，诣若水叩头谢罪。太宗闻之，擢知制诰，进枢密副使。此一事也，有三善焉。谳狱平冤，一也；不自以为功，而推之知州，二也；不图爵赏，为录参地，三也。以为下则仁，以为上则恭，以为同僚则恕。世之小善小德，惟恐人不闻知者，视此宁不愧耶？

【译文】钱若水，字长卿，曾做同州推官。有一富人家丢了一女奴，女奴父母向州府报官，州府把案件托给录参。录参曾有事求富人帮忙，富人没答应。录参没找到那女奴，便参劾富人家父子合谋杀人，父子俩被迫屈服，因此结案。只有钱若水犹疑。录参说："你收了富人的好处，想设法为他开罪吗？"钱若水笑道："父子都被判了重罪，怎能不容我仔细查考一下。"钱若水到了州府，把旁人支开，然后告诉知州说："我之所以要推迟处理，是考虑到他是被冤枉的。我派遣人去寻找女奴，如今已经找到了。"知州叫来女奴父母，让他们辨认。他们哭着说："这是我们的女儿。"于是，知州叫来富人父子，开枷放了他们，并对他们说："这些都是推官的恩典。"富人到钱若水家里道谢，钱若水闭门不见。富人只得绕着围墙哭泣。知州要上奏钱若水的功绩，钱若水推辞道："我当初只想着雪冤，并不是图赏赐。上奏朝廷对我当然好，但是录参怎么办呢？"知州听了后，十分敬佩钱若水。录参知道了这件事后，去给钱若水叩头谢罪。宋太宗后来也知道了这件事，将钱若水提拔为知制诰，后来又升为枢密副使。这一件事有三个好处：第一，平反冤案；第二，不自居功劳，反而推给知州；第三，不图恩赏，为录参着想。像这样对待下属就是仁，这样对待上级就是恭敬，这样对待同僚就是恕道。那些做了点小善小德，就生怕别人不知晓，和钱若水对照一下，难道不感到羞愧吗？

明孝宗为皇太子。有典玺局郎覃吉，温雅诚笃。识大体，通书史。议论方正，虽儒生不能过。辅导东宫之功居多。《四书》皆口授。动作举止，悉导以正。暇则开说五府六部，及天下民情，农桑军务，以至宦者专权蠹国情弊。曰：吾老矣，安望富贵？但得天下有贤主，足矣。上尝赐东宫五庄，吉备晓以不当受。曰：天下山河，皆主所有，何以庄为？徒劳民伤财，为左右之利。竟辞之。东宫尝念《高皇经》，见吉至，以《孝经》自携。东宫出讲，必使左右迎请讲官。讲毕，则请云先生吃茶。内侍张端非之。吉曰：尊师重傅，礼当如此。后孝宗为仁圣之主。弘治之治，皆以归功覃吉云。内官中能如此见大识体，可为居官者法。

【译文】明孝宗做皇太子时，典玺局郎覃吉温和文雅，诚信忠厚，识大体，精通经史，议论事情正直，就是儒生也不能超过他。覃吉辅导东宫太子的有很大功劳。他亲自对太子口授《四书》，动作举止，都耐心地指导纠正。闲暇时则议论五府六部以及天下民情，农业和军事形势，乃至宦官专权误国害政之状。他说："我老了，不图富贵。但愿天下能够有一位贤明的君主，我也就满足了。"皇上给太子赏赐五个庄园，覃吉详细为太子说明不能接受的道理。他说："天下山河都是您的，要几座庄园来做什么。只能劳民伤财，替下属谋利益而已。"最终推辞掉这个赏赐。太子曾经念《高皇经》，看见覃吉来了，便取出《孝经》。在东宫讲课时，太子定会让左右侍者恭敬地迎接讲官。等讲官讲完，则说请先生吃茶。内侍张端指责覃吉不应该如此教导。覃吉说："尊敬老师，敬重师傅，本来就应该这样。"后来，明孝宗果然成为了一代明君。弘治之治，人们都说这是覃吉的功劳。

修隙者，多起于盛怒。盖官长威福，弄得惯手。见有拗逆者，自然容受不去。一纵其威，谁敢谏止。然此固有二。如张咏之吏，既偷盗弄法，又挟抗官长，此不可贳①。若乃受屈难堪，理直气扬。又有见官不惯，罔识进退者，此所当谅者也。一概盛气加之，则曲直倒置，巧者胜而拙者败。纵督过之后，私心悔之。然雷霆弹压，已破损矣。谚云：一世为官百世冤。盖恐隐伏利害，峣崎②情伪，害人不少。况复任性出之乎？且任性，则火性愈起。久且以为固然，不问是非矣。欲惠民者，宜除此一根，虚心以听。情理之自现也。法堂之上，不可不常作此想。

【注释】①贳（shì）：宽纵；赦免。②峣（yáo）崎：奇特，古怪。

【译文】报复旧日恩怨，大都起源于大怒。这大概是由于享受当官的威福已经习惯了。看见有人顶撞自己，自然难以容忍。一旦发起怒火，谁敢去规劝？当然，这也需要一分为二地看待讨论。比如张咏这样的官吏，既玩弄王法，又抗拒长上，这是不能原谅的。而像那些受屈冤枉的人，当然理直气壮。又有不经常见官的人，不知进退举止，这当然也是能够原谅的。如果对所有人一概盛气凌人，便会是非颠倒，取巧的人胜过忠厚的人。即使在督促和责备过后，私下也非常后悔，但是在声色俱厉的责难以后，已经破损难全了。谚语说："一世为官百世冤。"这大概是害怕其中隐藏一些利害因素，害人不浅。更何况再任性地做官呢！越任性，火气越大，时间一长以为本来就应如此，便不问事情的对错了。官员假如要泽惠百姓，应该痛除此根，虚心听取他人的建议，人情事理自然会显现出来。

凡媚嫉①之人，不能容贤，总是我见之为累耳。有闻其名，雅相慕重。及至面前相对，便有一二事忍耐不过。积久愈成仇隙。故容远贤易，容近贤难。容贱易，容贵难。容暂易，容久难。何也，气相触也,才相抵也,名相倾也,势相轧也。而彼贤人,亦未能尽平心无我。交久以后,实见他有不足处。往昔慕德,已认为错敬。今朝嫉贤,反觉为平心矣。夫是之谓实不能容,彼实是消遣不下也。审若此,安所尽得化人而用之。故有君子相遇,而卒悖戾焉者,弊正坐此。须是平日克己平情,挺身为国。于一切毁誉爱憎,纤毫不挂,方能为子孙黎民造福也。贤才亦有许多难耐处,容贤亦有许多难处,惟真心好贤者,止知有贤,他所不计耳。

【注释】①媢嫉(mào jí):嫉妒。

【译文】凡是有嫉妒心的人,便不能容纳贤才。通常在听说名声时,互相之间充满仰慕。可等到相互见面,便有一二事不能忍耐,时间一长,矛盾和冲突便越积越多。因此,容纳远方的贤才容易,容纳身边的贤才困难。容纳贫贱容易,容纳富贵困难。容纳一时容易,容纳长久困难。为什么呢?这是因为意气和才情相互抵触,声名相互比较,权力相互竞争。而那些贤人也很难平心静气,放下自己。交往一长,确实发现对方有不足之处。自己先前对对方的仰慕,慢慢觉得是错误的。如今嫉妒贤能,反觉心安理得了。如果是这样,又怎能做到教导人而后任用人呢?所以,才会有君子相遇,最终彼此互相冲突,原因正在此。平时应多克制自己,加强修炼,陶冶性情,挺身为国。对一切爱憎,毁谤和称赞,毫不在意,这才是为子孙和百姓造福!

人臣所以不和者,只恐夺宠夺能。不知世界事,非一人所能独满。独则无曜,并乃有功。古来名人,俱以相翼而成。如皋、夔、周、召、郭、李、韩、范,并辔于一时。萧、曹、丙、魏,姚、宋、王、寇,晻映①于前后。不闻只手孤拳,有驾声其上者也。中间化得一分,便大得一分。如召公不悦,周公留之。临淮知怨,汾阳释之。莱公结憾,王公荐之。范公拂裾，韩公就之。此皆是英贤隐隐眼目处。然非平心无我，只勉强抛却。忌根仍在，恐有决裂。此处正须学问涵养耳。

【注释】 ①晻（ǎn）映：掩映。彼此遮掩而互相衬托。

【译文】 大臣之间彼此不和，大都因为害怕别人与自己争宠，他们不懂得不是所有的事情都是一个人的能力能够独自完成的。从古至今的名人们，都是相互辅助的成就事业的，比如皋陶、夔、周公、吕公、郭子仪、李光弼、韩琦、范仲淹，一时聚焦。萧何、曹参、丙吉、魏相、姚崇、宋璟、王旦、寇准，在前后映衬。没听过只手独拳，声名的显赫在这些人之上的。彼此宽容一分，便互相大一分。如召公不高兴，周公就挽留他。寇准有了遗憾，王旦便推荐他。范仲淹拂袖而去，韩琦就争取他。这些都是英贤们隐隐眼目的地方。然而不是真心忘我，不过是勉强做做样子，嫉妒仍然存在，彼此间早晚会决裂。而这正是做臣子的需加强学问和涵养的地方。

闻谤而怒者，谗之囮①也。见谀而喜者，佞之媒也。谗言之入，起于好谀。士人得一第后，谀佞盈耳。虽骨肉至亲，有不肯以直言自取疏忌者，何况外人？及名位愈高，则拂意之言，益复不闻。故一言不当，即谓为轻我，谓为抗我，谓为不识时务，谓为新进无知。而萋菲之口，得而中之矣。若虚心受言，闻过内省，谗言何自而入哉？愚谓士大夫先能受言，而后可以纳谏望人主。若穷措大谬膺一官，辄已予圣自雄。则奏疏必不婉挚，论事必不透彻，国家何赖焉？（以上公忠。）

【注释】 ①囮（é）：媒介。

【译文】 听到批评就恼怒，这是谗言的媒介。看见巴结便欢喜，这是小人的媒介。听取谗言，是因喜好阿谀奉承。士人一当做官，奉承的声音便充满耳朵。即使是骨肉亲人，也不肯直言告诫那些忌讳的东西，何况是外人呢？日后权位越来越高，那些听起来刺耳的话便越来越少了。一句话说得不妥帖，便以为是在轻视我，违抗我，以为是不识时务、无知，这时，那些谗言之人就可以选中目标了。假如虚心听取别人的话，然后自我反省，如此，谗言从何而来呢？我认为士大夫首先要学会接纳别人的意见，然后才能向君主提出良策。假如凭借苦思冥想的荒谬议论，谋得一官半职，便以自居圣贤，那么，向君主的奏章一定不会委婉诚挚，论事一定不透彻，国家又能指望什么呢？

商鞅、吴起、韩非、李斯，彼皆自谓信赏必罚，平天下如指诸掌者也。然与宁失不经，好生大德者，相去何径庭哉？鞅以徙木立信，起以布幅去妻，非若斯，俱以督责致治。卒毒天下，而身随之。甚矣，刑难言也。若从名法上运用，无得情哀矜者为之主持。则往往流入这边去，而恬不知，犹以为生道之杀也。此圣人教人，必自干元处安身立命。而于刑名法律，一切不任乎？

【译文】商鞅、吴起、韩非、李斯这些人，他们自以为赏罚严明、平定天下如指掌。然而和那些具有大德的人相比较，却大相径庭！商鞅以徙木立信，吴起以布幅去妻。韩非、李斯都想凭着监督和责罚治理天下，却最终导致天下大乱，他们自己也不能被幸免。刑名的难以表达，太厉害了。假如仅从法制上运用，却没有得到有怜悯心人的主持，那么往往就会有失偏颇，自己却浑然不知，还认为是为了百姓才动刑杀人呢。圣人教导人，一定是在根本上安身立命，对刑名和法律，则完全不以他们为凭借。

苏绰于宇文泰时，拜左丞，典机密。始制文案，式仿周官。减冗

251

员置屯田，以赡军国。又为六条诏书，奏施行之。其一理身心。言守令当理心而化民也。其二敦教化。言性随化迁，化于惇朴，不欲化于浇伪。宜去兵革，薄刑罚，而敦德化。使还淳而反素，垂拱而天下平也。其三尽地利。言衣食足而后教化随。宜勤劝课，禁游惰，重农时。而单劣之户，无牛之家，又劝令有无相通也。其四擢贤良。言立贤无方，先德后才。又须勤求之，实课之。省事省官，以专任之。即闾胥里正①，犹必择人。其五恤狱讼。谓伐木杀草，田猎不顺，尚违时令而亏帝道。况刑罚乎？惟奸猾败伦者必诛。其六均赋役，谓当斟酌贫富，检举吏胥也。六条在凋弊疮痍之中，尤切窾会，泰常置左右，令百官诵习。非通六条，不得任。绰性素，常以丧乱未平为己责。博求贤俊，共弘治道爱人如慈父，训人如严师，是俭真用世之豪杰也。今虽有饱熟经书，挥霍长才，能知此中滋味者鲜矣。不意周隋兵难之时，乃有此人。（六条均关治理，爱人如父，训人如师，尤为切要。）

【注释】①闾胥：里正。

【译文】苏绰被宇文泰拜为左丞，然后开始制订文案，一切仿照《周官》。裁减冗员，设置屯田，以供国家使用。又制定了六条诏书，上奏并施行。第一，理身心。守令应当从内心入手，教导百姓。第二，敦教化。性随化迁，使百姓性情淳朴，不要矫作和虚伪。应当减少战争，减少刑罚，崇尚德行。让民风归于淳厚，回归朴素，无为而治。第三，尽地利。衣食充足后再进行教化。要勤于学习，严禁游闲懒惰，注重农时。人口少的家庭，无牛的家庭，要让他们互相帮助。第四，提拔贤良。崇推举贤人不拘一格，但要先德后才。同事还应勤奋努力，有务实精神。这样既省事又省人，每个官员都有自己管理的责任。即使是闾胥里正之类的小官，也一定要仔细加以选择。第五，体恤狱讼。伐木除草，在田地里打猎，都不能违背时令，更何况动用刑罚呢？只有极其奸诈狡猾、败坏风气的人，才一定要杀掉。第六，平均赋役。要考虑贫富差距，检举违法的官员。以上六条，在国家饱经战乱和疮痍后提出来，非常重要。宇文泰把这些经常放在身边，要求百官诵读学习。如果不懂得这六条，就不得任用。苏绰一生崇尚节俭。经常以国乱没有平息作为自己的职责。他广求贤才，谋求一起治理好国家。他爱百姓如同慈祥的父亲，训诫人如同严厉的老师。这才是治理国家的贤良。现在，虽然有一些饱读经书、才华横溢的人，但能体味到其中滋味的太少了。没想到在北周，隋代战乱之际，还有这样可贵的人才。

唐相魏征，与上语教化，上恐大乱之后，未易格心。征曰：不然。久安民骄佚，佚则难教。经乱民愁苦，苦则易化。封德彝非之曰：三代以还，人渐浇漓。故秦任法律，汉杂霸道。盖欲化而不能，岂能之而不欲耶？魏征书生，不识时务。信其虚论，必败国家。征曰：五帝三王，不易民而化，顾所行何如耳？昔黄帝征蚩尤，汤武当放伐，皆能致身太平。岂非大乱之后耶？若谓古人淳朴，渐至浇讹，则至今日，当悉化为鬼魅矣。上安得而治之？上卒从征言。元年，斗米值绢一匹。二年，蝗。三年，大水。上勤而抚之，民虽东西就食，未尝嗟怨。四年，天下大稔。斗米不过三四钱。终岁断死刑，只二十九人。外户不闭，行不赍粮。帝谓群臣曰：魏征劝我行仁义，既效矣。惜不令封德彝见之。

【译文】唐朝宰相魏征和唐太宗探讨教化问题。唐太宗担心国家在经历大乱以后，不容易人心改变。魏征说："不是这样的。长期安逸百姓容易滋长骄傲和奢侈，就难以教化。经过战乱，百姓贫穷困苦，这样反而更容易教化。"封德彝为难他说："三代以后，人们渐渐地变得虚假。所以秦朝重法，汉朝夹杂霸道。这是由于想推行教化却无法推行，怎么会有本来可以教化却不想教化的呢？魏征是个书生，不识时务，我相信他所说是虚妄之言，一定会误导国政的。"魏征说："五帝三王，都是没有改变民众就实行了教化，你如何看待他们的所作所为？当年黄帝征服蚩尤，汤武时到处征伐，却都能使天下大治，难道不是在大乱之后吗？如果说古人淳朴，那么即使到了今天，也全都化为鬼了，圣上该如何治理？"唐太宗于是采纳了魏征的意见。贞观元年，一斗米值一匹绢。贞观二年，发生了蝗灾。贞观三年，发生了水灾。可唐太宗尽心竭力的加以安抚，百姓虽然到处讨饭吃，也不怨恨。贞观四年，天下粮食大丰收，一斗米只需要三四钱。一年以内被判死刑的，只有二十九人。平时家门不用关闭，远行不必带粮食。唐太宗对大臣们说："魏征劝我实行仁义，现在已经见成效了。只可惜的是，可惜封德彝看不到了。"

徐有功初为蒲州司法，宽仁为治。吏民相约有犯徐司法杖者，众共斥之。任满事治，不杖一人。刑措之风，其近如此。今人谓末俗浇漓，不严酷不治者，恐亦力量未及，不可厚诬民心也。力量未及，总由爱民之心，未能真切耳。

【译文】徐有功最初在蒲州担任司法官职的时候，宽厚仁爱。官员和民众相互约定，如果有受到徐有功杖刑的，大家都要摒弃这样的人。结果直到徐有功的任期满时，也没有一个人被杖责。刑罚措而不用的风尚，大概就是这样吧。现在人们认为现在的民风民俗不好，不用严刑酷法就不能够治理，恐怕是为官的能力不够，实在是不可以责怪民心啊！

天下至广，万世至远。虽万手万目，以救济斯世，而犹未足也。

故最急度人。（劝人做好人，行好事也。）谓必圣贤而后度人，非也。闻善则喜，见善则乐，时时述善事，谈善言，说善报，则度已多矣。中间转移之机，自有愈进愈精处。极至变化恰合而不自知也。然度众人之人，又不若度度世之人。（有救世之权者也。）得其一焉，以旋乾转坤，以守先俟后。人复生人，则度成普度矣。圣贤经世传世，皆此一大事在。

【译文】天下非常广阔，万世非常久远。即便一人有万手万眼，用来救济这个世界，力量仍然恐怕是不够的。所以最急迫的事情在于度人，认为必须要成为圣贤才度，是不对的。听到善事就高兴，见到善事就快乐，时时刻刻地讲述善事，谈善言，说善报，那么超度得就已经很多了。在这个过程当中，自然会有越来越精妙的地方，人在不自觉的状态之下，会慢慢地发生变化。

独为善事，所及无多。若得大力量人，同存此意，则所救济何限。大略化一曲谨①人，不如化一豪杰人。化一卑贱人，不如化一权贵人。化近人，不如化远人。在在言善言，行善事，交游善人，要得此善脉②满世界，则福德亦满世界矣。舜之大德，亦只是乐与人为善耳。

【注释】①曲谨：指谨小慎微。②善脉：兴发善心的血统。

【译文】如果一个人自己为善，那么他的能量是有限的。如果有力量很强大的人共同怀着这份心意，那么救济的就没有穷尽了。大体上来说，劝一个谨小慎微的人，不如劝化一个豪爽大度的人。劝化一个卑微下贱的人，不如劝化一个有权有势的人。劝化近处的人，不如劝化远处的人。时时处处谈善言，做善事，交游善人，要使得这一兴发善心的血统充满整个世界,那么福德也会充满整个世界了。舜盛大的德行,也只是乐于与人为善而已。

有一士子,授徒为业。日思济人利物,而贫穷无力。因见世之为师者,多误人子弟,遂留心教道,曲意造就,果以积德至贵显焉。今之学校等官,晓得此意,则英才乐育①,为利斯溥矣。长吏之化民也亦然。教人以善,原在分财之上。特人未必知之耳。

【注释】①乐育: 喜欢培育人才。

【译文】有一个士子,以教育学生为职业。他天天考虑救助别人,对世事有益,但由于贫困而无能为力。因为他看见世上做老师的,很多都是误人子弟,于是便留心教授大道,尽心竭力想培育人才。后来,果然由于积功累德而变得有地位和声望了。今天学校里的官员,如果明白了这个意思,那么就可以培育出好的人才,这样的好处也特别多。官员对百姓的教化也是如此。教人行善,原本就在分财之上,只不过是人们未必能明白罢了。

能吏多以教化为不足为,不知其日计不足,月计有余也。如谒庙讲经,入乡行约,所以雍容揖逊①,令人欲平躁释②者在此。又如旌奖孝义节烈,择举乡饮大宾,视为无紧要事。着意举行,自有风励③意思。要须品真意真,使耳目常触,精神不倦云尔。至于驯习童子,尤为吃紧。若以此劝化父兄,因而参验赏罚之。不八九年,儿童已成伟器矣! 其成就岂浅鲜哉? (以上教化。)

【注释】①雍容揖逊: 形容仪态大方,从容不迫互相作揖谦让。②欲平躁释: 心平气和,有涵养。③风励: 用委婉的言辞鼓励、劝勉。

【译文】能干的官员有一多半认为教化的事是不值得去做的，不明白"每天算下来没有多少，可一个月下来就很多了"的道理。比如去庙里讲经，到乡下时一切按照乡里的规矩，这些都是能够使人显得大度和谦让，令人的欲望平淡并减少浮躁的。又比如表彰孝义节烈的行为，可以选择乡村人聚会喝酒的日子，并把这种行为看作是无关紧要的事情。经常举办这些活动，自然有施行教化、劝勉激励的意思。更为要紧的，在于情意真切，使人耳濡目染，思想上没有太大的负担。至于教育小孩子，则更显得迫切重要。如果以这种方式劝化他的父亲和兄长，并因此而进行赏罚，不出八九年，这群孩子已经成为卓越的人才。他们受到的影响怎么会少呢！

汉黄霸①为颍川太守，每下恩泽诏书。他郡县多废阁，霸为择良吏，分部宣诏令，令百姓咸知恩意。而邮亭乡官，皆畜鸡豚以赡鳏寡贫穷者。为条教，置父老师帅伍长班行之，劝以为善防奸之意。务耕桑，节用殖财，种树畜养。诸为令，颇若烦碎，然霸精力能推行之。吏民见者辄与语，问他阴伏②相参考，以之具得事情。奸人去他郡，盗贼日少。霸力行教化而后诛罚，务在成就安全。外宽内明，得吏民心。治为天下第一。

【注释】①黄霸：字次公，汉族，淮阳阳夏人，西汉大臣，事汉武帝、汉昭帝和汉宣帝三朝。②阴伏：隐秘不为人知的坏事。

【译文】汉朝时，黄霸做了颍川太守。每次朝中下达有关恩泽的诏书，其他县的官员大多都放着不用。可黄霸却选择政绩突出的官员，进行宣讲诏令，让百姓们都能领会到君主的恩惠。而乡村里的小官，都是一些靠养鸡、养猪来糊口度日的贫困人。黄霸制定条例，在长辈和德高望重的人中颁行，对百姓进行劝勉行善、防止作恶方面的劝导。对百姓进行耕田、种桑树、节用开支、开辟财源、养牲口等方面的宣传。这些条令，看起来好像很细碎、烦琐，但黄霸都能一一地把它推行。遇到小官和百姓就和他们交谈，向他们询问一些隐私和内情做参考，因此能完全了解事情的终始。那些作奸犯科的坏人于是都跑到别的县里去了，盗贼一天天地减少。黄霸首先大力推行教化，然后才实行惩罚，而且力求做到平稳可靠。对外宽松，对内透明，黄霸的治政方针因此深得民心，可以称得上天下一流的治理了。

宣帝时，渤海岁饥。多盗贼，吏不能擒制。龚遂守渤海，帝问何以治。遂曰：海滨辽远，不沾圣化。民困于饥寒，而吏不恤。故陛下赤子，盗弄兵于潢池中耳。今欲使臣胜之耶？将安之耶？帝曰：选用贤良，固欲安之也。遂曰：治乱民，犹治乱绳，不可急。愿假便宜^①，无拘文法。帝许焉。

【注释】①便宜：指便宜行事之权。

【译文】汉宣帝的时候，渤海郡发生了饥荒，盗贼很多，官府没有办法制止和捉拿他们。龚遂即将去做渤海郡守，汉宣帝问他如何治理？龚遂说："海滨辽阔遥远，不能够得到圣上的教化。百姓被饥寒所困扰，做官的也不能怜悯和帮助他们。因此，您的百姓正挣扎于水深火热之中。现在您是想让我威服他们，还是要安抚他们呢？"汉宣帝说："选用贤良，当然是想安抚了。"龚遂说："治理乱民，就像是整理一堆乱绳，不能着急。希望您给我方便做事的权力，不要拘泥于文书和法令。"汉宣帝答应了。

郡闻新守至，发兵迎，遂皆遣还。移书属县，悉罢捕盗吏。诸持田器者，皆良民，毋得问。持兵者，乃为盗。遂单车至府，一郡翕然。

盗贼皆弃兵弩而持钩锄,立解散。于是开仓廪,假贫民,选良吏牧养焉。齐俗多奢侈,好末作。遂乃率以俭约,劝民农桑。春课耕种,秋课收敛。益畜果实菱芡①,劳来循行。民有带刀剑者,使卖剑买牛,卖刀买犊。曰:奈何带牛佩犊。不数年,吏民富实,狱讼止息。帝褒之。

【注释】①菱芡:指菱角和芡实。

【译文】渤海郡的百姓听说新的郡守到了,就派出军队进行迎接,龚遂把他们都叫回去了。他向管辖的县颁布了文书,不再捕捉盗贼。那些拿着农具的人都是良民,不能拘拿问罪。只有手拿兵器的人才是强盗。龚遂自己乘着马车来到了郡府,渤海郡显得一派和平与安宁。盗贼们纷纷解散了,都放下兵器拿起了农具。于是,龚遂命令打开仓库,放粮救济贫民,选择好的官员来治理百姓。当地有喜欢奢侈的风俗,大家都喜欢从事商业。龚遂于是从自己做起,提倡节俭,劝百姓务农,种桑树。春天督促耕种,秋天督促收获。增加种植各种果树,还有菱角和芡实,勤劳而且守规矩。百姓有带刀剑的,龚遂就让他们卖掉剑去买牛,卖掉刀去买小牛犊,并戏谑地说:"为什么不弃官务农呢?"没过几年,百姓和官员都富裕了起来,各种诉讼案件也没有了。汉宣帝对龚遂大加赞扬和奖励。

尹翁归为东海太守。吏民贤不肖,及奸吏豪民,奸邪主名,尽知之。县各有记籍,听其政。及出行县,辄披籍收取。即豪猾①,莫能以势力变诈自解脱。以一警百,吏民恐惧,皆改行自新。翁归之政,似太精明矣。然得其廉公,亦足淑世②。又知贤不肖,最吏治之吃紧者。惟先事参伍,某里贤缙绅若干,士类若干,耆老③若干。则旌拔可行,耳目可寄,教化可传。

【注释】①豪猾：指强横狡诈不守法纪的人。②淑世：犹济世。③耆老：年老而有地位的士绅。

【译文】尹翁归是东海太守。官员和百姓，贤明或不肖的人，狡猾的人，有权势的人，以及奸诈的人，这些人他全都知道。每县各有登记在册的簿书，听任他的管理。等他出行到各县时，就按照簿书查看。即使是一些狡猾的人，也没办法凭借自己的势力，使用狡诈的计谋得以逃脱。他惩罚一个人以警戒众人，官员和百姓都很害怕，都改过自新。尹翁归为政，似乎太精明了。但是如果他有廉洁为公的精神，也足够改善社会风气了。而贤明与不肖，是官员治理地方最重要的事情。只有首先加以比较验证，才能知道那里有多少贤明的人，士类又有多少，年老而有地位的士绅又有多少，那样才能对有才能的人实行提拔，才能把一些任务亲自面对面地托付给他们，教化才能得到传播。

子贱①宰单父②，只父事兄事数人，便足弹琴而理矣。后世不知急人，自屈其力。或过而信之，又过而疑之。或过而昵之，又或过而慢之。哄然一堂，竞者争至，恬者远迹。一有隐微事机，重大功过。莫别黑白，祗恣喜怒。求其如翁归之综核，不得也。况有举一风百，使枉者直之化乎？是在循良者，精思而行之耳。以精明体察民情，故不伤于苛刻，适足广其化理。

【注释】①子贱：宓子贱，鲁国人，是孔子的学生。②单父：春秋鲁国邑名。故址在今山东省单县南。孔子弟子宓子贱为单父宰，甚得民心，孔子美之。

【译文】子贱在单父当县令，只对几个人用父亲和兄长的礼节来对待，就可以弹着琴而使得单父得到治理了。后来的人不懂得以得人是最重要的，因此自己白费气力。或者过分信任，或者过分怀疑，或者过分亲昵，或者过分怠慢。厅堂上厅堂上哄然一片，来的时候争先恐后，去的时候却销声匿迹了。一旦有隐约微妙的事情、重大的功过，不分黑白是非，只知道任着自己的脾气高兴或者愤怒。想求得像尹翁归这样的完备人才，看来是不可能的。更何况要举一讽百，使更多的人都得到劝告呢？这些，确实是那些奉公守法的官员要经过周密的思考以后，才可以开始行动的。

郭伋①转并州牧，比入界，老幼逢迎盈路，伋引见问疾苦。聘求耆旧，设几杖之礼，朝夕与参政事。行部至西河，有儿数百，骑竹马夹道次迎拜，问君何日当还？伋从容计期日告之。行部还，先期二日。伋以为违信，止野亭宿，须期日乃入。官长审状，及编剂，能如此不失儿童之期，省人民多少烦费，多少羁候②，多少反复，亦一阴德事也。时时体察下情，事事不失恩信，可为居官要术。

【注释】①郭伋：字细侯，扶风茂陵人，东汉官员。②羁候：拘留候审。

【译文】郭伋转任并州牧，他刚刚到任的时候，男女老少都在路旁迎接。郭伋接见了他们，慰问他们的疾苦，召请德高望重的长辈，定下尊重老人的礼节，和他们早晚共同商议政事。走到西河，有几百个儿童，骑着竹马在路旁迎拜，问他什么时候回来。郭伋从容地计算日期后，告诉了他们。回来时提前了两天，郭伋认为这样不守信用，便在野外的亭中露宿，等到了约定的日期才入境。当官的办事情，如果都能像这样甚至和儿童约定都不失信，就能省掉百姓许多烦恼，许多等待，许多反复，这也是一件积阴德的事啊！时时处处能考察民情，事事念念不丢失恩德和信义，这就是做官最重要的法则。

宋王济①为龙溪主簿,时调福建输鹤翎为箭羽②。鹤非常有之物,有司督责尤急。一羽至值数百钱,民甚苦之。济谕民取鹅羽代输,仍驿奏其事。诏可其请,仍令旁部,悉如济所陈。夫使民不顾其安,则一羽一毛,皆足破家。此处能调护,在在方便,则在在功德也。长人③者,可不加之意哉?

【注释】①王济:北宋人。出生于深州饶阳。父王恕,开宝中知秀州。②箭羽:指加在箭杆末梢部分的羽毛。③长人:指当官的人。

【译文】宋朝的王济做了龙溪的主簿,当时命令从福建调运鹤的羽毛来做箭羽。鹤是不常见的飞禽,上司督促要求非常紧急,以至一根羽毛都值好几百钱,百姓对此感到十分苦恼。王济告诉百姓,用鹅的羽毛作为替代物,并同时上奏请示。皇上下诏,准许他的做法,并且命令其他地方也照着王济的办法去做。给百姓派差事,如果不考虑百姓的安定,即便是一根羽毛,也能让他们家破人亡。如果对这种事情能加以调整和变通,那就能处处方便,处处积累功德了。当官的人,对这种事情怎么能不在意呢!

近讦讼①大行矣。即不能以德化,若诬告加三等之律一严,庶可少讼。即讼,亦不至两造哄然也。最患在左右原告,雌黄审语,以鼓煽其风。《吕刑》:"狱货非宝,惟府辜功。"②此之谓也。

【注释】①讦讼:控告诉讼。②狱货非宝,惟府辜功:执掌权力的官员们不要贪图财宝而破坏法律,受贿所得的货物不会成为你的宝物只会成为你的罪证。

【译文】近来诉讼案件越来越多。即使不能用道德的去劝告,但如果对诬告者严格实行罪加三等的律条,也能减少各种诉讼。即便有争辩，也不至于双方形成轩然大波。最令人担忧的是，原告和被告双方信口雌黄，互相不诚实，彼此鼓吹煽动。《吕刑》篇上说道，"执掌权力的官员们不要贪图财宝而破坏法律，受贿所得的货物不会成为你的宝物只会成为你的罪证。"说的就是这种情况。

　　天下最亲民者，惟守令。虽圣明在上，而一二贪残居职，民不得其所者多矣。故一邑有循吏①，则一邑受泽；一郡有循吏，则一郡受泽。其功德比于君相，似小而更密，似赊而更急也。大略教化为上；宽仁次之。综核②又次之。严于驭役，而宽于驭民；亟于扬善，而勇于去奸。庶几得蒙至治之泽云。

　　【注释】①循吏：奉公守法的官吏。②综核：谓聚总而考核之。
　　【译文】天下和百姓关系最亲密的就是只有守令了。即便君主圣明，在地方当官的，只要有一两名贪婪残暴的官吏，就能使许多百姓不得安宁了。因此，一个城邑有奉公守法的好官，就有一个城邑的百姓受到恩惠；一个郡县有奉公守法的好官，就有一个郡县的百姓受到恩惠。他们的功德与皇上相比，虽然很小但是却很周密。管理百姓，大致以教育感化为上，宽厚仁爱为第二，综合考核为第三。对百姓的治理很宽厚，积极弘扬善的一面，敢于去除邪恶的一面。如此才能够得百姓蒙受天下大治的恩惠。

　　居官全活生民，有有形者，有无形者。有形者，已然也。当其颠困欲毙①，起沟中之瘠②，而庇之生全，其为德也显而大。然他人致之而我救之，可也。若权柄在握，则当视民如伤，先事区处，不致颠顿危急③，方为妙手。盖凡饥寒流离，救之未然，则生理不失，力半而功倍。

【注释】①颠困欲毙：颠沛困顿即将死去。②沟中之瘠：指因贫困而流落荒野或死于沟壑的人。瘠：腐烂的肉。③颠顿危急：颠肺流离，危险而急迫。

【译文】当官的人能使百姓得到安身活命，功劳有有形的一面，也有无形的一面。有形的是已经成为事实的事情，当百姓处在颠沛困顿即将死去之际，把他们从贫困中拯救出来，庇护他们，让他们摆脱困境，获得安身，这样的德行显著而巨大。当官的人如果手里有权力，那就应当爱惜百姓，预先计划好一切，使他们不至于颠沛流离，危险而急迫，这才是高明的官员。如果在老白字那个还没有穷困到饥寒流离之时，去帮助他们，那么他们的生计就不会丢失，这才算得上是事半功倍。

教化亦然。止恶未萌，则不至刑辟①，俗美而民安。其视临事支吾，临危体察，固万万也。但业已致之，则不可无转移之巧，恻怛之实，以经理其间耳。盖古固有以爱民之心，而成害民之者者。亦有以爱民之事，而矜激功能，恢张声誉，则其饮和食德，必有不能满注矣。是在为官者，实实与民一体，则措置自别耳。（以上循良。）

【注释】①刑辟：刑法；刑律。

【译文】对百姓的教化也是如此。在恶行还没有萌发之前便加以制止，可以使他们日后不至于遭受刑罚，风俗美好而百姓安定。这比那些事到临头才设法去填补漏洞，危难发生时才加以体察，当然是高明万万倍了。但如果已经造成了既成的事实，则又没有转化迁移的灵巧手段，应当从中适当地加以调整。古时候，当然有出于爱民的心可实际上却成了害民的人，但也有把本来爱民的事情，因为夹杂功利性而变得虚张声势，那样就很难做得圆满了。这一切全在于当官的人，如果能切实地做到与民一体，那么他的各种安排和处理原则自然会有所不同。

夷齐①清，民到于今称之，其真性也。有以清直②见忌者，皆由立心愤激，以气凌人所致耳。此等人虽未纯正，然不可抑倒他。盖留其名节，亦足维世也。今世波靡同俗，犹须急此。若见刻苦励行③之侪，便要污蔑他，颠顿他，责以所必穷。则其人立心，先是媢嫉④路上人矣。

【注释】①夷齐：指伯夷、叔齐两位贤者。②清直：清廉刚直。③刻苦励行：不怕吃苦，不怕困难，磨砺操守和品行。④媢嫉：嫉妒。

【译文】伯夷、叔齐的清正廉明，百姓至今还在称道，大家都认为他们是真性情的人。有人由于清廉刚直而被忌恨，这都是由于他的出发点过于激愤，因而气势凌人所导致的。这样的人虽然不算纯正完美，但却不能压制和贬损他。因为留下他的名节，也能维系社会的风气。当今的社会风气颓废，尤其应当重视这样的贤人。如果有人发现不怕吃苦，不怕困难，磨砺操守和品行的人，就要污蔑他，整治他，一定要责备他的短处，那么这个人就一定是嫉妒心极强的人了。

唐卢怀慎①清俭，不营产业。虽隆贵，得禄赐，散与故人亲戚辄尽。子二，奕、奂。奕至中丞，死节，赠贞烈。奂陕州刺史，清廉，帝亲题赞厅事褒焉。微杞之罪贯盈，则报犹未艾也。岂非积厚者宏施欤？曰：使贪焉若何，曰：命既无有，虽贪，何必不以赃败也。即使幸获，而损己之禄秩②，坠子孙之福德，为偿多矣。

【注释】①卢怀慎：滑州灵昌人，唐朝宰相。②禄秩：俸禄。

【译文】唐朝的卢怀慎清廉俭朴,不经营产业。虽然他的地位已经非常尊贵了,得到俸禄和赏赐,便立即全部分发给亲友。他有两个儿子,一个叫奕,一个叫奂。奕的官位做到御使中丞,能以死报国,非常贞烈。奂做到陕州刺史,非常清廉。皇帝亲笔题字来赞扬他,并被放到厅堂里以示褒扬。如果不是卢怀慎的孙子卢杞罪恶太大,那么他的福份根本就没有尽头。这难道不是那些积德深厚的人宽广宏大的施与吗?或许有人会问:"如果贪婪会怎么样?"回答是:命里既然没有,即使去贪,没有不是因为贪赃而身败名裂的。即使侥幸逃脱,因此减少了自己的福禄,毁坏了子孙的福德,也会付出很大的代价。

昔李景让①之母,早寡而贫。尝掘地得金数斛,拜祷曰:此恐上天怜氏贫苦,故赐此。若然,则愿诸孤学问有成,不愿取也。遽揜②之。已而景让兄弟皆贵。

又范文正公亦极贫,尝得地埋金而不取也。已而为相归,有求施造寺者。欲出前遗金付之,则无有矣。只有契并书历仕禄入,如其金数。然则廉贪所得,均不越应分中。而顺者迟收之,逆者捷得之。究竟祸福,若霄壤③焉。人宜何从哉?(唤醒官场计利者。)

【注释】①李景让:字后己,并州文水人。唐朝中期大臣、书法家。卒赠太子太保,谥号"孝"。②揜:同"掩"。③霄壤:比喻相去极远,差别很大。

【译文】以往李景让的母亲,早年就开始守寡,非常贫困。她曾经从地下挖出来几十斗金子,便跪下来祷告说:"这恐怕是上天可怜我的孤苦,因此赐给我的。如果是这样,那我但愿几个孩子学问有成,而不愿意取用这些金子。"于是她赶快又掩埋了起来。后来,李景让兄弟几个都富贵了。

范仲淹曾经也很贫穷，也曾得到地下埋的金子而没有取用。后来做了宰相衣锦还乡，有请求施舍建造寺院的，范仲淹想取出之前弃置的金子给他们，却已经找不到了，找出来的只是契约和书，上面写着他当官以后的俸禄，跟原来金子的数量差不多。因而说，无论廉、贪，所得到的，都不会与应该得到的不符合。只不过有些迟些得到，有些早些得到。究竟是福还是祸，真是天壤之别。人到底应该如何选择才合适呢？

黩货则必酷。彼以为不打，则群情不惊，实贿不来也。黩货①则必横。彼以为不颠倒曲直，则理胜于权，人心有所恃以无恐也。黩货则必护近习，通意旨。彼以为不虎噬②成群，则威令不重。不曲庇私人，则过付无托。且短长既为所挟，刚肠阴有所屈也。

一贪生百酷，一酷吏又生百爪牙。吁，民几何而不穷且盗哉？最难堪者，得强劫之狱，亦为卖放。受枉法之赇，转而树威。夺小可铺行之货。执彻骨穷独之刑。至于官爵愈大，统辖愈众。一人受贿，则千人骩法③。十人弄法，则万人作俑④。如元载胡椒八百石，似道糖霜八十瓮，其积蓄亦安在哉。官长又当禁下僚之贪，不独以清白自了也。

【注释】①黩货：贪财。②虎噬：虎啮食，比喻勇猛。③骩（wěi）法：枉法。④作俑（yǒng）：首开先例。

【译文】贪污受贿的人必定会残酷。他认为不打，就不足使对方震惊，贿赂就不会有。贪污受贿一定会强横。他认为不颠倒曲直，那么公理就能胜过强权，人心有了依靠，就没有什么值得害怕的了。贪污受贿必然能掩护身边亲近的人。他认为不结党成帮，严酷的政令就不厉害。不曲意庇护亲党，那么有了过错就无所推托。况且，如果一个人的把柄和隐私已经被他人掌握，即使刚直的人也难免会暗中屈服。

一贪能生百酷，一个酷吏又会生出上百个爪牙。唉！百姓怎么会不穷困潦倒落草为盗呢？更为严重的是，对大狱中抢劫的强盗犯人也敢受贿，然后暗里放人。收受贿赂，然后抖起威风来。强取小本商铺的财货，施行的酷刑已经痛入骨髓。至于官职越大，统治的人就越多。一个人收受贿赂，一千人玩法。十个人弄法，一万个人效法。比如元载的胡椒足足有八百石，贾似道的糖霜竟有八十瓮，他们的积蓄现在又去哪里了呢？当官的人应当禁止下属贪赃，不能只管自身的清白才算了事。

清畏人知者，上也；畏人不知者，次也；贪畏人知，又次之；贪不畏人，贿赂公行，民斯为下矣。

凡嗜酒，嗜淫，嗜财，皆起于纵意成习。习已成时，肝肠为换，舍死以徇①，不自管其有用无用也。有初仕时，犹能矜持，至老境却低回就之者。只缘渐渐以官为家，以财为性命耳。（以上廉洁。）

【注释】①徇：顺从，曲从。

【译文】清廉却又怕人知道的，算是上等；清廉却恐怕别人不知道的，算是次一等；贪赃却怕人知道的，又在下一等。贪赃却不怕人知道，公开收取贿赂，这样的人是最下等的。

凡是酷爱饮酒、沉溺淫欲、贪求财物都源于放纵自己，觉得习以为常。而习惯一旦养成，整个人也就改变了，经常四处追逐外物以满足自己的喜好，不管有用的还是没用的。有的人刚开始做官的时候，还能够自我控制。到老了却顺从迁就，原因就只在于渐渐以官为家，视财如命了。

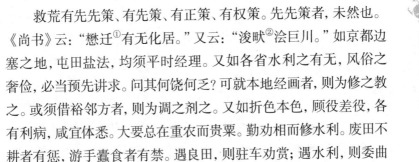

　　救荒有先先策、有先策、有正策、有权策。先先策者，未然也。《尚书》云："懋迁^①有无化居。"又云："浚畎^②浍巨川。"如京都边塞之地，屯田盐法，均须平时经理。又如各省水利之有无，风俗之奢俭，必当预先讲求。问其何饶何乏？可就本地经画者，则为修之教之。或须借裕邻方者，则为调之剂之。又如折色本色，顾役差役，各有利病，咸宜体悉。大要总在重农而贵粟。勤劝相而修水利。废田不耕者有惩，游手蠹食者有禁。遇良田，则驻车劝赏；遇水利，则委曲通融。至于常平仓、义仓，宜委任得人，出纳有经。不至虚费，亦不至刁难。社仓之法尤妙。若每都分，各有朱子、刘如愚者，以总领之。则可无冻馁之老，流亡之人，所救不赀。吁！安得有心人，在在如此哉？

　　（《康济录》，先事，临事，既事，最为救济要策，此亦深得其意，中有可以参观推广。故录之。）

　　【注释】①懋（mào）迁：贸易。②浚畎：疏浚田间沟洫。

　　【译文】救荒有先先策、有先策、有正策、有权宜之策。先先策，就是防患于未然。《尚书》说："勉劝人们通过相互交易，互通有无，来改变各自的生存状况。"又说："疏浚田间沟洫，使其汇聚到大江大河中去。"比如京都边塞地区的屯田法和盐法，都需要平时经营管理。又比如各省是否有水利设施，风俗是否奢侈和俭朴，都应该提前讲究。了解到什么比较丰饶什么比较缺乏，可以就地筹划解决，去帮助百姓兴修教导。对需要向富裕的邻境借贷的，就应该帮助百姓从中协调。对那些雇佣差役的事情，各有利弊的，都应该悉心体察。总的来说，在于重视农业，重视粮食。勤于劝勉而兴修水利。对荒废的田地进行惩罚，对游手好闲白吃白喝的加以禁止。看到良田，便停下来加以劝勉和赏赐。遇到水利设施，就为它周转通融。至于常平仓、义仓的管理，都需要委托值得信任的人，出纳要有条理，不至虚耗，也不至故意刁难。社仓这种方法最为巧妙。如果到处都有像朱熹、刘如愚这样的人进行统筹和规划，就没有挨饿受冻的老人和流亡的人了。他们所救助的人，简直无法计算。唉！怎样得到用心的人时时处处这样做？

先策者，将然也。如有旱有水，谷种既没，则饥馑立至。当预先广籴①他邦，又检灾伤无可生理者贷之，随地利可栽种者教之。令贫富皆约食，曰：此惜福救灾宜尔也。

昔程珦②知徐州，久雨坏谷。珦度水涸时，则耕种已过。乃募富家得豆数千石贷民，使布之水中，水未尽涸，而甲已露矣。是年民不艰食。又各州县有上供粮米者，先事奏请截留，而以其粜③钱计奉朝廷。则米价自落，国赋不亏。苏轼《救荒议》，言此甚悉。且云救之于未饥，则用物约而所及广。民得营生，官无失赋。若其饥馑已成，流殍④并作。则虽拦路散粥，终不能救死亡。而耗散仓廒⑤，亏损课利，所伤大矣。

【注释】①籴（dí）：买进粮食。②程珦：字伯温，河南府伊川县人，旧名"温"，致仕后改名为"珦"。程珦是北宋理学大师程颢、程颐之父。③粜（tiào）：卖粮食。④流殍（piǎo）：灾民流亡而饿死。

【译文】先策，就是没有发生的事提前防范。比如有时旱灾有时水灾，连粮食甚至种子都没有了，饥馑的日子就要马上到来，应当提前向其他地区广泛地求购粮食。查看灾害的情况，自己没有办法解决的，便行借贷。根据地利，可以栽种的，就指导它耕种。让富人们节约饮食，告诉他们说：为了珍惜福分，救助灾荒，需要这样做。

从前，程珦管理徐州，常年下雨就形成了涝灾，水淹把谷物全给毁坏了。程珦猜测在水退的时候，就会错过耕种的节气。于是募集富户几千石的豆子，借贷给百姓，让他们散布在水中。水还没有全退时，豆子已经发芽了。当年，百姓的口粮没有出现困难。各州县有上供粮米的，就事先奏请进行截留，而用粮米折合成银钱上贡给朝廷，这样，米价自然就会回落，国赋也不会出现亏空。苏轼的《救荒议》对这件事情论说得很全面和详细。并且说，要在饥荒还没有发生的时候施于救助，那么所需要花费的财物就少而救助面也会广泛。百姓获得了生存，官府也不会损失贡赋。如果饥馑已经形成，流民和饿死的人一起出现，那么，即使放晴赈济，发放粥食，最终也没有办法将百姓从死亡线上抢救过来，但仍然需要消耗积累和贮备，亏损各种税收，损失的就会太大了。

正策权策者，已然者也。正策，一曰开仓赈贷①；二曰截留上供米赈贷；三曰自出米，及劝籴富民赈贷；四曰借库银，循环籴粜赈贷；五曰兴修水利，补辑桥道赈贷。令饥民佣工得食，而官府富民，得集事也。然所贷者，每及下户。而中等自守头面，坐而待毙，尤为狼狈。又城市之人，得蒙周恤②；而乡村幽僻，拯救不及。此尤宜周详曲处者也。

【注释】①赈贷：救济。②周恤：周济，接济。
【译文】政策和权宜之策，也是如此。所谓正策，一是打开仓库，实行救济和借贷；二是截留上缴的米和粮，用来救济和借贷；三是自己拿出米粮，以及鼓励富户参于救济和借贷；四是借用库存的银两，买进卖出粮食，用于救济和借贷；五是兴修水利，建桥修路，让饥饿的百姓通过劳动获得粮食，同时官府和富户也顺利地完成任务。借贷往往只涉及下等贫困的人家，而中等收入的人家，只是为了顾脸面而坐以待毙，境况更加狼狈。城市里的百姓，得以获得周到的救济，而乡村偏远的地方，就来不及获得救助，这一点应该处理得当。

　　大略赈济之法，旬给斗升。官不胜劳，民不胜病。仰而坐待仓米，卒无以继。莫若计其地里远近，口数多寡。人给两月粮，归治本业。可无妨生理^①也。

　　赵令良帅绍兴，用此法。城无死人，欢呼盈道。又李珏在鄱阳时，将义仓米多置场屋，减价出粜。既先救附近之民，却以此钱纽价计口，逐月一顿支给，以济村落。一物两用，其利甚溥。盖远者用钱，可免减窃拌和之弊，转运耗费之艰。且村民得钱，非惟取赎农器，经理生业。亦可收买杂料，和野菜煮食。一日之粮，可化数日之粮，甚简甚便。此二策者，俱可行也。

　　【注释】①生理：生活和生产的规律。
　　【译文】大致放赈救济的办法，假如每十天发放几升米，那么官员会十分劳累，百姓会十分穷困，每天坐盼着等待粮食的到来，而最终也等不到后续的救济。不如按照地方的远近、人口的多少，每人分发两个月的粮食，让他们回到老家，继续从事原来的劳动，这样就能不影响生活和生产。

　　赵令良治理绍兴的时候，采用了这个办法，城里没有一个人饿死，百姓们高兴得满街欢呼。李珏在鄱阳的时候，把仓库的米放在许多场地和屋子里，低价出售，既可以先救助附近的百姓，又可以用这些钱按照人口计算，每个月一次性支付，用来救济农村。一物两用，获利非常微薄，如此，偏远的百姓使用这些救济金时，可以免去缺欠、偷窃、挽假等的弊病，以及辗转运输、劳命伤财的艰难。并且农民获得救济金以后，不但可以用来买农具，开展农业生产，还可以购买其他用品。如果把一天的粮食和野菜煮在一起吃，就能变成几天的粮食，做法非常简单。这两种办法，都可以实施。

曾巩《救灾论》，亦极谈升斗赈救之害。盖上人方图赈济，先付里正抄札[1]，实未有定议也。村民望风扶携入郡，官司未即散米。裹粮既竭，馁死纷然。浊气熏蒸，疠疫随作。是以赈济之名，误其来而杀之也。故须预印榜四出，谕以方行措置，发钱米下乡，未可轻动。恐名籍紊乱，反无所得。庶革饥贫云集之弊。

民不去其故居，则家计依然。上不烦于纷给，则奸宄[2]不生。视离乡待斗升米，而不暇他为，顾不远哉？至富民之价，切不可抑之。抑之，则闭籴而民愈急，势愈嚣，其乱可立待也。况官抑价，则客米不来，境内乏食。而上户之粗有蓄积者愈不敢出矣。

【注释】①里正抄札：里正，又称里君、里尹、里宰等，是中国春秋战国时的一里之长，明代改名里长。春秋时期开始使用的一种基层官职，主要负责掌管户口和纳税。查抄没收。②奸宄（guǐ）：犯法作乱的坏人。

【译文】曾巩的《救灾论》，也透彻地分析了按升斗来放粮救济的害处。上层人士刚刚谋划出放粮救济的方法，就事先让地方官员抄报公布，而其实并没有完全商量妥当。这时，村民们纷纷扶老携幼进入城内，官府还没有开始放粮救济，城里的粮源就已经开始断了，饥饿的流民纷纷饿死，混浊的空气四处弥漫，瘟疫开始流行，这实际上是以放粮救济的名义，误导饥饿的百姓前来并杀死他们。因此，应当事先到处张贴告示，告知即将实行的办法，发放钱米到农村，不可轻易迁徙、流动，以免户籍、姓名混乱，最后反而没有办法得到救济。如此，大致上可以消除饥民、贫民聚集城市的弊病。

百姓不离开故乡，那么家庭生活和生产就可以保持原有的状态。

官府不会因为纷乱而受到干扰，一些犯法作乱的事情自然就不会发生。官府如果只管理百姓离开故乡以及等待斗升粮食的事情，而没有时间管理其他事情，这不是与情理相差得太远了吗？至于对富户的米价，切不可强制压低。否则，富户就会停止买进粮食，而饥饿的百姓越来越急躁，形势就会越来越不稳定，混乱随时都可能发生。况且官府压价，外地客商就不会进行粮食交易，境内缺乏粮食，那么富户稍有积蓄的人家，就更不敢买进粮食了。

昔文彦博①在成都，适值米贵，不抑民价。只就寺院立十八处，减价粜米，仍多张榜文招籴。翌日米价遂减。范仲淹知杭州，斗粟百二十文。仲淹增至百八十。众不知所为。仍多出榜文，具述杭饥增价。招引商贾，争先趋利，价亦随减。

此二公者，识见过人远甚。第出纳之际当核奸，赈济之际当检实。而朝夕经营，总宜尽心力为之。视为万命生死所在，自不惮勤劳也。至于弃子有收，强籴有禁。啸聚巨魁②，必剪其萌。泽梁关市，暂停其税。此皆因心妙用，慈祥之所必至者矣。（切中近时赈荒利弊。）

【注释】①文彦博：字宽夫，号伊叟。汾州介休人。北宋时期著名政治家、书法家。②啸聚巨魁：巨商垄断。

【译文】以往文彦博在成都的时候，正巧赶上米价昂贵。他不打压民间的米价，只在寺院里建立了十八个销售点，减价卖米，并多处张贴文榜，收购粮食。第二天，米价自然就降低了。范仲淹在杭州担任知府的时候，开始每斗米卖到了一百二十文，范仲淹把米价加到每斗一百八十文，人们不知道是怎么回事。范仲淹又多处贴出榜文，详细述说杭州饥荒、米价上涨的情况，用这种方法吸引米商争先恐后地前来销售。米价自然也因为过多而降了下来。

文彦博和范仲淹这两个人的见识，远远超出了普通人。当官者，只要在出纳钱财的时候察明奸情，放粮救济的时候检察和核实，每天从早到晚尽心竭力地去经营和规划，把这件事当作关系到千万条性命的大事去做。那么自然就不怕劳累、麻烦和困难了。至于收养丢弃的婴儿、强行禁止买粮、将巨霸的垄断行为消除在萌芽状态、暂时减免税收，这些任务全靠在心中灵活地掌握。如此，官府对百姓的慈爱，就一定能传播到民间了。

权策，如毕仲游①先民未饥，揭榜示曰：郡将赈济，且平粜，若干万石。实大张其数，劝谕以无出境，民皆安堵。已而果渐艰食，饥民十七万。顾所发粟，不及万石，以民粟继之。而家给人足，民无逃亡。

又如吴遵路②，令民采薪刍，出官钱收买。却令于常平仓，市米物归赡老稚。凡买柴二十二万束，候冬鬻之。官不伤财，民再获利。又以飞蝗遗种，劝种豌豆，卒免艰食。又如婚葬营缮③等事，皆宜劝民成之。宴乐赛愿④，都不复禁。所以使贫者得财为生也。至于重罪有可出之机，令入粟救赎，亦无不可，盖借一人以生千万人耳。（以上救荒。）

【注释】①毕仲游：郑州管城人。宋宰相毕士安曾孙。②吴遵路：字安道，父淑。第进士，官至龙图阁直学士，幼聪敏博学，善笔札，悉得江南李主及二徐所传二王拨镫笔法。③营缮：修缮；修建。④赛愿：祭神还愿。

【译文】所谓的权宜之策，就如同毕仲游所做的那样，在百姓还没有遇到饥荒之前，就贴出告示，官府将实行放粮救济，而且将平价卖出米多少万石，当然，这些数据实际上有些夸张的，要求百姓不要出境，于是百姓就都安然不起动乱。不久，粮食逐渐减少，饥民达到了十七万，而所能发放的粮食，还不到一万石，这时候，再用民间的粮食补充，结果家家户户丰足，人人都有吃的，百姓没有流离失所。

又比如像吴遵路所做的那样，让百姓去打柴，官府出钱收购，再让他们到平价粮仓购买粮食，回去赡养老人、抚养孩子，官府共买柴二十二万担，到了冬天再把它们卖了。这样，官府不用损伤财力，百姓可以两次获利。又因为蝗虫隐患依然存在，官府就鼓励农民种植豌豆，这样就没有粮食绝收的艰险。又比如对于婚礼、丧葬等事情的操办，都应当鼓励百姓办成功；对于酒宴、乐舞等各种活动，也不能都给予禁止，目的就是为了让穷人获得财物，赖以生存。至于犯有重罪而有可能被放出去的，就让他缴纳粮食进行救赎，也是可行的，因为这样通过一个人可以救活千万个人。

汉陈寔①，字仲弓，颍川人。平心率物，乡人争讼，辄求判正。寔为谕以曲直，开以至诚，皆感动。退而言曰：宁为刑罚所加，毋为陈君所短。岁歉民穷，盗夜入，止于梁上。寔阴见之，呼子孙训曰：人当自勉。不善之人，未必本恶，迫于饥寒，习久遂至为非，如梁上君子是矣。盗惊骇投地，稽首请罪。寔曰：视君状貌，不似恶人，宜克己反善。遗绢二疋②以归。自是邑无盗者。

后除太邱长。以三公征，不起。享年八十。子纪、谌齐德，时称"二贤"。纪为尚书令，纪子群，为司空，并著高名，时号"三君"。寔与李膺③范滂④齐名，而独无纤芥之祸者。彼专嫉恶，此专扬善故也。其入人也，甘而不拂，而变化已多矣。

【注释】①陈寔：字仲弓。颍川许县人。东汉时期官员、名士。后世称其为"陈太丘"。与子陈纪、陈谌并著高名，时号"三君"。②疋：同"匹"。

③李膺：字元礼，颍川郡襄城县人。东汉时期名士、官员。太尉李修之孙、赵国相李益之子。④范滂：字孟博，汝南征羌人，东汉时期党人、名士。

【译文】汉代的陈寔，字仲弓，颍川人，处事公正。乡村里有人发生了纷争，往往找他评判。陈寔替他们讲明道理，判断是非曲直，开诚布公。大家都很受感动，回去以后说："宁愿接受刑罚的处置，也不愿意被陈君批评。"有一年收成不好，百姓穷困，有个盗贼夜晚潜入他家，躲在屋梁上。陈寔在暗中看见了，就把子孙叫来，对他们训教说："做人要自己努力，不好的人未必原本就坏，只不过是迫于饥寒，习以为常，才做上了坏事，就像屋梁上的那位君子一样。"盗贼听了，惊吓得跳下地来，叩头请罪。陈寔说："看你的模样，不是坏人。你应该自我革新，回到正途上来。"又送了他两匹绢帛，放他回去。从此，这个地方再也没有盗贼了。

陈寔后来被任命为太邱的地方长官，并获得"三公"的资格和待遇，但他没有听从受命。陈寔享年八十岁，他同他的儿子陈纪谌和陈齐德，当时被称为"二贤"。陈纪谌做了尚书令，他的儿子陈群，做了司空。三个人都有崇高的名望，当时称为"三君"。陈寔与李膺、范滂齐名，却偏偏没有遭遇到任何祸害，原因在于那两个人专门指斥邪恶，而陈寔却做着善良的事。陈实与人交往，心平气和，一点儿也不高傲，结果也自然和别人相差很大。

管宁避乱庐山。邻有牛暴田，宁为牵牛着凉处牧之。牛主大惭。里中男女共汲一井，争先，有斗者。宁多买汲器①，置井傍待之。既闻，乃各自悔责。讲诗书、陈俎豆②、明礼逊③，所居姻旧邻里，有穷困者，必分赡救之。与人子言孝，与人弟言弟，与人臣言忠，貌甚恭，言甚顺，名行高洁，望以为不可及，而即之熙熙，能因事以导人于善。渐之者无不化焉。

夫管宁一士人，便能化俗如此。今世种种敝风，守令之化也，十居其五。士大夫之化也，亦十居其五。若能于某里某都，各择善士，互相传劝。有不率者，摈不得齿。而身复严礼法，董子侄，以先帅之。不出十年，可大变也。

【注释】①汲器：打水的容器。②俎（zǔ）豆：俎和豆，古代祭祀、宴会时盛肉类等食品的两种器皿。③礼逊：指礼仪谦让的品德。

【译文】管宁在庐山避乱的时候，邻居家的牛踏坏了他家的田地，他却把牛牵到了荫凉的地方，帮邻居放牧。牛的主人非常惭愧。乡里有男男女女一起在一口井里打水，为了争先打水，都争吵了起来。管宁就买了好几个打水的容器，放在井边。那争吵的男女听说了这件事后，都自责了起来。管宁讲授《诗经》《尚书》，陈列俎豆等祭祀的器皿，申明礼仪、谦让的品德，他之前的旧邻居，有人穷困了，就分些钱财帮助他们。他对别人的儿子谈论孝道，对别人的兄弟谈论悌道，对臣子谈论忠道，外貌非常恭敬，语言非常随和，名望和行为高洁，人们可望而不可及，却又纷纷靠拢他。他根据事理引导百姓行善，百姓逐渐都被他感化了。

管宁只是一个读书人，却能这样移易风俗和教化，现在社会上存在种种不良的风气，地方官员的影响就占据了一半，士大夫的影响也占据了一半。如果能在某个乡里或都市，各选一些善良的读书人，使他们之间互相鼓励，对不听从教化的人，就摈弃之使他们感到羞耻，管宁自己又严守礼法，督促儿子侄子们，率先实行教化，那么不出十年，社会风气就能发生很大的变化。

乡绅①，国之望也。家居而为善，可以感郡县。可以风州里。可以培后进。其为功化，比士人百倍。故能亲贤扬善，主持风俗，其上也；

即不然，而正身率物，恬静自守，其次也；下此，则求田问舍；下此，则欺弱暴寡。风之薄也，非所忍道②矣。

俚语云：刀趁利，炉趁热。此两语误人不浅。夫刀利炉热，用之以干许多好事，此光阴诚不可错过。又争体面，此三字最误人。今且以何者为体面？若屈身求官府，此无体面之甚者也。官府即姑从③我，而心轻其为人，此无体面之隐者也。得势以豪乡里，而人阴指曰：此翼虎不可犯耳，尚得为体面乎？认得体面真时，便不争体面，而百美集矣。

【注释】①乡绅：居乡的有功名仕宦之人。②忍道：忍心说出来。③姑从：姑且随顺。

【译文】乡间和地方的绅士，是国家发展的希望。他们在家里行善，可以感化郡县和州里，培养后生。他们的影响力，比普通读书人强百倍。因此，如果他们能亲近人才、弘扬善良、主持风俗，那是最好不过的了；即使不能这样，如果能端正自身、为人表率、恬静自守，也算上是第二等了；再往下一等，就到处买田买房；再往下一等，就欺凌弱小、强暴孤寡。这是风化的堕落，简直不忍心说出来。

俗语说："刀趁利，炉趁热。"这两句话误人不浅。刀锋利及炉膛热只有用于做好事，才算是光阴没有错过。况且，"争体面"这三个字最害人。现在用什么来当"体面"？如果弯腰求官府，认为这是最不体面的了。官府即使暂时随顺这个人，但心中暗暗鄙视这个人的为人，这也隐含乐不体面。有了势力就对乡里人傲慢，别人暗中指着他说："这是有翅膀的老虎，不能冒犯的。"那么还能得到"体面"吗？如果真正认识到什么是"体面"而又不去争"体面"，那么所有的优点就都具备了。

凡家世茂盛者，多以仁厚谦恭立教。故能保世滋大^①，不为造物之忌。但处世用宽，而律家用严。其于教训子孙，方始得力。不然，自家从艰辛读书得来，犹知义理，行方便。至膏粱^②子弟，习成性气，颐指骄人。且以老成为迂阔^③，以脱略^④为时行。如此安得不败？故洒扫应对，守《弟子职》。古人立教之最吃紧也。

【注释】①保世滋大：存全于世，滋生壮大。②膏粱：借指富贵人家子弟。③迂阔：思想行为不切实际事理。④脱略：放任，不拘束。

【译文】大凡家道发达昌盛的人家，大多数都靠着仁厚和谦恭树立教化，因此才能保全世世代代，越来越兴旺，不受到外界的影响。与外界处事宽厚，而治家严厉，这样教育子孙，才能有效。否则的话，自己通过艰辛的读书而获得幸福，还知道些道理，做事合理，但到了富贵人家子弟那里，就养成了骄横的习惯，对人颐指气使，又把老练看作不切实际，把放任无礼当成时髦，这样怎么能不失败呢？因此一定要学会洒水扫地，酬答宾客，遵守弟子的职责，这是古人树立教育的关键。

乡先生能以化俗造士为念，则为善于乡，成就不少。夫出则为伊周，处则为孔孟者，惟乡绅为然耳。若乃黑白其眼，而雌黄其口，则非所谓士矣。

士夫以化俗为上品，而孝友尤所重。且宗族周其穷乏，而后善念可兴也。但不可有速成心，并以势力为之用耳。

【译文】乡间的老师如果能以改变社会风气和塑造人才为志愿，那么就会对地方乡里产生许多良好的影响。外出如果能像伊尹和周公那样兼济天下，独居之时如果能能像孔子和孟子那样存心修养，大概只有地方上有名望的士绅才能。至于媚上欺下，或信口雌黄，就不能称为士人了。

有学识、有身份的人用改变社会风气作为理想的最高追求，尤其重视亲人故友之间的情谊。在宗族中接济穷困的人，然后才能兴起善良的愿望。但不能希望一下子就达到这个目的，也不能利用接济来扩大自己的势力。

观《柳氏家法》，知礼之可为国也。以此达之乡，推之国，人人亲其亲，长其长，而天下平矣。大抵风俗坏时，自其弟子先做坏了。好尊恶卑，乐谄怒绳，放纵败检。甚者父兄只以声色货利①，权焰威宠②，激其读书志意，而犹以为善教也。一朝得志，其凌厉③傲慢，能有极哉？善哉！柳玭④之诫子弟也。而曰门第高者，可畏不可恃也。知其可畏，而立身行己，增德惜福。教养子弟，达材利用得志，则泽及天下。不得志，亦无愧其家庭。鬼瞰之而无隙，帝临之而有当矣。于以綦昌綦炽⑤，何有哉？

【注释】①声色货利：贪恋歌舞、女色、钱财、私利。泛指寻欢作乐和要钱等行径。②权焰威宠：指凭借盛大的权势去偏爱。③凌厉：意气昂扬，气势猛烈。④柳玭：柳玭，柳仲郢子，京兆华原人也。⑤綦（qí）昌綦炽：指极大地昌盛发达。綦，极，很。

【译文】读了《柳氏家法》，知道"礼"能用来治理国家。把"礼"推广到乡村甚至全国，人人都能亲近他的亲属、尊重他的长辈，那么天下就可以实现太平了。通常社会风气变坏的时候，首先是从弟子变坏开始的。他们喜欢巴结权贵，厌恶卑微，喜欢听好话，讨厌规劝，行为放纵却不加收敛，甚至家长只用钱财女色和权威势力，来激发弟子读书的上进心，却还以为自己善于引导。这些弟子一旦得志，就傲慢、凶狠，还有什么比这更可怕的呢？柳玭教育弟子，教育得真好啊！因此门第高贵的人，应该感到畏惧而不能有恃无恐。知道有所畏惧，那么就能从自身开始修身，提高品德，珍惜福分，教育子弟，成为有用的人才。如果得志，就可以把恩泽撒播到天下；如果不得志，也无愧于家庭。如此，即使连鬼神也看不出他的破绽，天帝也会在适当的时候降临，哪里还会有比这更昌盛发达的呢？

人之力量，本参天地。况列于荐绅^①之中，则经世风世，皆所能为，不问其在官与林下也。其有德业令望^②，耸一世者，则利害赖其条陈^③，善良受其吹嘘，风节关其主持，郡县应其声气。此于福人，宁可计数？诸如穷亲故戚，非无空乏，亦有冤痛。然如己未显达相似，以曲直付公庭，以盈亏关造化。隆礼，可也；诱善，可也；显为区画而隐为调理，可也。若使之炙手瞋目，争产竞市，则所恃何势？毋论知与不知，而其罪恶，欲以谁透哉？故当静以镇之。恬俭积德，必有弥昌弥炽^④日子。且我不负人，人亦岂尽负我？久久见信，自无一朝之患矣。以上乡绅。

【注释】①荐绅：缙绅。②德业令望：道德学业及美好的名声。③条陈：分开条目来述说。④弥昌弥炽：指极大地昌盛发达。

【译文】人的力量，本来与天地而并列为三。何况身份是功名仕宦的名流之辈，那么无论是治理社会还是变化风俗，都是能做到的，不管他是做官还是在野。如果他有德高望重，就能影响社会，那么他就能陈述利害关系，宣扬善良的主张，主持风化教育，连郡县都会响应他的号召。这样给人带来的福禄，哪里是能计算得出的啊？比如穷困亲戚，即使没有贫困的，也有冤屈的。但他们和自己没有发达起来一样，到法庭上去评判是非曲直，以得失接受命运的安排。可以让他们去推崇礼节、诱导从善、公开助其谋划或暗中进行调处也可以。但如果让他们撸起袖子、怒睁着双眼去争夺财产，那有什么势力能倚仗的呢？暂且不说是否理智，首先，这种罪恶将推卸给谁呢？因此，应当平心静气，镇住局势。只要坦然、勤俭、积德，就一定能有昌盛发达的时候。况且我不辜负别人，别人怎么会辜负我呢？天长日久，就会彼此间产生信任，自然不会有一时一刻的忧虑。

顾亭林《日知录》

（先生名炎武，号宁人江南昆山人。）

宏谋按：《日知录》所载政事，皆探本之论。而义正词严，是非可否之间，不少假借。所谓较若画一者是已。至叙述往迹，上下千百年，了如指掌。皆有独知独见，岂徒以博物见长哉？先生毕生，未尝一日历仕路，而所论治道，皆亲切得理，规模宏远，巨细不遗，由其平时读书，随处体认。与世俗记诵词章之学，无裨世用者不同耳。

【译文】宏谋按：《日知录》所记载的政事，都是探讨根本性的问题，立论公正谨严，对是非和可否的界限，都做了明确的回答，可以有大致统一的认识。至于书中叙述过去的史事，上下千百年了如指掌，且都有独到见解，而不仅是以博学见长。先生的一生从未做过官，而所论为官之道，都亲切合理，且高瞻远瞩，大小道理都讲到了。这是由于他平时读书能随时结合实际，领会精神。这与世俗以背诵词章为能事而无益于世用的人是不同的。

"岂不尔思，畏子不敢"①，民免而无耻也。"虽速我讼，亦不女从"②，有耻且格也。（随事皆有此两种，治民者不可不知。）

【注释】①出自《诗经·大车》。②出自《诗经·行露》

【译文】"难道我不想和你好吗? 害怕大夫不敢表露。"这就是百姓想侥幸免除刑罚却无羞耻之心。"即使你给我招来诉讼,我还是不会听从你。"这就是百姓有愧耻之心并最终归于正道。

君子不亲货贿。"束帛戋戋"①,"实诸筐筥"②。非惟尽饰之道,亦所以远财而养耻也。万历以后,士大夫交际,多用白金。乃犹封诸书册之间,进自阍人之手。后则亲呈坐上,径出怀中。衣冠而为囊橐之寄,朝列而有市井之容。若乃拾遗金而对管宁,倚被囊而酬温峤。曾无愧色,了不关情,固其宜也。然则先王制为筐筥之文者,岂非禁于未然之前,而示人以远财之义者乎? 以此坊民,民犹轻礼而重货。

【注释】①束帛戋戋:《易·贲卦》:"六五,贲于丘园,束帛戋戋,吝,终吉。"束帛,捆为一束的五匹帛。古代用为聘问、馈赠的礼物。戋戋,浅小之意。一说为堆积貌。②筐筥:盛物竹器,方曰筐,圆曰筥。谓礼物,也指财产。

【译文】君子是不亲近财货的,哪怕是少少的束帛,也要用竹器盛放,这不单是一种装饰物,而且也是远财和养耻的表现。自从万历以后,士大夫交际多用银,但仍将它封在书册之内,由守门的人递进;后来则变成亲自在座上呈交,直接从衣怀中取出来了。这就是外表上衣冠整齐,但里面却裹着不可告人的东西;上朝时整齐有序,但却是一副市井小人的样子。这些人面对管宁、温峤的不为名利所动的故事,一点也不感到惭愧,而好像与己无关,成为当然的事了。难道先王制定的用竹器盛锦绮的制度是早就知道后来发生的事,才昭示人们应该远离财货吗? 先王曾为此做过防范,但现在人们却轻视这种规矩而重视财货。

285

民之所以不安，以其有贫有富。贫者至于不能自存，而富者常恐人之有求，而多为吝啬之计，于是乎有争心矣。夫子有言："不患贫而患不均。"夫惟收族之法行，而岁时有合食之恩，吉凶有通财之义。本俗六安万民，三曰联兄弟；而乡三物之所兴者，六行之条，曰睦，曰恤。不待王政之施，而鳏寡孤独废疾者，皆有所养矣。此所谓均无贫者，而财用有不足乎？至于葛藟之刺兴，角弓之赋作，九族乃离，一方相怨，而瓶罍交耻①，泉池并竭。然后知先王宗法之立，其所以养人之欲而给人之求，为周且豫矣。

【注释】①瓶罍交耻：一作"瓶罄罍耻"，出自《诗·小雅·蓼莪》："瓶之罄矣，维罍之耻。"罍、缾皆盛水器，罍大而缾小。罍尚盈而缾已竭，喻不能分多予寡，为在位者之耻。后多用以指因未能尽职而心怀愧疚。

【译文】百姓之所以感到不安，是因为存在着贫富的区别。贫民到了不能生存的地步，而富民则常常害怕别人对他有所要求，便务求吝啬，于是双方对立争斗。孔子说："不患贫而患不均。"只有收族立法实行，按岁时季节有合祭的恩德，有患难与共互相通财的情义。《周礼·地官·大司徒》中说，用六类传统风俗使万民安居，三是团结异姓兄弟。第三条是联合，在地方上用三而的内容来教育万民，"六行"中有"睦九族"和"恤贫穷"两条，可以不必等待施行王政，鳏、寡、孤、独、废、疾的人都可以得到照顾。这就是所谓将富的平均给贫的，这样财用还有不足的吗？至于《诗·王风·葛藟》中调周平王族人离散，《诗·小雅·角弓》中叙周幽王骨肉相怨，这就像酒瓶和酒樽相互不耻，泉水和池水一齐干涸一样。由此可知先王建立的宗法制度，既满足人们的欲望，又供给人的需求，真是周到而有预见了。

治化之隆，则遗秉滞穗①之利，及于寡妇。恩情之薄，则穤锄箕帚②之色，加于父母。故欲使民兴孝兴弟，莫急于生财。以好仁之君，用不畜聚敛之臣，则财足而化行。"人人亲其亲，长其长，而天下平③"矣。

【注释】①遗秉滞穗：出自《诗经·小雅·大田》："彼有遗秉，此有滞穗，伊寡妇之利"，麦田收获时，故意留下一些，以供鳏寡孤独捡拾。秉，禾束。②穤锄箕帚：出自汉贾谊《论时政疏》："借父穤锄，虑有德色；母取箕帚，立而谇语。"③语出《孟子·离娄上》。

【译文】政治教化清明时，麦田收获时，故意留下的禾束麦穗都能施及寡妇等弱势群体；恩义浇薄时期，向父母借取穤锄箕帚等工具，也会把不好的情绪加在父母身上。所以要使人们提倡孝悌，不要急于想赚钱。如果帝王能行仁政，任用不贪污敛财的大臣，则国家财政充实而教化大行，人人都孝敬双亲，尊重长辈，这样天下就太平了。

晋荀勖之论，以为省官不如省事，省事不如省心。昔萧曹相汉，载其清静，民以宁一。所谓清心也；抑浮说，简文案，略细苛，宥小失。有好变常以徼利者，必行其诛，所谓省事也。此探本之言。

【译文】晋代荀勖议论说：减少官吏不如减少事务，减少事务不如减少用心。从前萧何、曹参为汉高祖丞相，以清静为主，人民也希望安宁统一，这就是所谓清心；排除那些空洞的议论，精简文书案牍，省略烦琐过分的做法，宽宥人们的小过失，诛杀那些玩弄机巧牟利的人，这就是所谓省事。这是说到根本上的话。

人聚于乡而治，聚于城而乱。聚于乡，则土地辟，田野治。欲民

287

之无恒心，不可得也。聚于城，则徭役繁，狱讼多。欲民之有恒心，不可得也。_{可见省役息事，亦所以保此恒心也。}

【译文】人们聚居于乡村则易治，聚居于城市则易乱。聚居乡村，则由于土地广，田野要开辟种植，人们要是不能专心致力工作，便不能做好。聚居城市，则由于徭役繁，狱讼纠纷多，要人们专心致志地工作，这是不可能的。

尹翁归为右扶风，县县收取黠吏豪民，案致其罪。高至于死。收取人，必于秋冬课吏大会中，及出行县，不以无事时。其有所取也，以一警百。吏民皆服，恐惧改行自新。所谓收取人，即今巡按御史之访察恶人也。武断之豪，舞文之吏，主讼之师，皆得而访察之。及乎浊乱之时，遂借此为罔民之事矫其敝者，乃并访察而停之，无异因噎而废食矣。

【译文】尹翁归为右扶风太守时，于属下各县收取当地的不法官吏和恶霸，立案论罪，判刑以至于死。收取人是在每年秋冬季节考核吏治大会时，和有事行巡各县时。这是有所取获的。惩罚一个人来警戒其他的人，吏民皆服，有问题的人都感到恐惧，改过自新。所谓"收取人"即现时巡按、御史的出访查察恶人。凡以武力欺人的土豪、官势压人的污吏、煽动争斗的讼师，皆在访察之列。后来到了乱世的时候，有人就借口访察做欺凌百姓的事。又有矫正其错误的人，就一并将访察的做法都停止了，这样跟因噎废食就没什么差别了。

传曰：子产问政于然明。对曰：视民如子。见不仁者诛之，如鹰鹯之逐鸟雀也。是故诛不仁，所以子其民也。《说苑》：董安于治晋阳，问政于蹇老。蹇老曰：曰忠，曰信，曰敢。董安于曰：安忠乎？曰：忠于主。曰：安信乎？曰：信于令。曰：安敢乎？曰：敢于不善人。董安于曰：此三者足。

【译文】《左传》说：子产问政于然明。然明说："对待民众要像对待儿子一样，知道不仁的官吏要诛杀他，就像老鹰驱赶鸟雀一样。"所以诛不仁，就是像爱护儿子一样爱护民众。《说苑》：董安于在晋阳当官，向蹇老问如何当官。蹇老道："忠、信、敢。"董安于问道："忠什么？"答道："忠于主上。"问道："信什么？"答道："信守于政令。"问道："敢什么？"答道："要敢于做个被人说是不善的人。"董安于道："这三点足够了。"

汉光武时，郡国群盗，处处并起攻劫。所在害杀长吏。郡县追讨，到则解散，去复屯结，青徐幽冀四州尤甚。上遣使者下郡，听群盗自相纠擿①。五人共斩一人者，除其罪。吏虽逗留回避故纵者，皆勿问，听以禽讨为效。其牧守令长，坐界内盗贼而不收捕者，及以畏愞②捐城委守者，皆不以为负。但取获盗多少为殿最，惟蔽匿者乃罪之。于是更相追捕，贼并解散。徙其魁帅于他郡，赋田受廪，使安生业。自是牛马放牧，邑门不闭。光武精于吏事，故其治盗之方如此。天下之事，得之于疏，而失之于密，大抵皆然，又岂独盗贼课哉？

【注释】①擿（tī）：揭发。②愞（nuò）：同"懦"。软弱、怯弱。

【译文】汉光武帝的时候，地方郡国盗贼很多，到处抢劫，杀害所在的官员。郡县出兵追讨时，官兵一到，群盗就散伙了；官兵去了后，郡盗又纠集在一起，青、徐、幽、冀四州盗贼最多。皇帝派遣使者来到郡上，宣布说盗贼可以相互举报擒拿，五个强盗共杀一个强盗的，这五人可以免除罪名；吏卒有逗留回避故意纵容盗贼的，均不予追究，今后只论擒讨盗贼立功效力。郡县长官有对所管辖界内的盗贼不捕捉及害怕弃城逃跑的，都不认为失职，今后但以捕获盗贼多少排列成绩先后。只有对包庇、藏匿盗贼的人才治罪。于是大家都努力追捕，盗贼便瓦解散伙了。于是将盗贼的首领们移徙到其他州郡，分给田地，使各安生业。从此以后，地方上可以自由放牧牛马，城门也不用关闭了。光武帝精于管理政事，所以平治盗贼也用这种方法。天下的事情，有时放松管制才会收到成效，而严密防范反而会招致失败。有不少事情就是这样，而岂独对付盗贼呢？

　　欧阳永叔作《唐书·地理志》，凡一渠之间，一堰之立，无不记之其县之下。盖唐时为令者，犹得以用一方之财，兴期月之役。而《志》之所书，大抵在天宝以前者，居什之七。岂非太平之世，吏治修而民隐达？故常以百里之官，而创千年之利。至于河朔用兵之后，则以催科为急。而农功水道，有不暇讲求者软？然自大历以至咸通，犹皆书之不绝于册。而今之为吏，则数十年无闻也已。水日干而土日积，山泽之气不通①，又焉得而无水旱乎？

　　【注释】①山泽之气不通：出自《易经·序卦传》："天地定位，山泽通气，雷风相薄，水火不相射，八卦相错。"

　　【译文】欧阳永叔写《唐书·地理志》，凡每开一渠，每筑一堰，无不记载在其县之下。这是由于唐代做地方长官的，尚得用地方上的财力，用一年的时间筑成。《志》中记载的，大抵在天宝年间以前的占十分之七。这难道不是因为在太平的时代，政治清平而民众稳定富裕所致吗？所以管辖百里的地方官，创造了有利千年的事业。至于在河朔用兵战争之后，地方上则以催收赋税和徭役为急务，而对农田水利，哪里还有时间去讲求呢？但是从大历至咸通年间，渠堰水利史书仍然记载不绝。可是现在则几十年来也未听说过地方官讲求农田水利的事了。水一天天干下去而泥土淤积越来越多，山和泽地互不沟通，又怎么会不发生水旱灾害呢！

龙门县，今之河津也。北三十里，有瓜谷山堰，贞观时筑。东南二十三里，有十石垆渠，县令长孙恕凿。溉田良沃，亩收十石。西二十一里，有马鞍坞渠，亦恕所凿。有龙门仓，开元时置。所以贮渠由之入，转般至京，以省关东之漕者也。此即汉时河东太守番系之策。河渠书所谓河移徙，渠不利，田者不能偿种。而唐人行之，竟以获利。是知天下无难举之功，存乎其人而已。谓后人之事，必不能过前人者，不亦诬乎？

【译文】古龙门县，即今之河津，其北三十里，有瓜谷山堰，唐贞观时筑。其东南二十三里，有十石垆渠，为县令长孙恕开凿，灌溉良田，亩收十石。其西二十一里，有马鞍坞渠，也是长孙恕开凿。有龙门仓，开元时设置，收贮这些渠田产的粮食，然后转运入京，可以节省关东的漕运。这是汉代河东太守番系的计策。《河渠书》有所谓"河移徙，渠不利，田者不能偿种"的说法。但到了唐代的人却实现了番系的设计，由此而得益。由此而知道天下没有难办的事，问题在人而已。所以认为后人做事不能超越前人，这不是欺人之谈吗？

唐开元八年，诏曰：同州刺史姜师度，识洞于微，智形未兆。顷职大农，首开沟洫。岁功犹昧，物议纷如。缘其忠款可嘉，委任仍旧。暂停九州之重，假以六条之察。白藏①过半，绩月斯多。食乃人天，农为政本。朕故兹巡省，不惮祁寒，将申劝恤之怀，特冒风霜之弊。今原田弥望,畎浍连属。由来榛棘之所,遍为粳稻之川。仓庾②有京坻③之饶,关辅④致亩金之润。本营此地,欲利平人。缘百姓未闻,恐三农虚弃。所以官为开发,冀令递相教诱。功既成矣,思与共之。其屯田内,先有百姓拄籍之地,比来召人作主,亦量准顷亩割还。其官屯熟田,如有贫下欠地之户。自办功力,能营种者,准数给付。余地且依前官取。加师度金紫光禄大夫,赐帛三百匹。师度既好沟洫,所在必发众穿凿,虽时有不利,而成功亦多。读此诏书,然后"知无欲速,无见小利"二言,为建功立事之本。

【注释】①白藏:指秋天。秋于五色为白,序属归藏,故称。②仓庾(yǔ):贮藏粮食的仓库。③京坻(dǐ):《诗·小雅·甫田》:"曾孙之庾,如坻如京。"谓谷米堆积如山。后因以"京坻"形容丰收。④关辅:关指关中。辅:三辅,汉景帝二年(公元前155年)分内史为左、右内史,与主爵中尉(不久改为主爵都尉)同治长安城中,所辖皆京畿之地,故合称"三辅"。

【译文】唐开元八年下诏道:"同州刺史姜师度能深入观察细微的事情和研究学问,曾任职司农卿,首创沟洫水运,但开凿经年仍未见功,于是议论纷纷。鉴于他忠诚可嘉,仍然照旧委任他开凿沟渠。我现暂停管理全国的重任,到地方州郡用六条标准来视察。时值秋季过半,八月有多,民以食为天,政以农为本,所以我出巡视察,不畏风寒,要表示对人民的关怀,特冒着风霜的天气。现在看到眼前一片田畴,沟渠相连,过去是遍地榛棘,现在是满川粳稻,仓库丰饶,关辅富润。本想经营此地,得利平人。由于百姓尚未开辟,恐怕农田虚荒,所以命官先为开发,希望以后递相诱导,共同立业。原来在屯田内先有百姓籍属之地,现在要召人作主量丈顷亩数割还原主。在官屯的熟田中如有欠地之户具有自己营种能力的,也要准予如数给予土地,其余土地则依前官方收取。加赠师度金紫光禄大夫，赐帛三百匹。"读了这封诏书，才知道"不要要求马上见效，不要只见眼前小利"这两句话，应是建功立业的根本。

孙叔敖决期思之水①，而灌雩娄②之野，庄知其可以为令尹也。魏襄王与群臣饮酒，王为群臣祝曰：令吾臣皆如西门豹之为人臣也。史起进曰：魏氏之行田也以百亩，邺独二百亩，是田恶也。漳水在其旁，西门豹不知用，是不智也。知而不兴，是不仁也。仁智，豹未之尽，何足法也？于是以史起为邺令，引漳水溉邺，以富魏之河内。读此，可见率作兴事之勤，授方任能之略。

【注释】①期思之水：今河南固始县境的史河。②雩娄（yú lóu）：上古颛顼帝时，属安国地。今河南商城县东北部、固始县南部，安徽霍邱县部分地区。

【译文】孙叔敖引期思的河水，用以灌溉雩娄的田野。楚庄王知道这种人是可以任用为令尹的。魏襄王与群臣饮酒，襄王为群臣举杯祝道："愿我的大臣们都像西门豹那样为人臣！"史起进言道："魏氏计算田地是以百亩为一单位，而惟独邺县是以二百亩，因为这是恶田。漳水在其旁流过，而西门豹不知道利用，这是不智；如知道可用而不用，这是不仁。仁智，西门豹都未做到，怎能效法他呢？"于是魏以史起为邺县令，引漳水灌灌邺田，魏国的河内由是富足。我们读了这些故事，就可知道带领人们办事要勤，而任用有才能的人要有方略。

今日所以变化人心，荡涤污俗，莫急于劝学奖廉二事。

【译文】今天要改变人们的心态，荡涤陋俗，最急的任务就是劝学和奖廉二事。

《五代史·冯道传》论曰：礼义廉耻，国之四维。四维不张，国乃灭亡。善乎管生之能言也！礼义，治人之大法；廉耻，立人之大节。盖不廉，则无所不取；不耻，则无所不为。为人而如此，则祸败乱亡，亦无所不至。况为大臣，而无所不取，无所不为乎？然而四者之中，耻尤为要。故夫子之论士曰："行己有耻"。孟子曰："人不可以无耻，无耻之耻无耻矣。"又曰："耻之于人大矣。为机变之巧者，无所用耻焉。"所以然者，人之不廉，而至于悖礼犯义，其原皆生于无耻也。故士大夫之无耻，是谓"国耻"。

【译文】《五代史·冯道传》在评论中说道："礼义廉耻，国之四维；四维不张，国乃灭亡。"说得好！这是管子的名言。礼义，这是治人的根本大法；廉耻，这是立人的根本大节。如果不廉，便无所不取；不耻，则无所不作。作为一个普通人这样做的话，也是祸败乱亡，无所不至；何况是身为大臣，更可无所不取、无所不为了？然而这四维之中，耻尤为重要。所以孔子论士时说："要用羞耻来约束自己的行为。"孟子说："人不可以没有羞耻。不知羞耻之耻，真是不知羞耻呀。"又说："耻对于人关系重大，做投机取巧的人是无所谓羞耻的。"之所以这样的原因，就是人的不廉洁。至于违犯礼义，其原因都是由于没有羞耻之心。所以士大夫的无耻，真是国家的耻辱。

罗仲素曰：教化者，朝廷之先务。廉耻者，士人之美节。风俗者，天下之大事。朝廷有教化，则士人有廉耻。士人有廉耻，则天下有风俗。

【译文】罗仲素说过："教化百姓是朝廷的首要工作。廉耻是士人的美好节操。风尚是关系天下的大事。朝廷要有教化，士人便能有廉耻；士人有廉耻心，那么天下就会有好的风尚。"

国奢，示之以俭。君子之行，宰相之事也。汉汝南许劭，为郡功曹。同郡袁绍，公族豪侠。去濮阳令归，车徒甚盛。入郡界，乃谢曰：吾舆服岂可使许子将见之？遂以单车归家。晋蔡充，好学有雅尚。体貌尊严，为人所惮。高平刘整，车服奢丽。尝语人曰：纱縠吾服其常耳。遇蔡子尼在坐，而经日不自安。北齐李德林，父亡时，正严冬。单衰徒跣，自驾灵舆，反葬博陵。崔谌休假还乡，将赴吊。从者数十骑，稍稍减留。比至德林门，才余五骑。云不得令李生怪人熏灼。李僧伽修整笃业，不应辟命。尚书袁叔德，来候僧伽。先减仆从，然后入门。曰：见此贤，令吾羞对轩冕。夫惟君子之能以身率物者如此。是以居官而化一邦，在朝廷而化天下。魏武帝时，毛玠为东曹掾，典选举，以俭率人。天下之士，莫不以廉节自励。虽贵宠之臣，舆服不敢过度。唐大历末，元载伏诛，拜杨绾为相。绾质性贞廉，车服俭朴。居庙堂未数日，人心自化。御史中丞崔宽，剑南西川节度使宁之弟，家富于财。有别墅在皇城之南。池馆台榭，当时第一。宽即日潜遣毁撤。中书令郭子仪，在州行营。闻绾拜相，坐中音乐，减散五分之四。京兆尹黎干，每出入，驺从百余。亦即日减损，惟留十骑而已。李师古跋扈，惮杜黄裳为相。命一干吏，寄钱数千缗，毡车子一乘，使者到门，未敢送，伺候累日。有绿舆自宅出，从婢二人，青衣褴褛，言是相公夫人。使者遽归，告师古。师古折其谋，终身不敢改节。此则"禁郑人之泰侈，奚必于三年？变雒邑之矜夸，无烦乎三纪。"修之身，行之家，示之乡党而已。道岂远乎哉？

【译文】国家崇尚奢侈，就要倡导节俭。君子的行为如何，这也是宰相应管的事情。汉代汝南许邵任郡的功曹，同郡的袁绍是名族豪侠之士，从濮阳归来，车马侍从很众，在袁绍将进入郡界时，便辞谢车马侍从道："我这种乘舆服饰怎么能让许先生见到呢？"便改乘简陋的车子回家。晋代蔡充是有学问和高雅的人，体貌尊严，受人尊敬。高平人刘整，车服华丽，曾对人说："丝绸绉纱不过是我平常的服装，但遇上蔡子尼在座，我却整日感到不安。"北齐的李德林，父亲死时正值严冬，自己穿着丧服单衣光脚，驾着灵车返葬于博陵。崔谌也在这时休假还乡，将去赴吊唁，原来随从数十骑，稍减少了一部分，行到德林的门前，余下才五骑，说："不要使李生怪我薰灼了他。"李僧伽在家修理旧业，不回应朝廷的任命。尚书袁叔德来问候僧伽，先减去跟随的仆从，然后入僧伽的门，说道："会见这位贤士，使我对高官感到羞耻。"这就是君子能以身作则做出榜样感动人，做了地方官就能感化一方，做了朝中大臣就能感化天下。魏武帝的时候，毛玠做了东曹掾的官，主管选拔人才，以节俭做表率，于是天下的士人莫不以廉节来勉励自己，虽然是高贵的宠臣，其车马随从和服饰都不敢超越规定。唐大历末年，元载因罪被诛死后，任命杨绾为丞相。绾洁身自好，崇尚贞廉，车服俭朴，在朝不数日，人们便受其感化。御史中丞崔宽是剑南西川节度使崔宁的弟弟，家中财产富足，有别墅在皇城南面，其中池馆台榭，当时号称第一，当时便受杨绾感化，即日暗中派人去将别墅捣毁抑换。中书令郭子仪当时在邠州的行营中，听说杨绾被拜为相，便将室内设置的乐队裁减五分之四。时任京兆尹的黎干，原来出入随从都有百余人，也在即日减少，只保留十骑而已。李师古当官跋扈，但害怕杜黄裳任宰相，曾派一能干的吏员送给杜钱数千缗和一乘高级马车。使者来到杜家门口，不敢贸然进去，等候整日，看见有一乘绿轿出，只有从婢二人，都是素衣褴褛，说是相公夫人出门。使者赶紧回来将这情况禀告师古，师古把送礼的念头也取消了。从此以后都不敢这样做了。

这就是所谓"禁止郑人的奢侈，何必要三年？改变洛阳的浮夸，用不到三载。"主要在于能自己修身做出榜样，然后才能实行于家庭中，影响到社会上，如此而已。这种道理就在眼前，并不远啊！

《记》曰："大臣法，小臣廉，官职相序，君臣相正，国之肥也。"故欲正君而序百官，必自大臣始。然而王阳黄金之论，时人既怪其奢；公孙布被之名，真士复讥其诈。则所以考其生平，而定其实行者，惟观之于终，斯得之矣。"季文子卒，大夫入敛，公在位。宰庀①家器为葬备。无衣帛之妾，无食粟之马，无藏金玉，无重器备。君子是以知季文子之忠于公室也。相三君矣，而无私积，可不谓忠乎？"诸葛亮自表后主曰："成都有桑八百株，薄田十五顷。子孙衣食，悉仰于家，自有余饶。至于臣在外任，无别调度。随身衣食，悉仰于官。不别治生，以长尺寸。若臣死之日，不使内有余帛，外有赢财，以负陛下。"及卒，如其所言。夫廉不过人臣之一节，而左氏称之为忠，孔明以为无负者，诚以人臣之欺君误国，必自其贪于货赂也。

【注释】①庀（pǐ）：治理。

【译文】《礼记》说："大臣要守法度，小臣要守廉洁，官职高下有序，君臣主辅相正，这样国家就会富裕起来。"所以要想国君端正和百官有序，就要从大臣守法度开始。但是汉宣帝时王吉衣物整洁鲜明，当时人就怪他奢侈；汉武帝时公孙弘节俭用布被，当时人又讥他诈伪。故看人要考察他的一贯言行，直到最后死去，才能得出结论。春秋鲁大臣季文子死，以大夫礼入殓，国君亲临，家臣以其家器物为葬具，家中妾无衣帛，马无食粟，藏无金玉，陪葬物均一具无双份。大家才知道季文子的忠于王室，他做了三位君主的宰相，个人却无积蓄，难道还说他不够忠吗？三国蜀汉诸葛亮上表给后主说，自己"在成都有桑八百株，薄田十五顷，子孙的衣食全部可以自给有余。至于我在外做官，也没有其他工作，随身衣食全部都由官家供给，不另有他种收入。到我死时，也不会有多余的钱财，以无辜负于陛下。"及至到了死时，果然就像他说的那样。这"廉"不过是做人臣要尽职的节，《左传》称之为"忠"，孔明称之为"无负"。这就是人臣如果欺君负国，一定是从贪财受贿开始的。

后汉袁安为河南尹，政号严明。然未尝以赃罪鞫①人。此近日为宽厚之论者，所持以为口实。乃余所见数十年来姑息之政，至于网解纽弛，皆此言贻之敝矣。嗟乎！范文正有言："一家哭，何如一路哭邪？"

【注释】①鞫（jū）：指审问犯人。

【译文】后汉时袁安做河南的地方长官，政号严明，但未曾以贪污罪判处人，这是近来一些为政宽厚论者所持的口实，也是我数十年来所见的姑息之政，至于到了法网松弛的地步，都是这句话所给予的害处。可怜啊！范文正曾经说过："一家哭，怎能比得上一路都哭呢？"

朱子谓近世流俗，惑于阴德之论，多以纵舍有罪为仁。此犹人主之以行赦为仁也。孙叔敖断两头蛇，而位至楚相，亦岂非阴德之报邪？

【译文】朱子说，近世的流俗风尚，迷惑于阴德报应的论调，大都认为放纵有罪的就是"仁"，这就像要君主实行大赦才是"仁"一样。孙叔敖斩断两头蛇，后来做到楚国的丞相，这难道也是不积阴德的报应吗？

唐《柳氏家法》：居官不奏祥瑞，不度僧道，不贷赃吏。此今日士大夫居官者之法也。宋包拯戒子孙：有犯赃者，不得归本家；死不得葬大茔[1]。此今日士大夫教子孙者之法也。

【注释】[1]大茔（yíng）：祖坟。

【译文】唐代柳公绰的《柳氏家法》中有：做官的不上奏祥瑞，不度人为僧道，不宽恕犯贪污罪的官吏。这也是今日士大夫做官者要遵守的法规。宋代包拯告诫子孙：有犯贪污罪的子孙不得回得老家，死后也不得葬在祖坟里。这也是今日士大夫教子孙的法规。

两家奴争道，霍氏奴入御史府，欲躢[1]大夫门，此霍氏之所以亡也；奴从宾客，浆酒藿肉[2]，此董贤之所以败也。然则今日之官评，其先考之僮约乎？

【注释】[1]躢（tà）：古同"蹋"。[2]浆酒藿肉：把酒肉当作水浆、豆叶一样。形容饮食的奢侈。同"浆酒霍肉"。

【译文】两家的奴仆争抢道路，霍氏家的奴仆闯入御史府，要踢破大夫家的门，这是霍氏要灭亡的表现；家中的奴仆就像上宾贵客一样享受浆酒藿肉的待遇，这也是后汉时董贤所以败亡的原因。那么今天我们在评判官员时，是不是可以先考查一下他对奴仆的管理呢？

唐张嘉贞在定州，所亲有劝立田业者。嘉贞曰：吾忝历官荣，曾任国相。未死之际，岂忧饥馁？若负谴责，虽富田庄何用？比见朝士广占良田，及身殁后，皆为无赖子弟，作酒色之资，甚无谓也，闻者叹服。此可谓得二疏之遗意者。

【译文】唐代张嘉贞在定州时，和他亲近的人中有劝他购置田地产业的。嘉贞答道："我勉强做了大官，曾任宰相，未死以前，难道还怕没饭吃吗？如果遇上犯罪被判罚的话，有了田庄产业又有何用？看看现在那些在职官员广占良田，及至身死之后，资产都成为无赖子弟的饮酒作乐的资财，这不是很无谓的事吗？"听闻的人都叹服他的见解。这可称得能领会二疏的遗意了。

晋陶侃勤于吏职。终日敛膝危坐。阃①外多事，千绪万端，罔有遗漏。诸参佐或以谈谑废事者，命取其酒器蒲博②之具，悉投于江。将吏则加鞭朴③。卒成中兴之业，为晋名臣。唐宋璟为殿中侍御史，同列有博于台中者，将责名品而黜之，博者惶恐自匿，后为开元贤相。而史言文宗切于求理，每至刺史面辞，必殷勤诫敕曰：毋嗜博，无饮酒。内外闻之，莫不悚息。然则勤吏事而纠风愆④，乃救时之首务矣。

【注释】①阃（kǔn）：本指城郭之外，引申为担任要职的人。②蒲（pú）博：古代的一种博戏，后亦泛指赌博。③鞭朴：亦作"鞭扑"。用作刑具的鞭子和棍棒。亦指用鞭子或棍棒抽打。④风愆：三风十愆的简称，三种恶劣风气，所滋生的十种罪愆。出自《尚书·伊训》："敢有恒舞于宫，酣歌于室，时谓巫风；敢有殉于货、色，恒于游、畋，时谓淫风；敢有侮圣言，逆忠直，远耆德，比顽童，时谓乱风。惟兹三风十愆，卿士有一于身，家必丧；邦君有一于身，国必亡。"

【译文】晋代陶侃在为官时工作勤勉，整天端坐埋头工作，官署外面的事情很多，千头万绪，都不一事遗漏。他手下辅佐的人或有谈笑废事的，则收取他们的酒器和下棋的器具，全都投入江中，将吏有犯的则加以鞭打，陶侃终于成为晋代中兴的名臣。唐代宋璟任殿中侍御史时，同行中有在办公处下棋玩的，就点他的名开除他，下棋的人害怕，便收藏起来不玩了，宋璟后来成为开元贤相。史书又说唐文宗殷切地希望得到治理，每当地方刺史面辞的时候，总是谆谆告诫说："不要迷耽于下棋，不要饮酒。"京城内外的人知道了，就害怕收敛了。所以说以勤勉工作来纠正不良风尚，是挽救歪风的首要任务。

今日致太平之道何由？曰：君子勤礼，小人尽力。

【译文】今天能致太平的办法是什么？答道："在上位的人要勤勉有礼，在下位的人要尽心尽力。"

晋许荣上疏言：臣闻佛者，清远元虚之神。今僧尼往往依傍法服，五戒麁①法，尚不能遵。而流惑之徒，竞加敬事。又侵渔百姓，取财为惠，亦未合布施之道也。《雒阳伽蓝记》：有比丘惠凝，死去复活。见阎罗王，阅一比丘，是灵觉寺宝明。自云出家之前，尝作陇西太守。造灵觉寺成，弃官入道。阎罗王曰：卿作太守之日，曲理枉法，劫夺民财。假作此寺，非卿之力，何劳说此？付司送入黑门。此虽寓言，乃居官佞佛者之箴砭也。

【注释】①麁(cū)：古同"粗"。
【译文】晋代许荣上疏道："我所说佛是清远元虚之神。现在僧尼则往往以穿上袈裟为凭借，对教门中的五大戒律也不能遵守。而那些被迷惑的人对他们却竟相尊奉。他们又侵占百姓利益，名为惠施，收取财物，也不是符合布施之道的。"《雒阳伽蓝记》：有和尚惠凝，死去后复活，说，曾见到阎罗王阅判一名比丘，是灵觉寺的宝明。他自称在出家之前曾任陇西太守，建造灵觉寺，完成后就弃官出家。阎罗王道："你做太守时曲理枉法,将劫夺来的民财建造此寺,这并非你的功劳,为何说成是你造的？"便将宝明交付主管人送入黑门。这虽然是一段寓言,但也是针对当官佞佛者治疗的药方。

汤子《遗书》

（先生名斌，号潜庵，河南睢州人。顺治壬辰进士，官礼部尚书，谥文正。）

宏谋按：先生德器深厚，学术纯正。自监司解官，从学十年，被征乃出。抚吴二年，百废具兴①，顽懦廉立②，几于风移俗易矣。今数十年之久，士民讴思③，常如一日。非至诚相感，其可强而致乎。兹采遗书中，可以风于有位者，录为一帙。恨不及见先生，而读其书，如见先生。朝夕展诵，冀以少祛固陋云。

【注释】①百废具兴：出自范仲淹《岳阳楼记》。指许多已经荒废了的事情一下子都兴办起来。②顽懦廉立：出自《孟子·万章下》："故闻伯夷之风者，顽夫廉，懦夫有立志。"使贪婪的人能够廉洁，使怯弱的人能够自立。形容感化力量之大。③讴思：讴歌以表达思念之情。

【译文】宏谋按：先生的德行深厚，学术纯正。自于国史院解除官职后，从孙奇逢进学十年。复被征诏授官。又在江宁任巡抚二年，改变虚华颓废，去奢返朴，移风易俗。至今数十年之久，士人和民众都追思德政。如果不是出于至诚之心来感化人，难道能勉强民众这样吗？现在采录《遗书》中可以讽谕当权者的话录为一帙。我恨不能见到先生，但读他的书就像见到他一样。朝夕展诵，希望能消除顽固的陋习。

古之民有四，今之民有六。其耗财已至，何怪匮乏相继乎？欲驱浮惰而农之，惟在使民乐为农。今之为农者，力作不足供赋税。不见其乐，止见其苦。如商贾之徒，固是奔竞之心胜。亦缘不能安业，故思他图。又如僧道辈，其心岂不欲有父母妻子之乐？多缘农困无以为生，故逃归僧道。既逸其力，又不匮于衣食，则亦安之不思返矣。是莫若轻徭薄赋，使安于农而乐为之。则游惰者，不驱而归农矣。问曰：游惰者归农矣。其间，贫富相耀，风俗终难整理，若何？先生曰：此最难处。今之时势，与古不同。古之时，无甚贫甚富之俗，所以易治。今之富者，田连阡陌。贫者，至求数亩自给而不可得。此中甚费区画。今但使一乡之中，富者明礼义，兴仁让。有以庇贫者，而不至失业。则后此可以徐图矣。富者能不欺贫，贫者能不忌富，止许藉庇于富，不可肆恶于富，则风俗自厚，何嫌贫富相耀也。

【译文】古代民众分四等，现在的民众分六等，只顾消耗财富，继之而来是贫乏，这是没有什么奇怪的。要想克服虚浮懒惰，就要重视农业，使民众乐于从事农耕。但现在从事农耕的人，尽力劳动却不够交赋税，不见好处，只见苦处。像经商的人，固然是要奔走竞争，希望能争胜，这也由于人们不能安于所业，所以想另找出路。又如僧人、道士一类，他们难道不想享有父母妻子之乐？多数因为农耕困苦，无以为生，所以逃入僧道之中，既可以安逸不用劳力，又可以衣食不缺，所以就安心不思还俗了。要改变这种现象，就只有轻徭薄赋，使民众能安于农业而乐为农耕，这样就可使游荡懒惰的人，不用驱赶便返回农村了。问道："游荡懒惰的人返回农村，其中存在贫与富的相互争比，这种风俗很难调理，怎么办？"先生答道："这确是难处。但今天的时势与古代不同。古时没有很贫很富的差别，所以易于管理。现在的富有之人，田地连成一大片，阡陌纵横；贫困之人要求数亩地自给也不可得。如何区划管理，就很费心力。今只有使一乡之中富有之人能明白礼义，提倡仁让；使得贫困之人能依靠富者帮助，而不致失业，以后就可以慢慢规划改进了。"

儒者不患不信理，患在信之过。而用法过严者，亦是一病。天地间，法情理三字，原并行不悖。如官司有弗称职者，若优容贻害，固不可。必嫉之过而加以重罪，至陨命析产，亦不忍。有仁术焉，轻其罪，使之蚤去。则我亦不流于残，而民已除其害矣。

【译文】有学问的人缺点不是不相信道理，而是在相信过了头。所以施法过严的，就是其中一病。世上法、情、理三个字，同时进行而互相不违背。如当官的有不称职者，如对他纵容为害，固然不对，对他处罚而加以重罪，以至处死没收家产，也是不忍心的。只有施行仁术，减轻他的罪行，使他早日离开职位；而我不至于残忍对他，民众就已除掉为害的人了。

先生任潼关时，年饥，麦不熟。兵饷匮乏，人心骚动。先生欲发仓储秋粮以贷。俟来年麦收，仍以两季麦粮拨发。督镇不可。先生曰，事变仓卒，非可拘以常数。以此安抚人心，利害由我而当。督镇以为然。各营弁皆欢欣感谢，变遂寝。后督镇每谓僚属曰：作事如汤公，真可谓尽职无遗憾。有能仿而行之者，即善类也。

【译文】先生在潼关任上时，有一年发生饥荒，麦子不熟，兵饷空缺，人心骚动。先生计划开仓以秋粮贷充军粮，待明年麦收时用两季的麦子拨付。督镇的长官不同意。先生道:"这是紧急的事变,不能固守平常的做法。只有用此才可安抚人心,利害可由我来承担。"督镇答应了。各军营的官兵欢欣感谢,事变才平息下来。后来督镇经常对下属说:"做事如汤公那样,真是可称尽职而无遗憾了。有人能够效法他,就是一类好人。"

先生任潼关时,同列问曰:得百姓心易,得僚属心难。公何兼而致之也。先生曰:吾于属吏,不惟不取其财。且彼有善,吾力成之。以遂其愿,故人或不以为苦。同列曰:无所取于彼,何所应于上?先生曰:无所取于彼,亦无所应于上。交际之礼,不过寻常帛物四件。上官且戏谓吾礼物有班数,亦各谅之,无所受也。至往来之官,未有以金帛为赠者。其于上下间,如此而已。

【译文】先生在潼关任职时,同事中有人问他:"得百姓心易,得僚属心难,您何以能二者兼得呢?"先生道:"我对下属,不但不取其财,而且对他的好的做法,我要设法帮他完成,以达成他的愿望,所以人们跟我相处不会感到辛苦。"同事又问:"您对他无所取,怎样能应对上级的要求呢?"先生答道:"我无所取于他,也无所应于上。我用于交际的礼物,不过是寻常的四件帛物。上级官员因之戏说我的礼物有一定规定,因此也谅解我,便不再接受了。至于往来的官员,我从未有用金帛作为礼物赠的。我对于上下级之间的关系,就是如此了。"

年少登科,切弗自喜。见识未到,学问未足,一生吃亏在此。即使登高第,陟高位,庸庸碌碌,徒与草木同朽耳。往往老成之人,一入仕途,建立一二事,便足千古。由其阅历深也。

【译文】年轻的时候考上科举，切勿自喜满足。其实是见识未到，学问未足，一生吃亏即在于此；即使登上高贵的门第，居于高级的官位，也是庸庸碌碌，白白与草木一样，直至腐朽无所作为。往往老成有远见的人，一入仕途当官，建立一两件工业，便能成为流传千古的大事。这是由于他阅历深广的缘故。

问为政当以顺民情为第一义，也有顺不得的所在。即如我在赣州作道时，海寇猖獗。忽有贼持伪檄到抚军辕门。抚军传余甚急，食顷三至。余诣抚军所，以此贼付余。余在辕门讯之。百姓观者如堵，颇多惶惑。余请抚军急枭示，以绝贼人觊觎。抚军犹豫，欲监候上闻。余请益力，因令押送市曹。百姓震恐，遮道而请曰：杀之，则贼众大至，百万生灵不保矣。余晓百姓曰，杀之，则贼知我不惧，而不敢来。即贼众果至，我自有方略保障抵敌，尔百姓无恐。贼亦大呼曰，两国相争，不斩来使。余呵之曰：汝贼耳，安得云国？亟斩之。寻贼败去，竟无警。使是时稍顺民情，不断然斩之。奸宄生心，保无意外之变乎？非是当初年少气壮，只是明理耳。（此由小民所见不远，故顺不得。更有许多偏心私心，亦是顺不得的。故明理最要。以上语录。）

【译文】问怎样为政。应该以顺民情为第一义，但也有顺不得的地方。即如我在赣州做官时，海寇猖獗。忽然有一贼手持伪檄令到抚军的辕门。抚军急忙传我去，在吃饭的时间中三次传请。我到了抚军处所，他将贼人交给我，我在辕门进行审讯。百姓围观如同一堵墙，他们大多惶惑不安；我赶快请抚军杀贼示众，以免贼众来窥探虚实。抚军犹豫，想等上报后决定。我更坚持要求将贼处死。这时百姓知道了，感到震惊害怕，满街道的人请求道："如将此贼杀了，则贼众会大批来到，百万生灵就保不住了。"我晓喻百姓道："杀贼，则使贼众知我不怕贼，他就不敢来了；即使贼众果然来到，我自有方略保障，抵抗敌人，你们百姓不要害怕。"贼亦大声喊道："两国相争，不斩来使。"我呵斥他说："你是贼，怎么说成是国呢！"马上就把他斩了。贼众很快就溃败逃去，警报也没有了。如果当时稍顺民情而不当机立断的话，奸贼违法作乱的心就会萌生，能保证没有意外的事发生吗？这不是因为当初年少气壮，只是明白事理而已。

天下事莫患于因时苟且，而无真诚之意，动辄曰：时不可为也，事多掣肘也。牧仲在刑曹，一副郎耳。每虑囚，必细审其得罪之由，察其情伪，稽之律例。有求其生而不得，则死者与我俱无憾之意。有不合者，动色力争。即丰镐旧臣①，亦谅其真诚，改容敬礼之。虽不能尽如已意，其所全活者亦多矣。（《与宋牧仲书》）

【注释】①丰镐旧臣：选自《史记·秦始皇本纪》："吾闻周文王都丰，武王都镐，丰镐之间，帝王之都也。"丰镐旧臣，用来比喻朝廷重臣。

【译文】天下的事的问题无非是出在当时因循苟且，而无真诚之心上。动不动就说：时机不成熟做不到。事情太多顾不上。宋牧仲在刑部不过是一副职郎官而已。每每处理囚犯，定要仔细审察他犯罪的因由，体察其情伪，查考有关律条。尽全力为他谋求一线活略而不得，最终他扔就被处死，对我而言也没有可抱憾的。有与自己意见不相同的，便动容动色地力争。即便是朝廷重臣，也会体谅他的真诚，对他肃然起敬。即使无法完全符合自己的意愿，他所保全存活的也很多了。

人身之所重者，元气也。国家之所重者，人才也。古人宦辙所至，必以咨访人才为首务。所为人才者，非词华藻丽，驰声艺苑之谓。必经术足以明道，才略足以匡时，有精苦之志，有沉深之谋。此其人,必不欲以浮华显。往往在深山穷谷,可以遯世无闷。或浮湛人间,落落穆穆。非得其同志,则不能相求也。西江自宋以来,名臣大儒,不可胜数。今岂遂无其人乎?余昔参藩岭北,属有军旅之役。事定而疾作,请休归里。宁都有魏冰叔兄弟与彭躬庵、邱邦士。方读书易,余知之,未暇入山一访。亦以诸子深藏交修,不求闻于世。余虽粗知其姓氏,未能悉也。今读其所著书,想见其为人,屈指当日,已二十年矣。河山阻修,光阴荏苒,惟有浩叹而已。天生人才,无间古今。往者已矣,来者未可量。牧仲更从冰叔,益求知所未知焉,勿如我之过时而悔也。还朝以此为使归之献,则所以报国者深矣。(牧仲司榷之官,先生不劝其献美余,而劝其献人才,何相期之远耶?况他官耶?)

【译文】对身体而言,重要的莫过于元气。对国家而言,重要的莫过于人才。古人宦游,所到之处,首先要做的必然是寻访人才。所谓人才,并不是指人的词藻华丽,驰名艺苑。一定是经世治术足以明道,才略足以匡正时弊。有精苦之精神志向,有深沉之谋略。这样的人一定不会追求浮华虚荣,往往身处深山穷谷,可以循世而不觉落寞。或者沉浮人间,却洒脱端庄,不志同道合,则不能相求。西江自宋以来,名臣大儒不可胜数。如今难道说人才一下子就都没有了吗?我从前参藩岭北时,战事频频。战事平息后,疾病发作,请求回归故里。宁都有魏冰叔兄弟及彭躬庵、邱邦士。当时我读书切磋于易堂,得知这个消息后,却没来得及入山探访。同时也考虑到这些士人隐藏修学,是不想被世间虚名所打扰的。我虽大体知道他们的姓名,但对他们的了解却具体详细。如今读到他们的著作,便能想象到他们的为人,屈指算来,已经有二十年了。远隔万水千山,光阴荏苒,只有长叹而已了。老天造就人才,是不论今古的。过去的只好让它过去,而未来不可限量。牧仲跟从冰叔,追求自己所未知的,不要像我一样事后后悔。回到朝中以此作为归来的贡献，对国家的报达可谓深远了。

睢州旧有柳梢，约四万有奇，久贮河干。年来疏浚得宜，宣房无恙。今协工告急，似宜载运前去，那缓就急。既以慰河台四望之意，复以见执事救助之功。新派柳梢，接续上纳报完。协工之数既足，仍补完河上旧梢，以备万一之用。在执事不过略为通融。而民间稍缓须臾，遂可免典妻鬻子之苦。不然，限期逼迫，势难周转。鞭笞虽施，亦鲜成效。执事天地父母之心，谅必恻然动念也。如曰枝梢，各年派定，不便那移，窃思枝梢与他项钱粮不同。堆贮河滨，日久亦渐糜烂。存之数年，竟归乌有。谁非百姓脂膏，何忍听为弃物？若一通融，不但有益东工，且本地收以新易陈之效。即或培固堤堰，为预防之计，而旧数依然，新陈较胜。况士民孰无本心，感恩图报，方衔结不遑。踊跃上纳，更自敏速。（《与冯郡判书》）

【译文】睢州旧有储存的柳梢约有四万多，长期贮放在河畔。几年来河道疏浚得当，宣房宫安然无恙（黄河未造成水患危害）。现在，协工告急，应该载运前去，以挪缓用而救急用。这既有安抚河台和四方山川及其神灵的用意，也可以表现出当政者救助的功劳。新派下的柳梢，继续交纳完成。协工需要的数量满足后，仍然补足河畔原有储备，以防备万一。这对当政者来说不过是略微通融之劳，但民间百姓却可以因而稍稍得以缓冲，因而免除了典妻卖子的痛苦。不然，限期临近，势必难以周转，即使施加鞭苔，也少见成效。当政者的天地父母之心，想必也会动恻隐之念。虽说枝梢每年分派有专门的规定，不便挪移，但我个人以为枝梢和其他粮钱等项摊派不同。枝梢长期堆贮在河岸，日久也会渐渐腐烂。贮存几年，便化为乌有。哪一枝哪一条不是百姓的脂膏血汗，怎么忍心任其变成废弃之物？而一旦通融，则不但有益于东工，并且本地也会收到以新换陈的功效。即使是为培固堤岸，为预防打算，而原数依然保持不变，但新的要比陈的好。何况士民哪个没有本分良心？感恩图报，衔草结环，惟恐来不及，必然会踊跃交纳，更加迅速。

时至今日，作善良非容易。天下君子原少，上官岂能尽贤？且人情难测，我辈爱民之心常切，而事上之才常拙。任事之意常盛，而弭谤之术常疏。万口欢腾之时，忌者即从中而起，往往然也。故今之吏，黜弊去其太甚，举事必存小心。循规蹈矩，无露锋芒，异日当国家大任，不茹不吐，正在此时磨炼出来。勿谓异己者非我辈药石也。（《答李襄水书》）

【译文】到了现今这个社会，做好事确实不易。天下君子原本不多，在上为官的岂能都是贤能之人？并且人心难测，我辈虽爱民之心肯切，但在事情往往心有余而力不足。做事之心往往很盛，而消弭毁谤的办法却很疏漏。万众欢腾之际，忌妒之人往往乘机而起。所以，对当今的官吏，贬斥去除太过分的，凡事必定心存小心。规规矩矩，不显露任何锋芒。他日担当国家大任时，不欺弱、不畏强，正是此时磨练出来的。不要认为反对自己的不是督促我们改过提升的良药。

贤者出处，关系世道。天相国家，恐有欲退不得者。以义论之，身在危疆，委曲担荷；方员并施，经权互用；总以保固地方，拯救残黎为念。古之君子，当此境界，尽有苦心不可告之人者，及事过险出，人皆服其深心大力，足以弘济时艰，物望愈重，巨任将归，此一道也。若事有难为，奉身而退，以威武不屈为高，此亦一道也。二者，总内度之心而已矣。进退所关，要彻底打算。合乎天理，无一毫私心。则进退皆道也。出处二字，非人所得与，故某不敢为执一之论。

【译文】贤能的人出山处世，关系到世道人心。上天都助国家，恐怕想后退也不可能。用义议论之，身在危险的边地，委曲地担负重任，方圆并施，经权互用。总的来说都是以保全巩固地方，拯救困顿的黎民百姓为目的。古时的君子，处在这种境地，尽管苦心孤诣难以为人所知，但等事情过后或险情发生，人们都佩服其深谋远虑，足以扶困济危，因此他的声望会越来越大，国家的重任也会落到他的身上，这是一方面。如果事情力所不及，奉身而退，以威武不屈为尚，这也是一方面。这两者，归根到底，在于自己内心的测度罢了，进退所的关键，要好好打算，凡事要合乎天理，无一毫私心，那么无论进退都符合于道。"出处"二字，不是平常人所能得到和给与的，所以我不敢做专执惟一的结论。

长安道上，有称颂足下新政者，未得其详。既而知立义学七十余处，从学弟子六七百人。近且重农积谷，水旱有备。此汉代循良所为，何幸于今日见之。教养二字，王道之本。近日长吏，不讲久矣。某昔承乏潼关，亦力行社学乡约义仓保甲四事，颇费苦心。虽寮友承行，不能尽如鄙意。然亦有效可睹矣。足下学有源本，才足经世。闻以吕司寇公诸书课子弟。此书最善入人，化俗为易。妇人女子，皆能于变。真快事也。半载之后，似当课以《孝经》《小学》。近世人才不古若。只为少此一段工夫。就中择其才可大成者，进以经书，讲明正学。三年之间，当有大贤出而应之。有功吾道不小也。贤才不择地而生。特振兴无人，遂就颓废耳。更闻勇于拔薤①，疾恶过严，此亦初政宜然。亲民之吏，慈惠为上。民既向风，威严宜弛。（《与王抑仲书》）

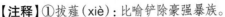

【注释】①拔薤（xiè）：比喻铲除豪强暴族。

【译文】长安路上，有称颂您的新政的人，但我未得其详。后来得设立义学七十余处，从学子弟六七百人。并且近来又重农积谷，水旱有备。这是汉代循良的所作所为，我却在今天得以见识，多么幸运。"教养"二字，是王道的根本。而近来的官吏不讲求这些已很久了。我过去充任潼关守令，也竭力推行社学、乡约、义仓、保甲四件事，颇费苦心。虽然同僚道友都切实推行，也不能尽如我意。但已然颇有可观之效了。足下学有渊源，才能足以经世致用。听说用吕司寇公诸书督课子弟。此书最易于被人接受，化凡俗为简易。妇人女子，皆能于变，真是快事。半年以后，似应督课《孝经》小学。近世人才不古，如果是只缺少这一段功夫，可以从中选择能成大器的，讲授经书，讲明正学。三年之间，必当有大贤出现应和，对于同道功 劳不小。贤才不会择地而生，只是由于无人赏识提拔，于是便颓废了罢了。又听说您敢于铲除豪强，疾恶如仇，这些适宜于为政之初。作为与百姓最为亲近之吏，当以仁慈泽惠为上。百姓既已闻风向化，威严之政就该当松弛了。

吴下盗风日炽，由于地方官虑处分严切，遇有被盗，便与失主为仇，逼令隐匿不报。其盗情重大，势不可掩者，逼令改强为窃。甚至昧却良心辄拿家属妇女审询。坐以是奸非盗，敲掳并行。以故失主畏其苦累，不得不隐忍缄默。即申报矣。奉文勒缉，往来解比。差役盘费，悉出失主。盗之所余，不尽不止。其意总要失主有不敢不讳之势，而后官长得安然遂其讳盗之心。既助盗以虐民，实驱民而为盗，是官长实盗魁也。如此作官，惟知有自己功名，不知有良民身家性命。不但上负朝廷，抑且绝灭天理。每日坐堂开衙，乘舆张盖，何面目与斯民相对乎？（此数语，唤醒俗吏多矣。《禁讳盗告谕》）

313

【译文】吴下强盗之风日炽，由于地方官处理严切，遇有被盗，就与失主结仇，于是便逼令隐匿不报。如果案情重大，无法隐匿，便逼令改强盗为窃取。甚至昧了良心，动辄审问家属妇女，坐以通奸而非强盗之罪，敲拷之刑并用。所以失主害怕受此痛苦连累，不得不隐忍缄默。即便报官，那么奉命缉拿，往来解送，差役的盘费，都由失主负担。不把未被盗光的财产折腾精光不算完。其目的就是要失主不得不有所顾忌隐讳，而官府则得以满足讳言强盗的本意。这既是帮助强盗施虐于民，也是逼民为盗。这官长就是强盗头子。如此当官，只知保全自己功名，不知还有良民的身家性命。不但上负朝廷，并且灭绝天理。每天坐堂开衙，乘车张着伞盖，有什么脸面面对百姓？

苏松两府士民，纷纷具呈。妄称本院德政，请立碑，建书院，作生祠，本院不胜骇异。苏松赋重役繁，民生困苦。上下掣肘，诸事维艰。本院夙夜拮据，扪心自揣，有过无功。况现任辄自立碑，律有明禁。至于建书院，造生祠，尤为末俗诌谀之习。吴门生祠如林，岂必尽有功德。甚至过者指斥其姓名，历数其劣状，未尝以其有生祠而称羡之也。若周文襄，王端毅，海忠介三公，忠直廉惠，史册载之，儿童知之，今曾无半间之享？可见生祠不足为贵重。至于书院，原先儒讲学明道之所。人因避生祠之名，概称讲院，尤属无谓。此皆好事无耻之徒，借以媚官长，诈乡愚，渔利行私。今欲加于本院，是以本院为好谀喜佞之愚人，何待本院之薄也？《禁立祠告谕》

【译文】苏松两府的士民百姓，虚妄地称颂我的德政。请求立碑、建书院、作生祠。我对此不胜惊骇诧异。苏松地区赋役繁重，民生困苦。上下掣肘，诸事维艰。本院为此夙夜困顿，扪心自问，有过无功。何况现任为自己立碑，律条明令禁止。至于建书院，造生祠，尤其是末世之俗，谄谀之习。吴门生祠如林，难道一定都有功德。甚至有路过的人指名斥骂，历数其劣迹，并没有因为有生祠而称颂欣羡。像周忱、王恕、海瑞三公，忠直廉惠，名载史册，儿童都知道，现在难道没有半间祠堂可以接受祭祀吗？可见，生祠不足引以为贵重。至于书院，原本是先儒讲学明道的场所。人们为避讳生祠之名，一概称为讲院，这尤其无聊。这都是好事之人，无耻之徒，借以向官长献媚，以欺诈愚民，渔利行私的手段。如今却欲加之于本院，这是把我当成是喜好谄谀，愚蠢的人了，为何对我如此轻视呢？

本都院抚吴二载，一饮一食，何莫非百姓脂膏？而地方刑名钱谷，簿书鞅掌。昼夜拮据，未尝暇逸。心虽无穷，力实有限。今蒙圣恩优擢。尔百姓念本都院爱民有心，忘本都院救民无术。罢市挽留，数日聚集院署。哀号之声，至不忍闻。本都院与尔百姓，一体相关。岂忍因本都院之行，遂使尔等士废读书，农废耒耜，商废贸易？本都院为之寝食不安。本都院于地方利弊，民生疾苦，知之颇真。入朝之后，或至尊顾问，或因事敷陈，当尽力凿凿言之。况圣主眷念财赋重地，必简公忠清惠，才德兼全之大臣，十倍于本都院者，来抚兹土。尔百姓何用多虑。本都院平日告诫尔百姓之言，历历具在。朔望率尔百姓叩拜龙亭，讲解乡约。亦欲使尔百姓，知君臣大义，朝廷恩德。自今以后，愿尔百姓，孝亲敬长，教子训孙，忠信勤俭，公平谦让。事要忍耐，勿得妄兴词讼；心要慈和，勿得轻起斗争。勿赌博，勿淫佚。勿听邪诞师巫之说，复兴淫祠。蚤①完国课，共享天和。此本都院惓惓②望于尔百姓者。本都院身在京华，此心当往来此地。本都院见尔百姓如此情状，既愧平日救民之道未尽，又不忍遽恝③然而去，但君命不敢留。惟尔士归书舍，农归田畴，商归市肆，使本都院之心

稍安。无复纷纷扰乱可也。(《临行晓谕士民》)

【注释】①蚤：古同"早"。②惓惓（quán）：深切思念；念念不忘。③恝（jiá）：无动于衷；淡然。

【译文】我都院抚吴地二年，一饮一食，无不是百姓的脂膏，而地方刑名钱粮，公文烦劳，日夜困顿，不敢稍有松懈。心愿虽然无穷，能力实在有限，今天承蒙皇上圣恩优擢。你们老百姓顾念本都院有爱民之心，忘了我救民无术，罢市挽留，数日聚集于院署，哀号之声，实不忍闻。我与你们百姓，一体相关，怎能因我之将行，致使你们士人荒废读书，农夫停止耕作，商人不作交易。我为此寝食不安。本都院对地方利病，百姓疾苦，了解颇为真切。入朝之后，或圣上顾问，或因事上奏，一定会尽力切实言说。何况圣上体恤眷念财税重地，一定会选择忠正清廉，德才兼备，十倍于我的大臣前来都抚这里。你们百姓何需多虑。我平日告诫你们百姓的话，历历在目。朔望之日，率领你们百姓叩拜龙亭，讲解乡约，也是要让你们懂得君臣大义，朝廷的恩德。从今以后，希望你们孝敬老人，教训子孙，忠信勤俭，公平谦让。凡事要忍耐，不要随便诉讼。心地要仁慈祥和，不要轻易争斗。不要赌博，不要淫佚。不要听信荒诞的以及巫师的言词说教，不要再兴淫祠。及时地完纳国税，共享天和。这就是我拳拳希望于百姓的。我身在京华，心却往来此地。我看见你们现在这个样子，既为平日未尽救民之道而感到羞愧，又不忍遽然离去。但是身负君命，不敢羁留。只要你们士人回到书房，农夫回到田间，商人回到集市，使我的心才会稍感安慰，不再心绪纷乱了。

从政遗规

魏环溪《寒松堂集》

（先生名象枢，蔚州人。顺治丙戌进士，官刑部尚书，谥敏果。）

　　宏谋按：先生所著《庸言》，有关于立身行己者，已采入《训俗遗规》。兹复于全集中，节录数条。为士大夫居官之鉴。先生学问，以不欺为本，故胸次光明，议论忼爽①。足以破流俗之惑，而振委靡之气。诚居官至言哉。

　　【注释】①忼爽（kāng shuǎng）：慷慨爽直。
　　【译文】宏谋按：先生所著的《庸言》中，有关于立身行己的议论，已经收入《训俗遗规》里边。现在再从其全集中节录数条，以为士大夫做官的鉴戒。先生的学问，以不欺人为本。所以能心胸磊落光明，议论刚直清亮，足以解破流俗的疑惑，振作萎靡的风气，确实是关于做官的至理名言。

　　士大夫不负所学，不负天子者何事？亦惟是省躬治物，勿之有欺耳。勿欺于人，有何不可告人之心？勿欺于天，有何不可告天之事？既不敢告人，复不敢告天。必恣吾威福，为所欲为，视宦途为垄断，以人命为草菅，冀得富贵世世享之。未几而祸及其身，或及其子孙。始欲侥幸微功，忏悔重过，"噬脐何及①"哉？昔人云："惟府辜功②",又云:"无倚势作威,无依法以削③。"盖官者,势与法之藉,而功过之府也。其于吏治也,功多则臧,过多则否。其于民生也,功多则安,过多则危,其于立身接物也,功多则得,过多则失,功过何等关系,可冒昧恣睢而不知简点乎?(《功过格序》)

【注释】①噬脐何及:出自《左传·庄公六年》:"若不早图,后君噬齐(脐),其及图之乎?"噬脐:用嘴咬肚脐。象咬自己肚脐似的,够不着。比喻后悔也来不及。②惟府辜功:出自《尚书·吕刑》:"狱货非宝,惟府辜功。"蔡沉集传:辜功,犹云罪状。惟聚罪之事。③无倚势作威,无依法以削:出自《尚书·君陈》。

【译文】士大夫如果不辜负平生所学,不辜负天子所任,如何去做?也只是修身治物,不要欺骗罢了。不欺人,有什么不能告诉别人的心思?不欺天,有什么不能告诉上天的事情?如果自己的所思所为既不敢告诉别人,又不敢告诉上天,那一定会恣意作威作福,为所欲为。视做官为网罗私利之逢,将百姓人命当作草芥,希望得到富贵而世代享用。然而不久灾祸却降临到他头上,或许还要牵连其子孙。这时才想侥幸有些微功,去忏悔重大的罪过而求得宽恕,但那就如同伸口去咬自己的肚脐一样,怎么可能做到呢!从前人说:"只记下功过。"又说:"不要倚仗权势作威作福,不要依据法令而加以削损。"做官的人,是法令与权势所凭借的地方,也是功绩与罪过所聚集的地方。他们在吏治方面,功绩多就是良善,过错多就是罪恶。他们在治民方面,功绩多就会身安,过错多就会危险。他们在修身待人方面,功绩多就会有所得,过错多就会有所失。功绩或是过错,这之间的关系何等重要?能够不管不顾任意胡为吗?

天下之事有真事,须天下之人有真心。无真心而做真事,必不得之数也。前读先生《迂阔》一说,尽乎天下之人矣。而总归于大法

318

小廉之一语。又读先生《妄谈》五款，尽乎天下之事矣，而总归于治人治法之两端。今日正坐此弊耳。因循者曰：力不能也；贪昧者曰，时若此也。岂无贤豪，亦曰掣吾肘矣，行不得也。大事不敢任，小事不屑为，尚安得复有真心做真事者哉？某窃自愧欲死矣。欲以信朋友者信君父，而先不自信。求所以居仁由义，不愧不怍，如先生首篇教我者，盖戛戛^①难之。所谓真人面前，不说假话也。若止循分尽职，岂今日之所急哉？（《答高念东书》）

魏环溪《寒松堂集》

【注释】①戛戛（jiá）：形容困难，费力。

【译文】天下的事情能够有真事，须天下的人有真心。没有真心的人去做真事，一定不会做到，这到是规律。先前读先生《迂阔》一说，道尽了天下之人，但总归于大法小廉这一句话。又读先生《妄谈》五款，道尽了天下之事，但总归于治人与治法这两端。现在的弊病正在于此。因循的人说："我的力量达不到。"贪赃图利的人说："时世就是这样。"天下怎么会没有贤良豪杰，但他们也说："受人牵制，无法做事。"大事不敢去做，小事不屑去做，还怎么能再有真心去做真事的人呢？我私下对此要自愧死了。想要像信任朋友那样信任君父，但却自己先不相信自己。追求所以居仁由义、无愧无恨，像先生首篇文章教导我那样的境界，是很难做到的。所谓真人面前，不说假话。如果仅仅循规蹈矩聊尽职守，难道是现在所急切要做的吗！

书生即不能为朝廷建大功，持大议，以济时艰。然而爱人才，惜民命，书生犹或能之。若不大破势分利欲关头，则气不扬，骨不劲。安有靡靡然，唯唯然，可任天下事哉？（《答徐子星书》）

【译文】书生即使不能为朝廷建立宏大功业、操持大政良谋，以济助时艰，但爱护人才、怜惜百姓，或许尚能做到。如果不能大破利欲这一关，那便会正气不扬，骨头不硬。哪里有唯唯喏喏，而可以承担天下之事的呢？

谬谓居家居乡，当以父母君父之心为心。入则称说古昔嘉言懿行，令家人环而听之。堂上老亲，亦少开颜色。出则从州大夫讲说乡约，明朝廷之教化。启边塞之愚蒙。提出良心，风俗少变。玩此二语，可以教民矣。差可为先生道者，恃有此耳。（《答汪苕文书》）

【译文】我认为人在家中乡里，应当以父母君主之心为己心。在家中乡里则要称说古人的美好良善的言行，令家人环列倾听。这样使家中的父母长辈，也可以稍稍高兴开心。出外则要跟随当地行政长官讲说乡约，宣明朝廷之教化。开启边塞地区民智，发扬百姓道德良心，使风俗逐渐发生变化。勉强可以为先生讲说，正是凭借这一点。

近见士大夫，率以《感应篇》劝世，自是好念头。仆谓以祸福劝，不若以名节劝之之为切。方今吏治多杂，何不集古儒吏、廉吏、才吏、劳吏四种为一刻，使作吏者之知所自择，以求进于古人之一班耶？（《寄毕亮四书》）

【译文】最近见士大夫大都以《感应篇》劝勉世人，这当然是好想法。但我认为以祸福来劝勉世人，不如以名节劝勉他们更为急切。当今吏治混乱，为什么不集儒吏、廉吏、才吏、劳吏四种人为一部书刊刻，使做官的人知道自己所应选择的类型，而去争取学习到古人的一点皮毛呢？

功令森严，身名为重。内外情面，概宜谢绝。然后以处女之自爱者爱身，以严父之教子者教士。士风文运，实嘉赖之。（《与秦尾仙学使书》）

【译文】法令森严，身家名声最为重要。内外的人情，一概应当谢绝。然后像处女珍爱自己身体一样自爱，像严父教育子女一样教育士人。士风文运，实在是大大地依赖于此。

执事廉介自持，肝肠如雪。尝言生平所见居官之家，祖父丧心取钱，欲为子孙百世之计。而子孙荡费，只如粪土。不旋踵而大祸随之。此执事自爱爱人之格言也。尤当书绅，以志不忘。若一切是非毁誉，悉归于天与命，而平心处之，又何虑哉？（《答晋抚刘勉之》）

【译文】执事您廉洁自守，心胸如同雪一样清白。我曾经言及生平所见的做官人家，祖父昧着良心捞取钱财，想要为子孙留下百世之业。然而子孙挥霍浪费，将钱财视为粪土，顷刻之间大祸降临。这是执事您自爱爱人的格言。尤其应该将它书写在绅带上，以便牢记不忘。如果把一切是非毁誉皆归于天命，自己平心处之，又有什么可以忧虑的呢？

再入长安，惟以职业酬应为学问，妄谓即事即理，并言语亦可省却。虽一时诸君子，留心此道，尚不乏人。而仕宦中，必能立定脚跟，不为一切夺去者，乃可谓真人品，乃可谈真学问矣。仆亦常与互相砥砺，有存诸心而不敢出诸口者，惟反己自修、与人为善八个字耳。（《答郝雪海》）

321

【译文】第二次来到京师，只以职业应酬为学问。荒谬地认为做事就是明理，并且言语也可以省略。虽然当世诸君子中留心此道的，尚不乏人。然而仕宦人中一定能立定脚跟，不被任何事情夺走的，才可以叫作真人品，才可以谈真学问。我也经常参与人们互相切磋勉励，有存之于心却不敢言之于口的话，只是"反己自修，与人为善"八个字罢了。

惟望执事执法如山，守身如玉，爱民如子，去蠹如仇。诲属吏，如师之教弟；阅招详，如弟之亲师；荐举贤良，如读古人得意之书。君命可以不辱矣。(《答刘辑五书》)

【译文】只希望做官的人执法如山，守身如玉，爱民如子，去恶如仇。教诲属吏，如同老师之教诲弟子；披阅上报文书，如同弟子之亲爱老师；荐举贤士良才，如同阅读古人得意之书。如此作去，可以不辱没君命了。

天灾流行，何代无之，数也。儒者不言数，咎在人。兹地也，人虞诈欤？俗健讼欤？行谊悖欤？天物暴欤？淫祠盛欤？有一于此，足以致灾。(《祈谷说》)

【译文】自然灾害的流行，哪一代没有？这是运数。儒者不谈论运数，过失在于人。像这些地方，人们互相之间是不是尔虞我诈？民俗是不是喜好争斗诉讼？品行道义是不是违背礼法？是不是任意毁坏糟蹋东西？是不是盛行过度的祭祀？上述情形有其一，便足以招致灾祸了。

居官者，何尝不择吉日任事？而升者升，降者降，黜者黜，死者死，未尝皆吉也。娶妇者，亦何尝不择吉日成婚？而寿者寿，夭者夭，孕者孕，绝者绝，未尝皆吉也。类而推之，诸事皆然。其义何居？魏子曰：君子则吉，小人则凶，理也。周以甲子兴，商以甲子亡，非明验乎？

【译文】做官的人，难道没有选择吉日上任？然而升官的升官，降职的降职，黑免的黑免，死掉的死掉，不曾都吉祥。娶妻的人，又何尝没有选择吉日成婚？然而长寿的长寿，夭折的夭折，养育子孙的养育子孙，断绝子嗣的断绝子嗣，不曾都吉祥。以此类推，各种事情都是如此。其中的道理何在？魏子说：君子就会吉祥，小人就会凶险，这就是道理。周在甲子日兴起，商在甲子日灭亡，不就正是明显能验证吗？

俭，美德也。余谓仕路诸君子，崇尚尤急。数椽可以蔽风雨，不必广厦大庭也；痴奴可以应门户，不必舞女歌童也；绳床可以安梦魂，不必花梨螺钿也；竹椅可以延宾客，不必理石金漆也；新磁可以供饮食，不必成窑宣窑也；五簋可以叙间阔①，不必盛席优觞也；经史可以悦耳目，不必名瑟古画也。去一分奢侈，便少一分罪过。省一分经营，便多一分道义。慎之哉！

【注释】①间（jiàn）阔：久别、久不相见。
【译文】俭，是美德。我认为仕途上的众多君子，崇尚节俭尤为急切。数根椽子搭建的小屋可以遮蔽风雨，不必用奢华的广厦大庭。痴愚家奴可以支应门户，不必用舞女歌童。绳子编造的床可以安眠，不必用花梨木镶嵌螺钿的名贵卧床。竹椅可以筵请宾客，不必用大理石及描绘金漆的座椅。新产瓷器可以供饮食需用，不必用成窑、宣窑的名贵瓷器。五簋饭菜可以供久别重逢的朋友聚会之用，不必用丰盛的宴席，名贵的美酒。经史典籍可以愉悦耳目，不必用名琴古画。去掉一分奢侈，便可减轻一分罪过。省却一分名利的经营，便可多一分道义。谨慎呀！

一味疾人之恶，小人之祸君子者，十有八九。终日扬人之善，君子之化小人者，十有二三。明此方能济事，不仅厚道而已。

【译文】一味地忌恨别人的罪恶，十有八九是祸害君子的小人。整天都发扬别人的良善，是君子感化小人的是个只有两三个。

友人某致魏子书曰：予以修路故夺官矣。修路，州官责也。工弗竣，州官罪也。今不罪州官，而罪道官。桃僵李代^①，是非不白，予何辨？魏子曰：小臣先大臣而任劳，大臣先小臣而任过，体也。明公以水田插稻，难开新路请者，为民耳。以为民之故而夺官，吾无憾矣。置辨，是卸过也。卸过，是求官也。求官，非大臣体也。孔子曰：观过，斯知仁矣。人无终身不去官之理，只要论为何事去官，或公或私，不可不辨。

【注释】①桃僵李代：出自北宋郭茂倩《乐府诗集·鸡鸣》："桃在露井上，李树在桃旁，虫来啮桃根，李树代桃僵。树木身相代，兄弟还相忘！"李树代替桃树而死，原比喻兄弟互相爱护，互相帮助，后转用来比喻以此代彼或代人受过。

【译文】友人某给魏子的书信说："我因修路的原因被罢官。修路，是州官的责任。工程未能完结，是州官的罪过。现在不给州官加罪，却给道官加罪。桃僵李代，是非不明，我怎么辩解呢？"魏子说：

"小臣先于大臣去任劳，大臣先于小臣去任过，这是体统。明公您因为水田正在插稻，难开新路，请求罢修，这是为了百姓。因为百姓的缘故而被罢官，我没有什么遗憾了。置辞辩解，是推卸过错。推卸过错，是为求取官职。求取官职，不是做大臣的体统。孔子说：'看他犯什么样的过错，就可以知道他仁德与否。'"

督抚有隙者，彼此相寻，则弹劾属员以快吾意；道府州县有隙者，彼此相寻，则鞭扑衙役以快吾意。嗟乎！以人之功名性命，为我泄忿之资，天理安在哉？吾恐子若孙，弃功名，捐性命，不足以偿矣。

【译文】督抚大员之间有嫌怨的，彼此往来，便弹劾对方属员以快己意。道府州县官员之间有嫌怨的，彼此往来，便鞭打对方衙役以快己意。唉！用别人的功名性命，作为我宣泄私愤的凭借。天理在哪里呢？我恐怕他的儿子或孙子，弃功名，丢性命，都不足以补偿。

今人见科目仕路中人，谓某某有功名矣，余不敢信问客。客曰："列高榜，登甲第，得显官，居要路，非功名而何？"余始知今人之功名，异于古人也。古人之功，或在社稷，或在封疆，或在匡君，或在养民。古人之名，或在尸祝，或在口碑，或在文教，或在史传。一代之有功名者，不数人。一人之有功名者，不数事也。何今人功名之多也。功名二字，得此阐发，与世俗所云，有义利之分，真是同床各梦。

【译文】现在人见到科举得中入仕的人，便称某某人有了功名，我对此不敢相信，并就此询问客人。客人说："名列高榜，身登甲第，得居显要官职，占据要害之地，不是功名是什么？"我这才知道今人的功名，有别于古人。古人的功，或有助于朝廷，或有助于疆域，或有助于匡助君主，或有助于休养百姓。古人的名，或在于人们崇拜，或在于人们称颂，或在于礼法教化，或在于史书传记。一代中有功名的，不过几人。一人身上享有功名的，不过几件事。为什么今人有功名的如此之多呢？

魏文侯择相。李克曰：居视其所亲，富视其所与，达视其所举。穷视其所不为，贫视其所不取。五者，足以定之矣。推此言也，可以取友，可以延师，可以联姻，可以荐士，可以听言。并自己立心制行之道，均由此五者得之矣。

【译文】魏文侯选择宰相，李克说："居家，看他所亲近的是什么人；富裕时，看他所做的是什么事；仕途得志，看他所荐举的是什么人；困顿时，看他所不肯做的是什么事；贫穷时，看他所不取的是什么东西。这五种考察，足以审定宰相人选了。"将这番话推而广之，可以选取朋友，可以延取老师，可以联结姻亲，可以荐举士人，可以听取言论。

见居官者，不问职掌尽否，兴利除害几何，百姓安危何似，辄问何时升转，何日出差，地方好否，宦囊有无。迁移者，有谁照管？淹滞者，是谁阻抑？凡问及此，即为薄待天下之人。不但问者如此立论，缘本人亦无不如此设想也。可叹可叹。

【译文】现在做官的人，不问自己尽职与否，兴利除害的事做了多少，百姓的安危处于什么状况，总是问什么时候可以升职转任，什么时候外派任职，任职的地方好不好，任职时有没有钱财收入。迁徙官职的有谁来照看？迁转受阻的是谁在作梗？凡是问到这些的，就是薄待天下的人。

人君以天地之心为心，人子以父母之心为心，天下无不一之心矣。臣工以朝廷之事为事，奴仆以家主之事为事，天下无不一之事矣。语虽阔略，义蕴该括。

【译文】做君主的以天地的心为心，做儿子的以父母的心为心，天下便没有不统一的心了。臣子以朝廷的事情为自己的事，奴仆以家主的事为自己的事，天下便没有不一致的事了。

高景逸曰："居庙堂之上，则忧其民；处江湖之远，则忧其君。"此士大夫实念也。"居庙堂之上，无事不为吾君；处江湖之远，随事必为吾民。"此士大夫实事也。夫实事本于实念。愚尝自返，深用疚心。

【译文】高景逸说："身在朝廷做官，就要忧虑百姓的疾苦；不在朝廷做官，便忧虑君主的政治是否清明。"这是士大夫真实的心思。身居朝廷之上，没有一事不为我的君主而做；远离朝廷时，做事一定是为我的百姓。这是士大夫真正做的事。真做的事源于真实的心思。我曾经以此自省，深感愧疚。

居大臣而德不纯，才不粹，不如下僚。居下僚而政不平，刑不中，不如素士。居素士而理不明，学不正，不如庶民。可见地位高一层，则责任更重一层，非虚拥其名而已也。

【译文】身居高位却德行不纯，才能不精，那就不如自己的下级。身居下位却为政不公，刑罚失当，那就不如入的士人。身为还未入仕的读书人却事理不明，学术不正，那就不如普通的百姓。

偶见水与油，而得君子小人之情状焉。水，君子也。其性凉，其质白，其味冲。其为用也，可以浣不洁者而使洁。即沸汤中投以油，亦自分别而不相混。诚哉君子也！油，小人也。其性滑，其质腻，其味浓。其为用也，可以污洁者而使不洁。倘滚油中投以水，必至激搏而不相容。诚哉小人也！形容尽致，推勘入微，明此，可以立身，可以观人。

【译文】偶然观察水与油，得到君子与小人的情状。水，是君子。它的本性清凉，质地清白，味道清淡。它的用处是，可以洗涤不洁净的东西使其清洁。即使沸水中投入油，也自能分别而不混。确实是君子呀！油，是小人。它的本性圆滑，质地油腻，味道浓烈。它的用处是，可以污浊洁净的东西使其不洁。倘若往滚油中放入水，一定会激烈地排斥而不相容，确实是小人呀！

吴芾云：与其得罪于百姓，不如其得罪于上官。李衡云：与其进而负于君，不若退而合于道。二公皆宋人也，合之可作出处铭。陕西进士刘玺云：与其得罪于赤子，宁得罪于乡士夫。此其令乌程时，禁投私书告条也。枢云，与其得罪于寒门素士，宁得罪于要路朝绅。此枢与陕西督学王功成书也。合之亦可作教养铭否？

【译文】吴芾说："与其得罪百姓，不如得罪上级长官。"李衡说："与其仕进而有负于君主，不如退隐而合于道义。"这两位先生都是宋人，合二人之说，可作为出处铭。陕西进士刘玺说："与其得罪百姓，宁可得罪于乡绅士大夫。"这是他任乌程县令时，禁止递送私信的告示。枢说："与其得罪于寒门的读书人，宁可得罪于占据要位的朝中权贵。"这是给陕西督学王功成写的。合此二条，是不是也可以作为教养铭呢？

恭谨忍让，是居乡之良法；清正俭约，是居官之良法。
士君子进不能表率一国，退不能表率一乡，皆足贻诵读羞。溺于诗酒者，相去一间耳。

【译文】恭敬、谨慎忍让，是在乡里居处的善法；清正俭朴清廉、正直、俭朴，是做官的善法。
士人君子入仕不能做一国的表率，退隐不能做一乡的表率，都足以给读书人丢脸。与沉溺于诗酒的人，相差仅有一间隙的距离罢了。

伊尹一介不取，方能三聘幡然。柳下惠三公不易，乃可三黜不去。故曰：人有不为也，而后可以有为。(以上皆《庸言》)

【译文】伊尹不是自己应该得到的，一丝毫也不索取，才能得三次聘请最后答应前往。柳下惠不以三公的高位改变自己的耿介，因此三次被黜免也不肯离开故国。所以说："人对于不该自己做情，不去做，然后才可以有所作为。"

于清端《亲民官自省六戒》

（公名成龙，字北溪，山西永宁人。官兵部尚书。）

宏谋按：汉刺史以六条察二千石，而循良争劝，不肖者望风引去。后世科条日繁，吏道益杂。终日簿书劳攘，而扰民则有余，惠民则不足，皆由名与实不相应也。于公六戒，本爱民之实心，行惠民之实政。其词曲而畅，其意婉而切，视汉世六条，尤为简要矣。篇首提出天理人心四字，为牧民者痛下针砭。噫，官无良心，无天理，民有不受其殃者哉？官如存良心，循天理，民有不蒙其泽者哉？愿诸君子以此四字，悬之心目之间也。

【译文】宏谋按：汉代刺史以六条诏书察考二千石的官员，于是循吏良臣争相勉励，品行不端之徒望风逃窜。后世考察科条日益繁多，吏治却日益混乱。终日里簿书传递劳扰，但它的作用却是扰民则有余，惠泽百姓则不足，这都是由于名与实不相符合的缘故。于公所撰写的《六戒》，本着爱民之实心，实行惠泽百姓的实政。其言辞曲折而通达，其心意婉转而真切，比汉代的六条诏书，更加简要。篇首提出"天理人心"四字，为做官治民的人痛下针砭。唤！做官的人没有良心，不讲天理，百姓有能不遭受他的祸殃的吗？做官的人如果有良心，遵循天理，百姓能有不得其恩泽的吗？希望为官的诸君子将这四个字，存在心目之间。

朝廷设官分职，皆为治民。而与民最亲，莫如州县。近来积弊成习，亲民者反以累民。甚有不知廉耻为何物，而天理人心四字，置之高阁不问矣。噫！吏治日坏，如倒狂澜，何时止乎？用是偶采成言，兼参时弊，陈列六则。朝夕省观，自为猛惕。倘反是道也，王法不及，必有天殃及之矣。谨列如下：

【译文】朝廷设立官位区分职守，都是为了治理百姓。然而与百姓最为亲近的，莫过于州县。最近长期积累的弊病转变成了陋，最为亲近百姓的人反而劳扰百姓。有些人不知道廉耻为何物，将天理人心，束之高阁不加理会。唤！吏治日益败坏，就好像巨浪一下子倾倒下来，什么时候才能止住呢？因此用偶然录摘的一些成言，同时参考时弊，罗列出戒鉴六则。供做官人朝夕观看鉴察，自己警醒警惕。倘若反其道而行之，即使王法未能触及，也一定会受上天的处罚。谨列于下：

一曰勤抚恤。州县之官，称为父母，而百姓呼为子民。顾名思义，古人所以有保赤之道也。夫保赤者，必时其饮食，体其寒暖，事事发乎至诚。保民者，亦当规其饥寒，勤其劝化，事事出于无伪。盖无伪，则有实心。纵力有不及，与事有掣肘，然此心自在，即于万分中体认一分，亦百姓受福处也。昔徒阳城云，抚字心劳，知抚字必从心出。由心而发，随事加恤，便有裨益。若徒外面撷拾一二便民好事，以为得意，亦市名也。其去残忍者几希耳。是不可不戒。

【译文】一则叫作勤抚恤。州县的长官，被称为父母，而百姓被称作子民。顾名思义，古人所以有保护婴儿的道理。保护婴儿，一定要按时供给他饮食，照顾他的冷暖，每件事都要出于至诚之心。保护百姓，也应该谋划他们的饮食冷暖，勤于他们的教化，每件事都要真实没有虚伪之心。没有虚伪，便有真心。即使力量有所不及，以及事情有所牵制难办，然而此分真心自在，即使于万分中体认一分，也是百姓受益的地方。从前阳城说："抚"字是心"劳"，知道抚字一定要从心而出。从心出发，随着不同的事情加以怜恤，对百姓便会有益处。如果仅仅从表面上拾取一二件便民好事去做，自以为得意，那也是自己为了收买名声。这样的人与残忍虐民的人相差以往不多了。这不可不引以为戒。

一曰慎刑法。草木禽鱼，皆有生命，不可恣意杀伐。况人为万物灵，其肌肤手足，悉胞与也。人不幸而涉词讼，又不幸而于词讼中受刑罚。虽十分不可宽，必须求一分稍可宽处。此吕叔简刑戒内，所以有不轻打不就打之说也。至于囹圄福地，昔言已及。当思入此者，皆无知小民。或有冤枉，极可哀痛，自然稍加体念。若徒任意禁狱，与任意加刑。甚有徇情面，恣苞苴①，以下民之皮肤，供长吏行私之具者。或身或子孙，定遭奇祸。是不可不戒。

【译文】①苞苴（bāo jū）：蒲包，指赠送的礼物，引申为贿赂。

【译文】一则叫作慎用刑法。草木禽鱼，都有自己的生命，不可以任意地杀害。更何况人为万物之灵，他们的肌肤手足，都是胚胎中生成的。人不幸而遭受官司，又不幸在官司中遭受刑罚，虽然总体上不可以宽纵，但必须要求一分稍可宽待的地方。这是吕叔简《刑戒》内，之所以有不轻打不就打之说的缘故。至于监狱福地的说法，以前的谈话已经涉及。应当考虑到进入监狱的，都是无知的小民。或者受冤枉的，非常让人哀痛，自然要稍加体念。倘若仅仅任意抓人入狱，以及任意加以刑罚，甚至有徇情枉法，恣意受贿贪赃，用百姓的皮肤，供作地方长官行私的工具。那么或者他们自己，或他们的子孙，一定会遭大祸。这不可以不戒。

一曰绝贿赂。为贫而仕，虽乘田委吏，止为禄养。未尝于禄养之外，有别径也。若舍此而外，多求便利，即为暮夜，杨伯起之四知，言之已可凛矣。昔人云：士大夫若爱一文，不值一文。又云：从来有名士，不用无名钱。试思长吏于民，论到钱处，亦何项为有名乎？夫受人钱而不与干事，则鬼神呵责，必为犬马报人。受人财而替人枉法，则法律森严，定当妻孥连累。清夜自省，不禁汗流。是不可不戒。

【译文】一则叫作断绝贿赂。身为贫穷士人登上仕途，虽然作乘田、委吏那样的小官，仅仅能够以俸禄供养双亲，但未尝于此之外，有其他的取财途径。如果除此以外，再去多求钱财，那么即使是夜晚，正如杨伯起所讲的四知，说起来已可使人凛然而惧了。从前人说："士大夫如果爱一文钱，那他就不值一文。"又说："从来有名的士人，不用没有名义的钱财。"试想地方长官对于百姓，论到钱的地方，又哪一项是有名义的呢？接受别人的钱财而不为人做事，那就要遭受鬼神的呵责，一定会来世变为犬马来报答别人。至于替别人徇私枉法，则法律森严，一定将使妻子儿女牵连受罚。清夜自省至此，会禁不住汗流遍体。这不可以不戒。

一曰杜私派。小民应办正额，尚且难应。未知私派从何起也。不过频年来，军需紧急。如解马，赔马，与兵马行粮草豆，冲途供应。动以千百，无计可支。故有派之民间，俟日后销价给发者。如近来行粮价值，檄行刊附由单之末，以防发给短少之弊。是部院大臣，亦疑州县，为先取民而后发价矣。不知先取后发，虽至公无私，小民之揭借，其利已经数倍。况长吏派一钱，则胥里派数钱。长吏派一斗，则胥里派数斗。有极不堪命者乎？何如稍那正供，现价现买。而即力请上台，迅速开销。并由单价值，亦多此一番周折。昔人云：于不得已中，求一分担当，即人民利益处也。至于任意苛敛，种种诛求，乘机自利。不啻为盗取人，定然自有后祸。是不可不戒。

【译文】一则叫作杜绝私派。百姓应该交纳的正额赋税，尚且难于应付。不知道私派的作法从什么时候开始的。不过多年来，军需紧急。如解马、赔马，以及兵马路途中所用的粮草豆料，须沿途供应。动以千百为数，朝廷没有办法支付。所以就采用摊派给民间，等待日后作价给征发者的做法。如近来军粮的价值，发行檄文使其刊附于由单之末，以防止发给短少的弊病。是中央部院大臣，也怀疑州县应先取粮于百姓，尔后再给其粮钱。不知道先取粮后发钱，虽然是至公无私的事情，但百姓之揭取，其中的利钱已经数倍了。况且地方官摊派一钱，则下边的胥里便加派至数钱。地方官摊派一斗，则下边的胥里加派至数斗。百姓中有没有极不堪命的人呢？何不稍稍调整一下正供，现价现买？而且立刻请上送朝廷，迅速开销。并且由单价计算，也多这一番周折。从前人说："从不得已之中，求一分担待，就是百姓受利益的地方。"至于任意地横征暴敛，种种地随意征求，乘机自己获取私利，那就如同强盗强取别人财物一般，一定会有后来的灾祸报应。这不可以不戒。

一曰严征收。小民正供，自有额赋。此外分厘，非可苟也。近来征收立法，著令自封，禁绝火耗。上之所以严州县者，可谓周且密矣。夫为州县而受上之禁饬，即使无弊，自好者尚觉汗颜，至为州县而并禁饬之不灵，倘有自欺，则有心者将视为何等乎？古人云：钱粮一节，若肯请减，其善无量。今钱粮不能减，而去其钱粮中加增之弊，亦与减钱粮彷佛。况鸠形鹄面，衣食啼号，此等困苦小民，犹欲阴吸其膏血。纵令安然无事，满载还家，后日亦必生流荡子孙以覆败之。是不可不戒。

【译文】一则叫作严征收。百姓的正供，自有该当数额。此外分厘财物，都不可以随意征求。最近订立了有关征收的法令，命令各地纳税者自行封好税银，禁绝加征的火耗银。皇上严格控制州县的做法，可以说是既周全又严密了。作为州县官员而受皇上严厉的禁饬，即使本身没有过错，洁身自好的人也要感到羞愧。作为州县官员被加以禁饬而不灵，倘若有自欺的行为，那么有心人将视自己为哪一等人呢？古人说："钱粮赋税一节，如果肯于为百姓请求减免，他的善处将无法计算。"现在钱粮赋税不能减免，但去除钱粮赋税中增加数额的弊病，他的善处也和减免钱粮赋税类似。况且鸠形鹄面，为了衣食无着啼号，像这样的困苦百姓，还要暗中吸取他们的膏血。纵使能够安然无事，搜刮财物满载归家，日后也一定会生下浪荡的子孙而覆败其家。这不可以不戒。

一曰崇节俭。天生财物，固供人用，然必存不得已而用之之心，方能用度相继。倘奢侈任意，饮食若流，无论暴殄固犯谴呵，即费用必思取给，是亦坏心术之萌蘖也。夫长吏近民，虽自己足食，尤当思民之无食者。自己披衣，亦当思民之无衣者。推此一心，纵令衣食淡薄，尚且不能消受，而犹欲起侈丽之想乎？郑侠语人云：无功于国，无德于民，若华衣美食，与盗何异。夫衣食甚细，而至以盗相推，此充类至尽，唯恐长吏稍奢也。是不可不戒。

【译文】一则叫作崇尚节俭。上天生出钱财万物，固然是供给人们使用的，然而一定要存有不得已再用它的心思，这样才能长期使用不会断绝。倘若奢侈陋意挥霍，饮食浪费如流水一般，先不用说暴殄天物固然要受谴责，即是有所费用一定要想得到，也是败坏心术的萌芽。地方官员跟百姓很亲近，虽然自己丰衣足食，更该当想到百姓中吃不饱饭的人。如果将此心类推，纵使自己淡食粗衣，尚且不能享用，竟还要起奢侈靡丽的念头吗？郑侠对人说："对国家没有贡献，对百姓没有恩德，如果享有锦衣美食，那与强盗有什么区别呢？"衣食问题非常微小，却至于以强盗相类推，将这一类推到了极处，是惟恐地方官员渐渐奢侈。这不可以不引以为戒。

蔡文勤公《书牍》

（公名世远，号梁村，福建漳浦人。康熙已丑进士，官礼部尚书。）

宏谋按：梁村先生，未尝一日为外吏，而致书于人，及为人作序，自督抚以至郡县，勤勤恳恳，无一语不洞中窾要。良由平昔考古按今，体认真切。所谓原本经术，有体有用者也。其言治也，大概以教化为先。凡俗吏之所视为迂阔者，独言之亲切而有味焉。居官者，苟能力行推广，则趋向既端，措施自远。风俗人心，庶几有益乎？

【译文】宏谋按：梁村先生一天也不曾做过外史，然而他致书信于人及为人作序，所谈自督抚当勤勉于职事，郡守当勤勉而加以诚恳，以至县令则当勤勉而至为诚恳等，没有一句话不切中要害。实在是由于平昔考古察今，体会真切。所谓本于经术，而有体悟有任用，说的就是这个道理。他谈论理的方法，大体以教化为先。凡是俗吏所认为不切实情的东西，他偏偏谈得亲切而有味道。做官的人，如果能将此力行推广，便会使风气趋向端正，措施自然远播。风俗人心，差不多就会受益了吧？

古之所谓大臣者，居殿陛之上，进思尽忠，退思补过，以天下为忧乐。及其拥旄旌节钺，开府于外。清操励世，正己率物。凡地方之利弊，官司之贤否，奸胥蠹役豪猾之病民，考察既周，劝惩并用，张弛悉宜。又汲汲焉以学校之兴废，人材之盛衰，大道之显晦为己忧。择学问优长，才品良逸者，萃之于学。使夫造道之方，修己治人之要，悉裕于胸中，为国家收得人之效。夫如是，故功著一时，名垂千载，史册所传，岂不伟哉？

【译文】古时候所谓做大臣的人，就是居朝廷要职，上朝时想的是如何尽忠，退朝时想的是如何补救过错，以天下的忧乐为自己的忧乐。到了他们拥有令旗，持着符节和斧钺，身为将帅带兵在外时，也能清守节操鼓励世道，端正己身表率众人。举凡地方上的利弊，官员的贤良与否，奸恶的小吏害民的差役和狡诈的横民坑祸百姓的情况，考察周到以后，赏罚并用，力度宽严张弛尽皆得宜。又汲汲致力于学校的兴办与废力，人才的盛衰，以大道的显扬或晦暗为自己的忧虑。选择学问优秀、人才品行出众的人，聚于学校之中。使造就大道的方法，修己治人的要点，尽皆宽置心中，为国家收到造就人才的效果。如果能这样，便可功绩著称于一时，名垂千载，史册也会记载流传，难道不是很伟大吗？

昔朱子知南康军，史称其恳恻爱民如子，兴利除害，惟恐不及。尤以厚人伦，美教化为首务。数诣郡学，引进士子，与之讲论。访白鹿书院遗址，奏复其旧。每休沐，辄一至。诲诱不倦，风教大行。夫朱子南康之政，何利不兴？何害不除？而尤必谆谆以兴学为事者，盖以学术之明，伦理之修，下关风俗，上裨朝廷。近者，效行于一方一时；远者，功及于天下后世。自朱子兴鹿洞以后，宋季以及有明，气节儒林，推江右独盛。呜呼，其所留贻者远矣！

【译文】从前朱子知南康军做知县的时候，历史上称他爱民如子，痛切诚恳，兴利除害，唯恐的不及时。尤其以敦厚人伦，加强教化为首要之事。屡次到郡守中，引进学生，跟他们讲论学问。访查白鹿书院遗址，奏请恢复它的旧址。每当休假时，都去一趟书院。不知疲倦地教诲引导士人百姓，当时风俗教化一下兴盛起来。朱子在南康的治政，什么利没有兴起？什么弊病没有除掉？然而他更加谆谆以兴学为事的缘故，是因为学术的昌明，伦理的修治，在下关乎风俗，上可以裨益朝廷。往近处说，它的功效行于一个地区一个时期；往远处说，它的功效可以惠及天下乃至后世。自从朱子兴建白鹿书院以后，宋末以及有明一代，文人兴起及士大夫的气节，首推江东地区最为兴盛。呜呼！他给后世所留下的效用太长远了。

夫君子之德，风也。以诚感者，必以诚应。曩者秋深不雨，执事已饥在念，遣官往视民田。未祈祷而甘霖已沛矣，诚所感也。况兴教劝学之事，风声足以树之，诚意足以孚之，条约足以正之。居高而呼，其效自速。吾闻之，明珠之光，固不在椟，而美椟可为珠重。良工之勤，不必在肆，而居肆实为工用。今萃九府一州之士，多其书籍，聚其友朋，使之博古而通今，相与长善而救失。虽未必悉底于成，要必有一二人二三人者出焉。汉之董仲舒、贾谊，已足为汉重矣。唐之昌黎、陆贽，已足为唐重矣。宋之韩、范、欧阳，已足为宋重矣。今世之士，所谓仲舒、贾谊，昌黎、陆贽，韩、范、欧、阳者，岂无其人。无亦郁而不宣，隐而不见，抑亦陶而未成欤？（以上《与满中丞书》）

【译文】君子的道德，是风。以诚心相感召，一定会有诚心相回应。过去深秋不降雨水，有关官员心中早已焦急难耐，于是派遣官员去视察民田。还未曾祈祷上天已降下充沛的甘霖，实在是诚心感动了上天。况且兴盛教育鼓励学习这样的事情，其风声足以树起，诚意足以为人所信服，规矩条约足以端正风气。处在上位者呼吁，它的成效自然会很快。我听说："明珠的光芒，然而华美的木匣可以增加明珠的贵重。优秀工匠的勤奋，不必非在于作坊，然而作坊确实为工匠所用。"现在荟萃九府一州的士人，增加他的书籍，聚集他的朋友，使他们博古通今，互相长久地交往增长善行而互相补救过失。虽然未必尽皆使他们成才，但在他们之间必定会有一二人或二三人脱颖而出。如汉代的董仲舒、贾谊，已足以为汉朝所重用。唐代的韩昌黎、陆贽，已足以为唐朝所重用。宋代的韩琦、范仲淹、欧阳修，已足以为宋朝所重用。当世的士人中，所谓董仲舒、贾谊，昌黎、陆贽，韩琦、范仲淹、欧阳修那样的人，难道真的没有吗？大多都抑郁未曾得到显明，或者归隐未曾出现，难道还是培养锻炼尚未成才吗？

治术关于学术，经济通于性命。大臣以身任事，必有公清之操。有恺恻之怀，有明通之识，有强毅之概，有儆惧之心。无公清之操，则不免有宠利之疚矣。无恺恻之怀，则不能有纳沟之耻矣。无明通之识，则胶执而鲜通矣。无强毅之概，则虽知其然，发之不勇，守之不固矣。无儆惧之心，则自信太过，祸且随之矣。世之号为明通者，往往不能自胜其私，而委蛇展转，流于不肖之归。其公清自矢者，又不能明通强毅，以臻于明体达用之学。今明公于数者，实能兼之。然明公意中，必不自以为能兼也。不自以为能兼者，正吾所谓儆惧之心也。儆惧之心，非畏葸也。其气弥刚，其心弥小。易之所谓乾乾，诗之所谓翼翼，书之所谓孜孜也，由是而竭诚尽慎，使五者各臻于极，则可以当古大臣之称而无疑矣。（《与陈沧州书》）

【译文】治世的方法与学术相关联，经国济民联通于性命。大臣以身入仕任职，一定要有公正清廉的操守，有平和悲悯的胸怀，有明智通达的见识，有刚强坚毅的气概，有警戒畏惧的心思。没有公正清廉的操守，则不免有贪利的忧虑。没有平和悲悯的胸怀，就不会有置百姓于沟壑的羞耻心。没有明智通达的见识，则会固执而缺乏变通。没有刚强坚毅的气概，则会虽然知道事情的真相，却发心不够勇猛，守持时不坚固。没有警戒畏惧的心思，则会过分自信，灾祸将会随之而降。世上号称为明智通达的人，往往不能自己战胜自己的私心，而曲折展转，流于不肖的下场。其公正清廉自守的人，又不能明智通达刚强坚毅，以臻于明体达用之学。现在明公您对于这几方面，确实能兼而有之。然而明公您心意中，一定不认为自己能兼而有之。不认为自己能兼而有之的，正是我所说的警戒畏惧之心。警戒畏惧之心，不是指一般的畏惧。其气愈刚，其心愈小。就像《易经》所说的"乾乾"，《诗经》所说的"翼翼"，《尚书》所说的"孜孜"，因此而竭诚尽慎，使上述五者各达到极至，那就可以配得上古大臣的称呼而没有疑问了。

蠹役与健讼之徒，最为民害。蠹役朘民之膏，中人以法。至其骄横已极，凌绅士如草芥。窃谓此辈，择其甚者置之法，风声已动于九闽矣。健讼者，指无为有，饰毫末之事，以为滔天。上官不知，辄为听理，小民身家，荡散无余。是二者，一省之内，棋置星罗。摘其尤者，宁确无滥，宁重无轻。惩奸慝以安善良，固仁政之先务也。近又闻执事数至书院，与诸生论学。碑阴所载租税，各按籍详给。夫今天下之以此为迂也久矣，曰：此何关于政事？不知学术明，教化兴，则人才盛。下以成其风俗，上以资于庙朝。政事之大，孰过于此？（《与李瀛洲书》）

【译文】害民的差役及善于诉讼的人最是百姓的祸害。害民的差役侵吞百姓的财物，诱使别人陷入法网。在他们骄横至极的时候，欺凌士绅如草芥。我私下认为此辈人物，应该选择其中情节严重的，将其绳之以法，风声就已惊动九闽地区了。善于诉讼的人，指无为有，夸饰毫末一类小事，作为滔天大事。上面的官员不知实情，就开始受理，小民因此身家财产，荡散无余。这两，在一省之内，多如星罗棋布。选取其中情节最严重的人，宁可准确不要滥取，宁可重惩不要轻罚。惩处奸邪以安定良善，当然是仁政最先要做的事情。最近又听说您几次前往书院，与学生们谈论学问。碑阴所记载的租税，各按名籍详细审察发给。当今天下以这种事为迂腐已经很久了，说："这与政事有什么关系呢？"他们不知道学术昌明，教化振兴，人才才会昌盛。在下可以美化风俗，在上可以以有助于朝廷。政事的重大，有什么能超过这方面呢？

　　江苏事务繁多。所望遍察官箴，洞悉民情，明以周之，断以出之。火耗，则廉其重者究之。奸猾，则择其尤者处之。禁妇女之游观，黜浮侈以从俭。如是，而吏民不悦服，风俗不淳厚者，未之有也。更有陈者。自古仁人治狱，皆以不株连，及速结为上。是故田叔之烧狱辞，至今称之；龚遂治渤海，但令持田器者，即赦之；唐太宗使崔仁师按狱青州，孙伏伽议其多所平反。仁师曰：凡治狱当以仁恕为本，岂可知其冤而不为伸耶？伏望不株连而速结，仁心之所及者弘矣。

　　【译文】江苏事务繁多，所希望的是遍察《官箴》，洞悉民情，明以周之，断以出之。火耗银两，则考察出收敛重者加以追究。奸猾之徒，则选取其中最厉害者加以处罚。禁止妇女四处游观，去除浮华奢侈以从俭朴。如能这样，然而官吏百姓不心悦诚服，风俗不淳厚的，是从来不曾有过的。更有可陈述的，自古仁人审理官司，都以不相株连，以及迅速结案为上。所以田叔烧掉讼辞，至今被人称道；龚遂治理渤海，只要是手持农具的人，立即赦免其罪；唐太宗命崔仁师治理青州狱案，孙伏伽议论他审案平反过多。崔仁师说："凡审案应当以仁恕为本，怎么可以知道他们冤枉而不为他们伸冤呢？"心念着不株连而迅速结案，仁心所到的地方已经非常弘远了。

　　江苏为五方商人聚处之地，稽查亦不必过于严琐。迩来间有烦言，非不谅先生之竭诚尽慎，体国爱民无纤毫之私也。然君子作事，不令人谅，而令人服。不肯姑息苟且，以徇一时之毁誉。而尤必使下情毕达，无纤息几微之不周。故世远谓米禁及船只之事，更当持之以宽，德莫大焉。（以上《与张仪封书》）

　　【译文】江苏是五方商人聚集的地方，稽查也不必过于严苛烦琐。近来常说些啰嗦的话，不是不谅解先生的诚肯和谨慎，体念国家爱惜百姓没有丝毫的私心。然而君子做事，不是要人体谅，而是令人折服。不肯姑息迁就，苟且行事，而屈从一时的毁誉。尤其要使下面的民意都能得到传达，没有丝毫细微的不周到。所以世远所说的米禁及船只的事，更应当操持的松宽，德政没有比这更大的了。

　　范华阳云：小人之得用，将以济其欲也。君子之得用，将以行其志也。先生蕴蓄宏深，正己率物，官箴自肃。吏畏则民安，然后大兴政教，以厚风俗，以正人心。

　　【译文】范华阳说："小人得以任用，将用此满足他的私欲。君子得以任用，将用此实现他的志向。"先生的学问积累，涵养的宏大精深，端正自己品行表率他人，做官的互相劝诫自行遵守。官吏敬畏则百姓安定，然后大兴政教，用以敦厚风俗，端正人心。

朱子称王仲淹云：使其得用，比荀扬韩子，更恳恻而有条理。窃谓恳恻者，仁也。《易》所谓元者善之长；程子所谓满腔皆恻隐之心；张子所谓乾父坤母，民胞物与者，是也。有条理者，本平日读书穷理之功，措则正而施则行也。无恳恻，则立体不宏。无条理，则致用不裕。霸者所少者，恳恻也。虽有条理，亦非王者之治。窃谓王霸之分，止此而已。管敬仲之治齐也，非不民衣民食，教孝教弟，示义示信。然孔子小之，孟子卑之者，以其心但以为不如是，则吾国不富强而已。王者则从本原之地流出，以不容已之心，行不容已之事，尽吾性分所固有，行吾职分所当为。故伊尹纳沟之心，与敬仲治齐之心，非知道者，不能识也。俗儒无识，以性命之学，为无与于事功，陋矣！

【译文】朱子称赞王仲淹说："假使他得以被任用，将会比荀子、扬雄、韩愈更加恳切而有条理。我私下认为恳切就是仁。《易经》所谓元是善的首位，程子所谓满腔都是恻隐之心，张子所谓乾父坤母、民为同胞，物为同类，就是这样。有条理，本是平日读书穷理的功夫，放置得当而实施可行。没有恳切之心，那立体就不能宏大。没有条理，那致用就不能宽广。讲霸道的人所缺少的，是恳切之心。他们即使有条理，也不是王者之治。我私下认为，王道与霸道的区别，也仅仅在于此而已。管仲治理齐国，不是没有致力于百姓的衣食，教导百姓孝悌，示以仁义信用。然而孔子以管仲为小，孟子则卑视管仲，因为以他的心只认为如果不这样，那我们国家就不能富强罢了。王道则是从本源的地方流出，以不容停止的心，做不容停止的事情。尽我性分所固有的东

344

西，做我职分中所该做的事情。所以伊尹纳沟之心与管仲治齐之心，除非知道的人，是不能识别的。见识浅俗的儒生没有见识，认为性命之学，与做实际事务没有关系，真是浅陋啊！

古人有言曰：大法小廉。大臣能廉，仅得其半。非廉无以行法，非法无以佐廉。使一己廉静，而属员奸贪，或限于耳目之所不周，或因循牵制而不能决去，犹是独善其身，岂称开府之治哉？（以上《与杨宾实书》）

【译文】古人有句话说："大臣尽忠，小臣尽职。"大臣能够廉洁，仅仅做到了一半。不廉洁无从行使法令，没有法令无从保证廉洁。如果自己一人廉洁清正，而属吏奸猾贪赃，或因为耳目有限不能周密察觉，或因循牵制，而不能及时决断处理，这仍然是独善其身，难道可以称作是开府大臣的治理吗？

整齐风俗，振起人才，端在教化。俗吏以此为迂，大贤以为先务。明公自抚闽以来，察吏安民，奖善惩奸之余，大振鳌峰书院。定其规条，躬为诲谕。勖以武侯之澹泊宁静，示以文公之近里切己。身有之，故言之亲切而有味。（《与赵仁圃书》）

【译文】整顿规范风俗，发现振兴人才，关键在于教化。俗吏认为这种说法很迂腐，大贤则认为这是首要的任务。明公您自从到福建任巡抚以来，考察官吏安定百姓，在奖善惩恶之余，大力振兴鳌峰书院。制定书院条规，亲身教谕学生，勉励他们学习诸葛武侯的淡泊宁静，向他们宣示文公近里切己的道理。由于您自身具备这些品质，所以讲起来亲切而有意味。

学使之官，在有以振士风而变士习。下车伊始，行一令于令长学官曰：有能敦孝弟，重廉隅者，以名闻，并上所实行。有能通经学古，奇才异能者，以名闻，并上所论著。行之各属，揭之通衢。虽所荐者未必皆贤，而贤者未必荐，然本之以诚心，加之以询访，择其真者而奖励之。或誉之于发落诸生之时，或荐之督抚，或表宅以优之。试竣，或延而面叩之，从容讲论，以验其所长。有行检不饬者，摘其尤而重黜责之。如是而士习不变者，未之有也。

【译文】学使一官的职守，在于振作士大夫的风气而改变他们的习气。上任一开始，便给县令学官下一道命令说："有能敦守孝悌，注重品行的人，将他们的名字报上来，并附上他们的行为事迹。有能通晓经书学习古人，具备奇才异能的人，将他们的名字报上来，并附上他们的论著。"这道命令要颁行于各属地，高贴于通衢大道。虽然所荐举上来的人未必尽为贤良，而贤良的人未必被荐举，然而如果本着一颗诚心，加之询问访查，选择其中真正贤良而加以奖励。或者在发落诸生时加以称誉，或将他推荐给总督巡抚，或给予宅院以优奖他。验试结束后，或接见他们加以面试，从容讲论学问，以验证他所擅长的地方。有行为不检点的，摘检其中最典型的加以严厉的处罚。如果能做到这样，而士人习气还不改变的，是从来不曾有过的。

今之持论者，皆曰外官惟县令与学使，最难供职。世远窃谓此二者为最易。夫县令者，朝行一政，则夕及于民。兴政立教，无耳目不周之处，无中隔之患。古人所谓得百里之地而君之也。学使无刑名钱谷之繁。惟以衡文劝学，广励学官，振饬士子为职业。草偃风行，比地方职守者尤易。或又以为二者皆有掣肘之患。不知所谓掣肘者，多由于自掣非尽人掣之也。夫布衣则古称先自强不懈，人犹称其严毅清苦，力行可畏。况居官哉？但气不可胜，事不可激。当谨确完养，以合乎中耳。谓见掣于人，吾未之闻也。（以上《与郑鱼门书》）

【译文】现在评论者都说："外官只有县令与学使最难任职。"世远私下认为这两种官最容易做。做县令的，清晨推行一项政令，晚上就会普及到百姓。兴盛政治建立教化，没有顾及不到的地方，没有中间受到阻隔的忧患。正是古人所说的得到百里之地而治之的情形。学使没有关于刑罚赋税的烦琐政务，只以品量文章勉励学习，广泛鼓励学官，振兴整顿士人为职业。草倒风行，比做地方官的，更为容易。有人又认为这两种官职，都有被人牵制的忧患。他们不知所谓受牵制的，大多由于自己牵制自己，不是尽皆为人所牵制。平民百姓效法古人为先，自强不息，人们还要称赞他严肃坚毅清苦，身体力行令人敬畏，更何况做官呢？不过气焰不可太盛，做事不可过激。应该谨慎精确，完养性情，以合乎中道。说受牵制于人，我没有听说过。

昔曹武惠将破江南，忽一日称疾不视事。诸将咸来问疾，告之曰：吾之疾，非药石可愈。但愿诸君诚心自誓，克城之后，不杀一人，则疾自愈矣。后果守其言。虞诩戒诸子曰：吾事君直道，行己无亏。所悔为朝歌长时，杀贼百余人，其中何能不有冤者？自此二十余年，不增一口，知获罪于天也。台湾吾故土故民，但为一时胁驱所迫。伏望严饬将士，并移檄施、蓝二公，约以入台之日，不妄杀一人。则武惠之仁风，复见于今。永无虞诩朝歌之悔矣。

【译文】从前曹武惠将要攻占江南时，忽然有一天称病不处理公务。诸将都来探望，他告诉他们说："我的病，不是药石可以治愈的。

只希望诸君诚心发誓，攻破城池之后，不杀害城内一人，那我的病便会自愈了。"后来诸将果然遵守誓言。后汉虞诩告诫他的几个儿子说："我事奉君主遵守道义，自己的行为没有亏欠。后悔的是在任朝歌县令时，杀盗贼一百多人，其中哪里能没有冤枉的呢？自从那以后二十多年内，家中未曾增加一口人丁，我知道这是得罪了上天。"台湾是我国的故土故民，他们不过是因为一时的被胁迫。我希望您能严厉约束将士，并移檄文给施琅、蓝理二公，约定在进入台湾之日，不随意滥杀一人，那样武惠的仁德之风，就会再现于今世，永远不会有虞诩朝歌的悔恨了。

台湾五方杂处，骄兵悍民，靡室靡家①。日相哄聚，风俗侈靡。官斯土者，不免有传舍②之意，隔膜之视。所以致乱之由，阁下其亦闻之熟矣。今兹一大更革，文武之官，必须慎选洁介严能者。保之如赤子，理之如家事，兴教化以美风俗，和兵民以固地方。内地遗亲之民，不许有司擅给过台执照，恐长其助乱之心。新垦散耕之地，不必按籍编粮。恐扰其乐生之计。三县县治，不萃一处，则教养更周。南北宽阔，酌添将领，则控驭愈密。为圣天子固海外之苞桑③，为我闽造无疆之厚福。惟此时可行，亦惟阁下能行之。安集之后，常怀念乱之心，是区区之嫠恤④也。（以上《与满制府书》）

【注释】①靡室靡家：《诗经·小雅·采薇》："曰归曰归，岁亦莫止。靡室靡家，猃狁之故。"靡：无，没有。②传舍：古时供行人休息住宿的处所。借指今旅馆、饭店。③苞桑：《易·否》："其亡其亡，系于苞桑。"桑树的根，比喻牢固的根基。苞，本也。④嫠（lí）恤：《左传·昭公二十四年》："嫠不恤其纬，而忧宗周之陨，为将及焉。"嫠：寡妇。恤：忧虑。纬：织布用的纬纱。寡妇不怕织得少，而怕亡国之祸。旧时比喻忧国忘家。

从政遗规

【译文】台湾是五方杂处的地方，骄兵悍民们，无家无室，整天在一起聚集喧闹，风俗奢侈靡费。在这块土地上做官，难免有像住在旅馆一样的心情，观察这里像隔着一层东西一样。所以招致动乱的原因，阁下大概也早已听说了。今年有了大变革，文武官员，必须慎重选择廉洁自守刚毅有才干的人。保护百姓如同爱护婴儿，治理地方如同办理家事，振兴教化以使风俗改善，和睦兵民以巩固地方。内地有亲属的百姓，不许有关部门擅自发给过台湾的执照，否则恐怕会增长其助乱之心。新开垦的散耕农田，不必按照户籍摊派粮税，否则恐怕会扰乱他们安居乐业的打算。三县的县治，不要聚集一处，那么教化休养百姓会更周到。南北地域宽阔，要酌情增加将领，那控制会更加严密，这是圣明天子巩固海外根基，为我闽地造无疆的深厚福泽。这件事只有此时可以做，也只有阁下能做。安定之后，仍常怀有再起祸乱的忧虑，是我一点点忘私忧国的心意。

辱书，知贤友刻苦励志，上下咸有声称。虽曰苦节不可贞①，然历观古今名人志士，未有舍澹泊宁静，而可以致远者。况贤友甫成进士，即膺太守新命，倍加惕勉，亦所以去咎戾②，严始志之一端也。太守之职，虽不若州县亲民，朝行而夕及，然所治者广，大都以察属安民为最要。属令有贪婪苛刻者，则劾之。有庸昏怠玩者，则劾之。所属有蠹胥悍役讼棍，及大奸慝③，则锄而去之。至于事故错误，则原之。有心实无他，而才能可用者，则爱惜保护之。非徒为爱才起见，实为百姓植福也。为政一年，民信之候，益加早作夜思。以一团精意，与万物相终始。嘉绩④所孚，宁有既乎？古之化民成俗者，必以教化为急务。每观自昔名贤所莅，流风犹堪数世。贤友学有本原者也。兴德教，明礼法，择秀者于学，数亲至与之讲论。自绅士以至里民，有敦门内行者，或礼请以明敬，或表宅以示优。人材辈出，风俗醇

厚，恒必由之。此皆俗吏所指为迂远阔疏者。然所望于贤友，正在此而不在彼也。（《答王槐青书》）

【注释】①苦节不可贞：《易·节》："节，亨。苦节，不可贞。"孔颖达疏："节须得中。为节过苦，伤于刻薄。物所不堪，不可复正。故曰'苦节，不可贞'也。"意谓俭约过甚。②咎戾：罪过。③奸慝：指奸恶的人。《书·周官》："司寇掌邦禁，诘奸慝，刑暴乱。"④嘉绩：指美善的功绩。出自于《书·盘庚下》。

【译文】辱没您给我写书信，知贤友您刻苦励志，上下都得到很好的声誉。虽说过于俭约，然而历观古今名人志士，没有舍掉淡泊宁静，而可以致远的。何况贤友您刚中进士，就接受太守的新任命，当加倍警戒勉励，也是所以摒弃罪过，严守初志的一个方面。太守这一官职，虽然不像州县长官那样亲临百姓，清晨颁令傍晚便可及于百姓，然而所治理的地区广大，大都以考察属下安定百姓为最关键的。下属县令有贪婪苛刻的，则弹劾上奏。有昏庸懒怠耽玩丧志的，则弹劾上奏。属下有蠹吏悍役讼棍及大奸恶徒，则铲除掉。至于犯有事故错误的人，则原谅他们。有心实没有杂念而才能可以任用的人，则爱惜保护他们。这样做不仅仅是因为爱惜人才的缘故，实在是为了给百姓栽植福泽啊。为政刚满一年，是与百姓建立信任的时候，更加要早作夜思。用一团的精意，与万物相始终。良好功绩的被人信服，难道有终结吗？古代教化民众建立风俗的人，一定是以教化为首要之务。每每观察过去名贤所治理的地方，流风尚可以影响数世之久。贤友您是学有本源的人，振兴德教，昌明礼法，选择出色的人入学，不断亲自去跟他们讲论学问。从乡绅到里巷中百姓，有门内德行敦厚的，或以礼聘请以表示尊敬，或旌表其它以示优礼，人才辈出，风俗淳厚，永远要从此处去做。这都是俗吏所指迂诞右怪的。然而所希望于贤友您的，正在于此而不在他处。

　　亲民之官，以廉为基，以仁为本。引而近之欲其亲，格而禁之欲其严，理之欲其明，措之欲其简。虑民之不给也，为之课农桑，训节俭，轻徭役，广积蓄。遇有故，则赈贷之，又加详焉。虑民之不戢也，为之教孝弟，敦睦姻，惩诬黠，息讼争，以事至者诲谕之，又加详焉。根于中而不徇乎外者，贤守令也。结欢上官，而不体下情者，民之蠹也。自恃无他，而张弛不协者，诚不足，识不充也。视犹传舍，因为利薮者，本心既失，殃及其身者也。（《循吏传序》）

　　【译文】直接治理百姓的官员，以廉洁为基础，以仁德为根本。引见而接近他们要使他们觉得亲切，禁令而限制他们要使他们觉得严厉，说理要使他们明晓，措施要简明。忧虑百姓生活不丰足，鼓励他们大力从事农桑，倡导节俭，减轻徭役，增加储蓄。遇到灾荒事故，则要赈济帮助他们，并要详密周备。忧虑百姓不安分，教育他们讲孝悌，和睦亲戚，止息讼争，用典型的事例教谕训导他们，并要详密周备。根基植于内而不显示于外的，是贤良的地方守令。买好取媚上官而不体恤百姓下情的，是百姓的祸害。自恃没有过失，而治民宽严不当的，这是识见不够。将做地方官视作暂居驿舍，并以此为谋利之途的，自己本心已经失去，祸灾最终会殃及自身。

　　平日诚以治民，而民信之，则凡有事于民，莫不应矣。诚以事天，而天信之，则凡有祷于天，莫不应矣。何谓信于天？以信于民者卜之。何谓信于民？以诚于治民者卜之。诚之道贵豫，忠于民，即所以信于神也。（《灵雨诗序》）

　　【译文】平时以诚心治理百姓，百姓就会信服，那么凡有事须用百姓时，他们没有不响应的。平时以诚心事奉上天，就会取得信任，那么凡是有事祈祷上天时，上天没有不回应的。什么叫作取信于天呢？那就用取信于民的东西来估量。什么叫作取信于民呢？那就用以诚心治理百姓的做法来估量。真诚之道贵在预先做到，忠于百姓，就是取信于神灵。

治不可急，气不可胜。健而能巽，人乃大和。

婚丧宾祭，酌古今之宜，因其人情风土，制为简易之礼以通之。礼行化洽，俗以永淳。

【译文】治理百姓不能急躁，气势不能太过。健壮而能退让，人心才能大和。

婚丧嫁娶及宾宴祭祀等礼仪，斟酌古今适宜可行的，再根据当地的风土人情，制定出简易的规制通行于世。礼法实行教化和洽，风俗会永远淳厚。

学术治术之要，明与诚而已。不明，则不足以达事理之要；不诚，则不足以立万事之本。而表里始终，不能符贯。古有读书谈道，而因循媕婀①者多矣。又或英气过胜，视事太易，动而得碍，则蹜踖②反甚于前。此皆明诚不足，学术微而治术浅也。

【注释】①媕婀（ān ē）：不能决定的样子。②蹜（sù）：形容小步快走。踖（jí）：践踏。蹜踖疑为踧踖之讹，踧踖（cù jí）：徘徊不进貌。

【译文】做学问和治世方法的关键所在，不过在通明与真诚而已。不通明，就不足以通达事理的要害；不真诚，就不足以建立万事的根本，因而表里始终不能如符节一样通贯相合。古时有读书论道，而因循没有自己见解的人多了。又或者英气过盛，把事情看得太容易，一开始做事便受到阻碍，则畏惧退缩反而比之前更加严重。这都是因为不够通明真诚，学问粗浅而治理方法浅薄的原故啊。

夫明之过为矜气，为苛察，非明也。诚之至，为易之乾惕，书之抑畏，诗之岂弟，礼之子谅，皆诚也。公必有以处此矣。（以上《送李中丞序》）

【译文】通明过分便是矜气，是苛察，这不是通明。诚到极处，是《易经》所说的乾惕，《尚书》所说的抑畏，《诗经》所说的岂弟，《礼记》所说的子谅，这都是诚。您一定有做到这一点的办法。

亲民之官，其要有三。曰：息讼、薄赋、兴教而已。民以事至县者，胥役不扰，无守候之劳，分其曲直，惩其诬黠，诲谕之，又加详焉，则讼自息矣。民有惟正之供者，为案实立限，使自封投柜①。主以信，使投毕，躬自称平之。榜列明示，归其有余，使补其不足，如期至。则民自不欺，输将恐后矣。择士民之秀者，聚之于学，课文饬行，月三四至。又于暇日，适山村里间，言孝悌农桑之事。其有家门敦睦，守分力田者，表厥里居，或造访其家以荣之，而教道兴矣。夫吾仍以为诸生者为县令，未有不能守淡泊者也。吾常思父母斯民之义，未有不兴除恐后者也。事上贵恭不贵屈，驭民以诚不以术，如是而已。昔汉宋之世，守令多入为三公，名儒常始于簿尉，吾子勉之！岂惟一邑民命之寄，实为一生发迹之始。有暇，即当读书，非寻章摘句之谓，谓非读书无以明于修己治人之道，而振励其志气也。（《送黄张二令》）

【注释】①自封投柜：明清时期一种田赋征收方法。当时由于催赋与征收之权在吏胥，经常出现额外需索数倍于正额的现象，为此实行自封投柜制度，以杜绝吏胥中饱之弊。各县分设钱粮柜，令纳税者将应缴钱粮注明姓名及田赋银数，自己封好投入柜内，并收取收据。

【译文】直接治理百姓的官员，其关键之处有三点，不过是息讼、薄赋、兴教而已。百姓有事情到县里来申理，胥役不加以刁难烦忧，不使他们有等待的劳苦，区分他们之间的是非曲直，惩处其中诬告奸恶的人，教训告谕他们，并要详密周备，那样讼争自然会止息。百姓有交纳规定赋税的，为他们查实所限定数额，使他们自己封好税银并放入柜中。以诚信为本，在他们将税银放入柜中后，亲自称量核准。发榜公开宣告，返还多交者的余银，使交纳不足额者补齐，按公布日期结算完毕，这样做百姓自然不会期满，交纳税银就会争先恐后。选择士人百姓中优秀的人才，聚集于学校之中，督促习文整顿品行，每月三四次到学校去视察。又在闲暇之日走访山村里巷，宣讲孝悌及耕作等事。百姓中有家风淳厚和睦的，有安分守己努力农桑的，在里巷中旌表鼓励，或者探访其家以示荣耀，这样教化道德就可以振兴了。我仍认为诸生做县令，没有不能谨守淡泊的。我常想治理百姓的道理，没有不兴利除害惟恐落后的。事奉上司贵在恭敬，不重在屈从，治理百姓贵在诚信，不使用权术如此而已。从前汉宋之世，郡守县令大多入朝出任三公，名儒常常从做主簿县尉开始，你们当从此自勉！哪里仅仅是一县百姓性命所寄托的事，实在是一生前途的开始。有闲暇，就应当读书，说的不是寻找文章中的文言片语，卖弄文字之事，说的是不读书便无从明晓修身治人的道理，从而振励自己的志气。

亲民之官，可以为所得为，然事繁而所及小。督抚势重，可以为所欲为，然地广而所见难周。监司之职，无其繁与其难，而可以为所可为者。可以察属，可以安民，可以访蠹，可以兴学。完璞勉之，养其根，去其莠，期其立，俟其成。专己者不虚，干誉者不正。苟安者庸，助长者蹶。毋徇己私，毋耀聪明。循此以往，何所不可为吾子期者？我将邈听风声①焉。(《送王完璞》)

【注释】①邈听风声：犹邈闻，常表示恭敬。司马相如《封禅文》："率迩者踵武，邈听者风声。"

【译文】直接治理的官员，可以做他可以做的事，然而因为事务繁忙所能做的很少。总督巡抚权势威重，可以为所欲为，但他们统辖地区广大而所见难以周全。监司这个职位，没有繁重的事情与难以周全这两个弊病，可以做他自己可以做的事。可以考察下属，可以安定百姓，可以查访蠹虫，可以兴办学校。可造之才勉励他，保养他的根基，去除他的不足，期望他能立身，等待他成才。专己者不虚，追求美誉者有失中正，苟且偷安者庸陋，急于求成者跌跟头。不要徇一己之私，不要炫耀自己的聪明。按照这样去做，有什么可以不符合您所期望的呢？我将远远地听您的好消息。

扬州东南繁华一大都会，五方杂处，富商大贾，辐辏逐利之区。民未知俭，示之以朴；民未崇厚，示之以睦；民未知礼，示之以冠婚丧祭燕饮服用之各有限制。察所属之贪刻玩愒者而惩创之，躬率之以介洁，待之以诚，示之以不假易。有悉心力为民者，不因小眚而去之，为之担荷而顾惜之。奸胥豪猾，不使挠吾法，伺吾懈隙，而生其玩悍之心。荐绅士子，惮吾之刚方峻肃，而乐吾之子谅易直，振厉而培育之。(《送张又渠》)

【译文】扬州是东南一个繁华的大都会，五方人杂处在一起，是富商大贾聚居，经商求利的地方。百姓不知道俭朴，告诉他们应当俭朴;百姓不推崇淳朴风气,告诉他们应当敦厚和睦;百姓不知道礼仪,告诉他们冠、婚、丧、祭祀等礼节,及宴饮服用各有限制的规定。纠察下属中贪婪刻薄耽玩懈怠的人,对他们进行惩处警戒,亲身倡导清正廉洁,诚心对待他们,以示对他们不会宽容放过。有竭尽全力为百姓的人,不因为小小的过失而撤换他,为他们担待罪责而爱惜保全他们。奸吏强豪,不让他们扰乱我的法度,伺查我的松懈漏洞之处,而生出轻慢强悍之心。举荐士绅子弟,使其惧怕我的方正刚毅、严峻整肃,而喜欢我的爱抚体谅、治肃刚正,振作鼓励而培育他们。

士君子束发受书,以古廉能自命。一行作吏,或迫于上司供亿,或苦于酬应繁多,夙昔清操,消归何有? 亲朋相规,动云见谅;虽有小善,宁足赎耶?(《月湖书院记》)

【译文】士人君子自小读书,以古时廉洁能干的人自诩。一旦入仕做官,或迫于上司的供应需要,或苦于应酬繁多,素昔的清正节操,潜消去掉还能剩下多少? 亲戚朋友相劝,动辄说让人们谅解,这样的人虽然有小的善行,难道足以赎他的罪吗?

尝闻之安溪李文贞公曰:以父母之心为心者,天下无不友之兄弟;以祖宗之心为心者,天下无不和之族人;以天地之心为心者,天下无不爱之民物。是心何心也? 即元善之长①,资始统天②之心也。张子《西铭》③备言此理,亲切而著明。龟山杨氏,犹疑其涉于兼爱,程子非之。余谓今之人,不患其兼爱,但患私利之心一起,自至亲以及民物,鲜不秦越视之矣。惟由分殊而推理一,事天必如事亲,然后元善之心常洽,而亲亲仁民爱物,胥是赖也。(《鹤山祖祠记》)

【注释】①元善之长:《乾卦·文言》曰:"元者,善之长也。"谓天之体性,生养万物,善之大者,莫善施生,元为施生之宗,故言'元者善之长'也。②资始统天:《乾卦·彖》曰:"大哉乾元! 万物资始,乃统天。"③《西铭》:北宋张载著。原为《正蒙·乾称篇》的一部分。作者曾于学堂双牖各录《乾称篇》的一部分《砭愚》和《订顽》分别悬挂于书房的东、西两牖,作为自己的座右铭。程颐见后,将《砭愚》改称《东铭》,《订顽》改称《西铭》。

【译文】我曾经听说安溪李文贞公说:"以父母的心思当作他自己的心思,天下没有不友爱的兄弟;以祖宗的心思当作自己的心思,天下没有不和睦的族人;以天地的心思当作自己心思,天下没有不友爱的百姓和万物。"这心思是什么心思呢? 即元善之长,资始统天的心思啊! 张载先生的《西铭》完备地讲说了这个道理,亲切而显明。杨时先生尚且怀疑他偏入到了墨子的兼爱思想,程子也不赞同。我认为今天的人,不怕他们趋从兼爱,就怕他们追求私利之心一起,从至亲之人以至于百姓,很少不被他们视为陌路之人的。只有从不同的食物而推断出道理一致,事奉上天如同事奉双亲。然后元善之心便常常和洽,而亲爱双亲、仁厚百姓、珍爱万物,都仰赖于此了。

熊勉庵《宝善堂居官格言》

（先生名弘备，淮安人。）

宏谋按：勉庵著《宝善堂格言》，谓一人可以日行万善者，莫捷于居官，故于居官格言独详。观其所云催科不扰，催科中抚字，刑罚不差，刑罚中教化二语。洞见致治之大原，可药俗吏之锢弊。其余言刑言政，大率不外此意。居官者，果能事事留心，处处推广，于以日行万善，不难矣。

【译文】宏谋按：勉庵先生著《宝善堂居官格言》，认为一日可以行万种善事的最快捷的途径莫过于居官，所以他撰著的居官格言特别详尽。细察他所说的催索钱粮不扰害百姓，在催索中注意安抚子民，刑罚不可以有偏失，在刑罚中注重教育和感化属民这两句话。觉察到他做官求治的根本观点，可以医治俗吏在官场中的锢弊。另外他关于刑法、为政的议论，大体上也不外乎这个思想。做官的人倘若真的能够做到事事留心、处处推广，那么要想一日之内行万件善事就不难了。

当官者，以理事为职。无论事之巨细冗杂，皆宜一一为之处分。若处得恰好，便是进德修业功夫。

听讼凡觉有一毫怒意，切不可用刑。即稍停片时，待心和气平，从头再问。未能治人之顽，先当平己之忿。尝见世人，因怒而严刑以泄忿。嗟嗟，伤彼父母遗体，而泄吾一时忿恨。欲子孙之昌盛，得乎？

【译文】做官的人应该以处理政务为基本职责，无论事情或巨或细、或冗或杂，都应该一一妥善处理。如果能够处理得恰到好处，便可以提高进德修业的功夫。

处理案件时一旦发现自己有一丝怒意，千万不可以立刻动用刑具，应该稍微停顿片刻，等到心平气和之后，再从头问起。不能改变他人的顽固态度，应当先平息自己的忿怒。我曾见过有的人因一时之忿而严刑拷打以发泄怒气。唉！伤害别人父母的骨肉，而发泄我一时的忿恨，要想自己后代繁兴、子孙昌盛，怎么可能实现呢？

江湖溺人，渡船为甚。居官能申五禁，亦方便之大者。一曰，不可人多。二曰，船不可太小。三曰，大风不可行。四曰，黑夜不可行。五曰，昏雾不可行。

【译文】大江大湖上发生的溺人事件，大多与渡船有关。做官的人如果能够严格执行五种禁令，对此便大有益处。一是不可人多，二是船不可以太小，三是大风之时不可起行，四是黑夜不可以行驶，五是昏雾弥漫时不开船。

人当贫贱时，为善善有限，为恶恶亦有限，无其力也。一当富贵中，为善善无量，为恶恶亦无量，有其具也。故富贵者，乃成败祸福之大关，不可不惧。

【译文】人身处贫贱时，做善事造福不深，做恶事危害不大，这是因为他的能力有限。人在富贵时，做善事福泽无量，做恶事流毒甚广，这是因为他的能力太大了。所以身居富贵的人，是成败祸福的关键，不能不心存忧患啊。

一夫在囚，举室废业。囹圄之苦，度日如年。不可不亟为发落，而令其淹久也。

为政者，当体天地生万物之心，与父母保赤子之心。有一毫之惨刻，非仁也。有一毫之忿嫉，亦非仁也。平易便民，为政之本。

今日居官受禄，须思当日秀才时，又须思后日解官时。思前则知足，思后则知俭。

无根之讼，须与他研究道理，分别是非曲直，自然讼少。若不与分别，愈见事多。

陷一无辜，与操刀杀人者同罪。释一大憝，与纵虎伤人者均恶。

催科不扰，催科中抚字；刑罚不差，刑罚中教化。

【译文】一人被关进囚笼，全家生业陷入瘫痪。囚狱之苦，度日如年，应该尽早发落囚犯，不要让他们在那里呆得太久。

掌握权势的人应当体会天地生育万物之心，体会父母保全赤子之心。有一丝一毫的残忍刻薄，就是不仁；有一丝一毫的忿恨嫉妒，也是不仁。以平易之心处处为民行方便，才是为政的根本。

今天当官接受俸禄的人，应该想想当年做秀才时的情形，也应该想想日后解官回乡时的情形。回顾早年就容易知足，瞻望以后就知道节俭。

对于没有依据的诉讼，应该与当事人穷究道理，分别是非曲直，自然讼事会减少。如果不与他分析追究是非,诉讼方面的事就会越来越多。

陷害一位无辜者,与操刀杀人者同罪。释放一个大奸,与纵虎伤人者一样最大恶极。

催索钱粮不扰害百姓,在催索中注意安抚子民;刑罚不可以有偏失,在刑罚中要注重教化属民。

颜光衷曰: 居官者,岂不知廉洁足尚? 第习见营官还债,馈遗荐拔,非此不行。积久日滋,性情已为芬膻所中。且人心何厌? 至百金,则思千金; 至千金,必思万金。甚则权势熏赫,财帛充栋,而犹未足也。大都为子孙计久远。不知多少痴豪子弟而灭门,多少清白穷汉而发迹。矧福禄有数,多得不义之财,留冤债与子孙偿,非所云福也。

【译文】颜光衷说: 做官的人怎么会不知道廉洁值得崇尚? 但是我们常常见到的是做得官后先还债,行贿之后才能得到擢拔,不是这样就行不通。时间一长,弊端滋长,为官者的性情早已为这种风气污染。况且人心怎么会感到满足呢? 得到百金就想得到千金,得到千金就一定想求得万金,甚至于权势显赫,财物充栋还是不能够满足。他们大多是为了子孙后代的长远利益而苦苦经营。事实上,不知多少豪门子弟遭灭门之灾,不知多少清白穷汉人生得志而显达。何况人的福禄自有定数,多得不义之财,必留许多冤债由子孙来偿还,这实在不是所谓的福泽呀!

士大夫不贪官,不爱钱,却无所利济以及人,毕竟非天生圣贤之意。居官无所利济,更非朝廷所以设官,士民所以戴官之意。

善启迪人心者,当因其所明而渐通之,毋强开其所闭。善移易风俗者，当因其所易而渐反之，毋轻矫其所难。居官以化导为事，更宜知此。

风俗，天下之大事。廉耻，士人之美节。为政者，当以扶纲常，正名分，重道义，为第一。

【译文】士大夫不贪官、不爱钱，却也没有什么利益实惠施与他人，这毕竟不是天降生圣贤的本意。

善于启迪人心的人，应当从百姓知晓的道理入手，逐渐引导疏通，而不是强行改变他们的习惯思想。善于易风移俗的人，应当从百姓已经习以为常的方面入手，逐渐加以改变，而不是强加于人而强行矫正。

风俗，是天下的大事。廉耻，是士大夫美好的气节。掌握权力的人应该以匡扶纲常、端正名分、注重道义为第一重要的事。

官虽至尊，不可以人之生命，佐己之喜怒。官虽至卑，不可以己之名节，佐人之喜怒。

当官职业，一时都要尽，也未能。若曰未能尽，又恐取责于上。多苟合含糊，欺谩将去。庸臣不忠，每蹈此弊。

做官想到去之日，做人想到死之日，更当留一二好事与人间。纵不能留好事，决不当再留不好事也。

救危以刑狱逼迫为重。盖水火盗贼等事，不系劫运，即系定数。而刑狱逼迫，死生只在居上者轻重间，有才者宽刻间也。常念及此，自不肯随意轻重，任性宽刻矣。

【译文】官虽至尊，但不可以他人的生命来增减自己的喜怒。官虽至卑，也不可以自己的名声气节人格来增减别人的喜怒。

　　在位做官的人，一般都要做到完美，也有的做不到。有的做得不够好，又害怕上司责怪，所以他们大多含糊应付，欺上瞒下。一般的大臣不忠诚，大多都是因为这个弊端。

　　做官的人要常常想到将来离职的时候，做人要常常想到死的时候，因此应当留一二件好事给世间。

　　救危应以拯救受刑狱逼迫的人为先，因为水灾火灾、盗窃这类事情，不是劫运，就是定数。而在刑狱逼迫之下，犯人的生死完全取决于做官的人量刑的轻重，或者是有才能的人的宽容与刻薄。

　　叶南岩为蒲州刺史，有群哄者，一人流血被面，脑几裂。公有刀疮药，自入内捣药敷之。令扛至幕廊中，委幕官善视，勿令伤风。其家人不令前。乃略加审核，收仇家于狱，而释其余。人问故，公曰：凡人争斗无好气，此人不即救，死矣。此人死，即一人偿命。寡人之妻，孤人之子，干证连系，不止一人破家。此人愈，特一斗殴罪耳。人情欲狱胜，虽骨肉亦甘心焉，吾所以不令其家人相近也。看得民命极重，多方保全，不专以问祗了事，故肯如此体贴。非姑息也。

　　【译文】叶南岩做蒲州刺史的时候，发生了一起群殴事件，一个人满面是血，脑壳几乎被打裂。叶公有刀疮药，亲自回家捣药为伤者疗伤。命令属下将伤者抬到幕僚的公寓，委派幕官妥善照料，不能让伤者感染。伤者的家人也不许前来探视。然后略加审核，将伤者的仇家关进监狱，其余的人尽行释放。有人问到他这样做的缘故，叶公说：凡是人们斗殴都是由于一时斗气，受伤的人如果得不到及时抢救就会死去。人一死，就必定有一人要为他偿命。使人妻成为寡妇，使人子成为孤儿，还有许多人都会受到牵连，因此而家破人亡的不止一人。待到伤者伤愈，其他人也只是一个斗殴的罪名。人们在情感上都希望能打赢官司，即使牺牲了骨肉至亲也甘心情愿，所以我才不让伤者的家人接近伤者。

一人入狱，中人之产立破。一受重刑，终身之苦莫赎。眉公言热审寒审，只在当事者一动念，一动口，一举笔间，便造无量大福。

凡为科第中人，职任朝廷耳目。须详访民害，为生灵请命。则一举笔间，可种永远福田。

【译文】一个人关进囚牢，中等资产的人家会立刻失去经济来源。一个人受了重刑，终生都难以解脱痛苦。眉公曾言热审寒审只在掌权人的一动念、一动口、一举笔之间，为官者就可以造就无量的大福。

凡是参加过科举的人，都有做朝廷耳目的职责。应当详细察访民间弊害，为百姓请命。这样就可以在举笔之间，种下永远的福田。

或曰：居官矢志作好事，而格于长吏，奈何？愚曰：勿虑也，但虑矢志未坚耳。立志不差，惟有积诚动之，洁身俟之。且安知不作好事，其祸不更有甚焉者乎？

士大夫济人利物，宜居其实，不宜居其名，居其名，则德损。士大夫忧国为民，当有其心，不当有其语，有其语，则毁来。

【译文】有人说，做官的人立志做好事，却遭到长官的阻碍，怎么办？我说，不用多虑，只应考虑自己为民做好事的意志是否坚决。只要立志正确，用真诚去感动长官，洁身自好，等待实现志向的机会。况且你怎么知道不做好事，他的祸患就不会更加严重呢？

士大夫救人行善，应该做实事，不应只求名，只求名就会有损德行。士大夫忧国为民，应当出自真心，而不应当只挂在口头上，空喊口号会对前途有损害。

积德累功，莫如居官为易。所谓顺风之呼，响应自捷。往往有一事而可当千百善者。

凡有地方之责者，相其土俗，曲为化谕。或禁火葬，或禁宰牛，或禁淫祀，或禁造访，或禁凿山占河等，及种种残虐侈费事，天未有不厚报之者。

【译文】积累功德，没有比做官更容易做到的了。就好像顺应人心的决策，响应的人自然不少。往往只做一事就可以抵平常人做了千百件善事。

凡是做地方官的人，应该根据当地的风俗，妥善地加以改革和引导。或禁止火葬，或禁止宰牛，或禁修淫祠，或禁止造访，或禁止凿山占河等等，以及种种残虐侈费的陋俗，如此做来，上天没有不厚厚地回报他的。

为官者一日不勤，下必有受其弊者。

当官文书簿籍，须逐日结押，不可拖下。一有丛集，不惟误厥事机，吏书且得乘其忙杂而朦之矣。

前辈教人居官，廉不言贫，勤不言劳，爱民不言惠，锄强不言威。事上致敬，不言屈己。礼贤下士，不言忘势。庶于官箴无忝。所见甚大，故能如此。

【译文】当官的人一天不勤奋，下面就一定有深受其害的人。

当官的人的文件案牍，应该每日处理完毕，不能拖延。一旦文件堆积，不仅耽误公事，手下的吏书还会乘其忙乱之机而欺上瞒下。

熊勉庵《宝善堂居官格言》

前辈教导当官的人，廉洁而不言贫穷，勤奋而不言劳苦，爱护百姓而不言恩惠，铲锄豪强而不专称个人威严。对上司恭敬而不认为是委屈自己；礼贤下士，而不称自己是谦恭忘势。这样才无愧于做官的原则。

文潞公处大事以严，韩魏公处大事以胆，范文正公处大事曲尽人情，三公皆社稷臣也。朱文公论本朝人物，范文正公为第一。

请蠲请赈，姑了目前之。不知汰一苛吏，革一弊法，痛裁冗费，务省虚文，乃永远便民之事。

郑汉奉曰：我辈读书博一第，蔼然居四民之上。自谓朝廷倚荷，生灵利赖。孰知日日行的是害人事，件件行的是折福事。非违心，则背理。辜负朝廷，贻害民物。岂不可羞？岂不可惧？此虽某下愚自省之危言，然亦可为中人针砭。

【译文】文彦博以严厉的风格应对大事，韩琦用过人的胆识应对大事，范仲淹应对大事时处处考虑符合人情，三公都是匡扶社稷的重臣。朱文公评论本朝人物时，将范仲淹排在第一位。

为地方请求蠲免或赈济，固然可以解决眼前的一些问题。却不知除掉一名苛吏，革除一条弊法，减掉一些不必要的开支，减少虚应文牍才是永远方便百姓的大事。

郑汉奉说："我们这些靠读书发迹做官的人，骤然居四民之上，自以为是朝廷的支柱，百姓的依赖，谁知每天做的都是害人的事，每件事都足以折福。不是违悖良心就是悖逆常理，辜负朝廷，贻害百姓，难道不该羞愧？难道不该畏惧？"这些虽然是我这样下愚人自省后的直言，然而确实能够作为有此种问题的人的针砭。

为国家用人，不当为官择地，当为地择官。若徒以地苦其人，而曾不顾其人之苦其地也。

居官行法，不能一概去杀。独不曰留意开释，尝存生意乎？一在疑似勿杀，二在株连勿杀，三在贿托勿杀，四在为人胁从勿杀，五在已经降顺勿杀。

法立贵乎必行。立而不行，适以启下人之玩。

【译文】为国家任用人才，而不应为做官的选择任官之地，应当根据某地的需要而选择官员。如果只考虑某地会使官员劳苦，就会顾不上考虑不恰当选官为该地造成的危害。

做官的人执行法律，不能一概不杀。为何不留意开释，心存保全之念呢？一是案情可疑的不杀，二是受株连的不杀，三是行贿托人的不杀，四是受人胁迫的不杀，五是已经投降顺服的不杀。

立法贵在言出必行。有法不执行，就会使下面的人藐视法律。

士君子居家，各以明理见性，为修身保世之本。士君子出仕，各以扶纲整俗，为获上信友之本。

忠君忧国，守之以慎。济物泽民，守之以谦。

士大夫居家，能思居官之时，则不至干请把持，而挠时政。居官能思居家之时，则不至刚愎暴恣，而贻人怨。惟恕而后能公，不易之理，人自不察耳。

【译文】读书人在家的时候，应该把明理、见性作为修身保世的根本。读书人一旦步入仕途，就要把匡扶纲常端正习俗作为取得朝廷和幕僚信任的根本。

忠君忧国，要保持谨慎；济物爱民，要保持谦虚。

士大夫在家能想到做官的情状，则不至于有非分的请求或把持并阻挠政事。做官的人能想到赋闲在家的情形，就不会刚愎暴怒，给人留下怨恨。

居官有最易蹈者六：一多事，二迁怒，三傲人，四有成心，五急功名，六嗔人有炎凉。

一人入狱，十人罢业。株连波及，更属无辜。且狱中夏有疫疾湿蒸，冬有皲瘃冻裂。或以小罪，经年桎梏；或以轻罪，迫就死亡。狱卒囚长，需索凌辱，尤可深痛。时令马上飞吊监簿查勘，以狱囚多寡，定有司之贤否。行之期年，郡属州县吏，无敢妄系一人矣。

【译文】当官的人最容易犯的错误有六：一是多事，二是迁怒于人，三是待人傲慢，四是对人有成见，五是急于得到功名，六是嗔怒别人态度的变化。

一个人进了监狱，十个人就不得不停止工作。被案件株连波及的人更是无辜。况且狱中夏季闷热潮湿，有传染病流行；冬季风寒，人常受冻伤之苦。有的人只犯了小罪，却多年在狱中生活；有的罪行很轻，却被迫死在狱中。狱卒监狱长们动辄要钱索物，欺凌侮辱，更让人切齿痛恨。现在朝廷令人飞马调来监狱的档案进行审查，根据狱囚的多少来确定地方官的贤能与否。这样的制度实行几年，郡属及州县官吏，不敢再随便囚禁一人。

朝廷立法，不可不严；有司行法，不可不恕。不严，则不足以禁天下之恶；不恕，则不足以通天下之情。

省刑薄敛，王者治世之大端也。然圣贤以此教人，非欲去其禁民为非之刑，乃欲去其驱民为非之刑耳；非欲免其富国之赋，乃欲免其敝国之赋耳。

【译文】朝廷制定法律不可不严格，地方执法令不可不宽容。朝廷制定法律不严格，则无法禁绝天下的奸恶；地方执法不宽，则不能通天下的人情。

减轻刑罚薄征赋税，是王者治理国家的重要事项。然而圣贤以此教导在官的人，并不是要减省禁止百姓做坏事的刑律，应该省去那些驱使百姓为非做歹的刑罚；并不是要免去使国家富强的赋税，而是要减省那些使国家经济凋弊的税项。

做上官底，只是要尊重。迎送欲远，称呼欲尊，拜跪欲恭，供具欲丽，酒席欲丰，驺从欲都，伺候欲谨。行部所至，万人负累，千家愁苦。即使于地方有益，苍生所损已多。及问其职业，悉是虚文滥套。纵虎狼之吏胥，骚扰传邮；重琐尾之文移，督绳郡县；括奇异之货币，交结要津；习圆软之容辞，网罗声誉。至民生疾苦，若聋瞀然。岂不骤贵躐迁？然而显负君恩，阴触天怒。是生民之苦累，而子孙之祸因也。吾党戒之。

【译文】做高官的人，只考虑自己的尊贵与重要，要求对他的迎送要远，称呼要尊贵，拜跪要恭敬，供应的器具要华丽，酒席要丰盛，鞍前马后的人要多，下人的伺候要谨慎。所到之处，万人受其牵累，千家因此而愁苦。即使对当地有好处，百姓的损失已经不少。等到问及他们的职掌，全是虚应滥套。他们放纵虎狼一般的吏胥骚扰邮传，用繁琐的公文来督责郡县，搜掠奇异的财物交结要人，用圆滑的言辞网罗声誉。至于民间的疾苦，他们却装聋做哑，怎么会不骤然富贵、屡得升迁呢？他们这样上负皇上圣恩，暗地里触犯上天，现在百姓所受的苦累，

熊勉庵《宝善堂居官格言》

369

也是其子孙的得祸的原因。我们应该引以为戒。

亲民的官，最要仔细。夹棍板子，最怕手滑。我只开口一声，衙役便加力几倍。我只动手一摸，百姓便去血几多，去肉几块。一般皮肉，我疼，他宁不疼，他疼，我又何忍？若是情真罪当，打他也不枉然。若还非罪无辜，于我宁无损福？

【译文】接近百姓的官最应仔细小心，夹棍板子最怕手滑。我只要开口一声，衙役便会加力几倍。我只要动手一摸，百姓就要流去许多血，掉去许多肉。一般来说皮肉之苦我疼，百姓难道就不会疼吗？他疼，我又于心何忍？如果真是罪有应得，打他也不冤枉。如果殃及无辜，难道不是在折损我的福报吗？

刑罚当宽处即宽，草木亦上天生命。财用可省时便省，丝毫皆下民脂膏。

居官以清，士君子分内事。清非难，不见其清为难。不恃其清，而操切凌轹人，为尤难。

利在一身，勿谋也，利在天下者谋之；利在一时，勿谋也，利在万世者谋之。

【译文】刑罚应当从宽的就要从宽，即使草木也是上天哺育的生命。用度可省的就尽量节省，一丝一毫都是百姓的脂膏。

居官清廉是士大夫分内的事。清廉不难，难的是不以清廉自居。不以清廉自恃，而又急切地要求别人则更难。

只对自身有利，不要去做，对天下有利一定要做；只是一时有利，不要去做，对万世有利就一定要做。

救民水火之中，惟恐其不早。贪官污吏，侵渔百姓，甚于盗贼。此而不除，虽有良法美意，孰与行之？

情有可通，莫于旧有者过裁抑，以生寡恩之怨。事在得已，莫于旧无者妄增设，以开多事之门。若理当革，时当兴，合于事势人情，则非所拘矣。

世盖有悦下吏附己，不欲屡驳以形其短。惮成案之更，虑始劾者衔我，而见中于他日，曰："吾宁负我百姓耳。"吁！此又与于不仁之甚者也。

【译文】 拯救百姓于水火之中，惟恐不能尽早。可贪官污吏侵奇强占百姓此盗贼还要严重。贪官污吏不除，即使有健全的法律和爱民求治的美意，靠谁去执行贯彻呢？

情理可通的事，不要因为前任官员有错误而加以裁抑，如此就会因寡恩遭人怨恨。说得过去的事，不要因为前任官员没有做就妄加增设，开启了人浮于事、机构重叠的弊端。如果是理当革除，确实应兴建的事，合乎事态人情，就不要再拘泥不做了。

世上做官的人都希望属下吏僚阿附自己，不希望经常遭到反驳被别人揭短。他们害怕已经制定的案件又有变更，顾虑过去他弹劾过的人而心中怀恨，而有朝一日被人陷害，所以他们说："我宁可辜负我的百姓。"唉！这比不仁的官更有过之而无不及。

夫刑罚之设，原非得已。有可生之路，而不为之急白，是亦杀也。居官点狱，岂可拘守前案，奉承上司，而见死不救哉？

封赠父祖，易得也；无使人唾骂父祖，难得也。恩荫子孙，易得也；无使子孙流落伶仃，难得也。居官而思其难者，则父祖之泽长，子孙之祚远矣。

　　救荒不患无奇策，只患无真心。真心即奇策也。

　　守官者，虽古墨清玩，勿宜偏爱，恐小人乘间而入也。

　　【译文】朝廷设立刑罚，最初是出于不得已。倘有保全生命的办法，而不赶紧为之申辩，这也是杀人。当官的人审查狱囚档案，怎么可以拘守前任的定案，为奉承上司而见死不救呢？

　　朝廷封赠父祖容易做到，而使人不唾骂父祖则难以做到；积德福佑子孙容易得到，而使子孙不致孤苦伶仃流落四方则难以做到。做官的人应从难处着想，才会使父祖的恩泽绵长，子孙的福祚久远。

　　救荒不愁没有奇妙的办法，只怕没有真心。真心是最好的计策。

　　做官的人虽有些清雅的爱好，但不要过于偏爱，一旦有所偏爱，只怕小人就会乘机而入。

　　高牙大纛^①，不足为荣；桓圭衮裳^②，不足为贵。惟德被生民，功施社稷，为贵为荣。

　　耐烦受诉，使两造各尽其情。

　　不嗔越诉，只平平照常理断。

　　一时错枉，片念拨转，不吝改过。

　　居官之法，尽心则无愧，平心则无偏。

　　【注释】①高牙大纛（dào）：三代军队里的大旗。指军中的旗帜。比喻声势显赫。②桓圭：帝王授给三公的命圭。衮裳：三公所穿的礼服。

　　【译文】高大旗帜不足为荣，巨玉华服不足为贵。只有将恩德施与百姓，将功绩付与社稷，这才是显贵与荣耀。

　　耐心听取原告和被告的讲诉，使双方都能言无不尽。

不要嗔怪越级上诉的人，应像平常一样来处理。

一时冤枉错怪了别人，一旦发现，要毫无保留地改正。

居官的法则在于，尽心尽力就不会有所愧疚，心中公正就不会有所偏袒。

王朗川《言行汇纂》

（先生名之铁，湖广湘阴人。）

　　宏谋按：古人言行，皆抒其心之所独见，未尝以此揣合后人。而千载以下之人心，无不脗合，利弊无不切中者。无他，古今止此情理耳。朗川所纂嘉言善行殊多，已见于《宋贤事汇》及他编者，皆不录。大约皆随时采集，不复次第。惟取其合乎情理，足以为法示戒而已。

　　【译文】宏谋按：古人的一言一行都尽情地表达出他们的独到见解，而并非是以自己的观点去迎合后人。千年以来人心所思不谋而合，无不切中时弊。这不是因为别的，而是因为古今发生的事情都有共同的道理。王朗川编纂的嘉言善行非常多，而我们现在所能见到的《宋贤事汇》及其他有关著述中均不曾收录。这里收入的大多是随时采集的文字，没有先后次序，只要是合乎情理，足以为后人师法或借鉴的都在其中。

　　清贵容，仁贵断。莫苛刻以伤厚，莫硁确以沽名。毋借公道遂私情，勿施小惠伤大体。凭怒徒足损己，文过岂能欺人？处忙更当以闲，遇急便宜从缓。分数明，可以省事；毁誉忘，可以清心。正直可通于神明，忠信可行于蛮貊？（句句耐人寻味，可当座右箴铭。）

【译文】清廉贵在宽容，仁惠贵在能断。不要苛刻以伤害忠厚之人，也不要卓然独立而沽名钓誉。不要借公家的名义图谋实现个人的目的，也不要施小恩小惠而有碍大局。发怒只会损伤自己，掩饰错误怎么能欺人耳目？繁忙的时候应当注意休闲，遇急事更应从容处置。分工明确可以省却冗事。将名誉放在脑后，可以清净内心。正直的心与神明相通，忠信的人可以行之于四海。

居官簿书如麻，下情阻隔，或乘其聪明，或乘其火气，或乘其忙错，种种皆能枉人。及文案既定，则有明知枉而无如何者矣。昔彭惠安韶，居官立身，无愧古人，只误杀一孝子，遂至不振。甚矣居官之难也！其难其慎^①，不在依违^②二三，而在虚心观察。（依违亦最害事，故云。）

【注释】①其难其慎：出自《尚书·咸有一德》。②依违：迟疑。刘向《九叹·离世》："余思旧邦，心依违兮。"

【译文】当官的人要处理的文件非常多，容易阻碍与下面的沟通。有时因为自以为是，有时因为正在气头上，有时因为忙乱出错，种种情形都可能冤枉好人。等到文案确定，明知其人冤枉也没有办法挽救了。昔日的彭韶，无论是修身还是做官都无愧于古人，只因误杀了一位孝子，从此一蹶不振。做官实在是太难了。越是难越要慎重，不在于迟疑不定，而在于虚心观察。

针芒刺手，茨棘伤足，举体痛楚。刑惨百倍于此，可以喜怒施之乎？虎豹在前，坑阱在后，号呼求救，狱犴何异于此，可使无辜坐之乎？己欲安居，则不当扰民之居。己欲丰财，则不当朘^①民之财。居官者不可不常念此四语也。

【注释】①朘(juān）：剥削。

【译文】针芒刺手，荆棘伤足，全身都因此而痛楚。刑罚比这还要惨痛百倍，怎么可以因一时喜怒而动刑呢？虎豹在前，陷阱在后，号呼求救，狱囚的处境与此有何不同？怎么可以使无辜的人落到这种地步呢？自己想要安居，就不应当骚扰百姓的居所。自己想要积累财富，就不应当盘剥百姓的财物。

简尸，即今覆检也。与凌迟不异。上干天和，破家荡产，又是第二件事。吾辈不可不知。

昏官之害，甚于贪官。以其狼籍及人也。

凡奸猾吏胥，不利无事。无事，则何所生衅。故往往挟权术以怂谀官长，遇事风生。上开一孔，下钻百窦。纳贿一身，丛谤上人。城郭富家，犹能支吾。若僻陋愚民，目不识文告，舌不解敷陈。见里长，则面色清黄。望公门，则心胆惊战。稍有桀骜，皆得望风索骗。于是讼狱日滋，愁怨日积。吁，岂无有心人而坐此者哉？

【译文】现在所谓的覆检，与凌迟一样，冒犯了天和，破家荡产还是其次，我们这些人不可以不知道这些。

昏官的危害比贪官更加严重，因为他直接祸害到百姓的切身利益。

凡是奸猾吏胥，最怕没有事端。无事，就无从生出是非。所以他们往往利用权术阿谋奉承长官，遇事煽风点火，扩大事态。上边开一小孔，下边就会钻出百洞。他们贿赂满身，还毁谤上位者。城郭里的富豪还能够勉强应付他们，如果普通百姓，目不识丁，眼看不懂文告，口又说不清楚，他们见到里长就吓得面色青黄，一望见衙门更是心惊胆战。稍微凶暴的奸吏，就可以横行霸道、坑蒙拐骗。因此讼狱越来越多，愁怨越积越重。唉！难道没有有心人来处理这些问题吗？

居官者，职业是当然的，每日做他不尽，莫要认做假；权势是偶然的，有日还他主者，莫要认作真。

任事者，当置身利害之外；建言者，当设身利害之中。置身于外，则无所顾忌；设身其中，则平易近人。二语各极其妙。

【译文】做官的人，做好本职工作是理所当然的。每日都要没完没了地去做，不要心存轻视。权势是偶然的，有朝一日还要还给别人，所以不要太过于认真。

负责执行具体事务的人，应当把利害关系置之度外。负责提出谏言的人，应当置身于利害之中。

责人之非，不如行己之是；扬己之是，不如克己之非。凡不可与父兄师友道者，不可为也；凡不可与父兄师友为者，不可道也。凡不可与士民道者，皆居官所不可为也。

喜时之言多失信，怒时之言多失体。

【译文】指责别人的过错，不如做自己认为正确的事；宣扬自己的优点，不如克服自己的缺点。凡是不能跟父兄师友说的事就不要去做，凡是不能对父兄师友做的事也不要去说。

高兴时说的话多失信用，愤怒时说的话多失体统。

取人之直，恕其戆[1]；取人之朴，恕其愚；取人之介，恕其隘；取人之敏，恕其疏；取人之辨，恕其肆；取人之信，恕其拘。所谓人有所长，必有所短也。可因短以见长，不可忌长以摘短。

人只一念贪私，便销刚为柔，塞知为昏，变恩为惨，染洁为污，坏了一生人品。故古人以不贪为宝。

【注释】①戆（gàng）：憨厚而刚直。

【译文】任用直性的人，就要宽容他的刚硬；任用质朴的人，就要宽容他的愚顿；任用耿介的人，就要宽容他的狭隘；任用敏捷的人，就要宽容他的疏失；任用善辩的人，就要宽容他的放肆；任用忠信的人，就要宽容他的拘泥。所谓人各有长处，也各有短处，可以在了解他的短处以后发挥他的长处，不要忌讳他的长处而一味指摘他的短处。

人只要有一点贪私的念头，就会从刚直不阿变得软弱。闭塞智慧变得昏溃，善良的心地变得残酷，纯洁的心灵染上污点，败坏了一生的人品，所以古人把不贪奉为至宝。

凡人到富贵，不独天道忌盈，即一身受享太过，亦减子孙福泽。至若专权怙宠，多行不义，一时非不烜赫①，而一败即涂地矣。

女子阴性，故嫉妒字旁从女，明其非须眉丈夫事也。以丈夫而同女子之行，岂不可耻？指点亲切堪发猛省。

【注释】①烜赫（xuǎn hè）：显赫，声势很盛。

【译文】凡是人到了大富大贵的地步，不仅上天忌讳盈满，即便从其本人来说，享受太过分了，也会减少子孙的福泽。至于专权怙宠、多行不义的人，虽然显赫一时，一旦败露，将会一蹶不振。

女子属于阴性，所以"嫉妒"二字的偏旁都从女，表明嫉妒之事不应当是大丈夫做的。身为男子汉大丈夫却做女子容易犯的事情，岂不可耻？

清乃官箴之始基，犹贞乃女德之始基，不足恃也。居官者，以廉之一节自满，而种种戾气，秕政①伏焉。则是妇人无淫行，而遂可詈翁姑压夫子，叫噪于妯娌间矣。清而不理民事，清而不合人情，清而不防流弊，皆秕政也。

【注释】①秕（bǐ）政：是指不良的政治措施。
【译文】清正是做官原则的出发点，就好像贞操是女子德行的出发点，也不足以完全依凭。当官的人只因自己有清廉的长处就骄傲自满，就会有种种不良习气和弊政潜伏下来。就像妇人虽没有淫荡的行为，但是出口大骂公婆，欺压丈夫，在妯娌之间摇唇鼓舌。

张南轩曰：为政须要平心。不平其心，虽好事亦错。如抑强扶弱，岂非好事？往往只这里错。须如明镜然，妍自妍，丑自丑，何预吾事？若先以其人为丑，则相次见此人，无往而非丑矣。

【译文】张南轩说："处理政事要平心静气，心绪不定，虽做好事也容易出错。比如说抑强扶弱，难道不是好事？错处往往就出在这里。应该心如明镜，美的自然是美，丑的自然是丑，与我有什么关系？如果事先就把那个人定为丑恶的，以后再看见此人，无论做什么都觉得丑。"

张南轩曰：治狱所以不得其平者，盖有数说：贪吏受贿，枉法用刑，其罪无论。即或矜智巧以为聪明，持姑息以容奸慝。上则视大官之趋向，而重轻其手；下则惑胥吏之浮言，而二三其心。不尽其情，而以威怵之。不原其初，而以法绳之。由是不得其平者多矣。无是数者之患，而深存哀矜勿喜之意，其庶几乎！

【译文】张南轩说："治理案狱之所以不能做到公平合理的原因，一般来说有几种：贪吏受贿，违法用刑，不依法定罪。即官员以机谋、巧诈为聪明，用苟且求安的态度纵容奸恶。对上则根据上司的意图亦步亦趋；对下则受胥吏们的不实之言所蛊惑，对案情的判断则马马虎虎。有的官员对案情并不完全了解，而以威严恐吓罪犯；不追究其犯罪的根源，就以法律来制裁他。因此，断案不公平的情况特别多。如果没有以上种种弊端，而采取客观公正、妥为保全的态度，离公平处理案件应该不远了吧？"

王梅溪守泉，会邑宰，勉以诗云："九重天子爱民深，令尹宜怀恻隐心。今日黄堂一杯酒，使君端为庶民斟。"邑宰皆感动。真西山帅长沙，宴十二邑宰于湘江亭，作诗曰："从来官吏与斯民，本是同胞一体亲。既以脂膏供尔禄，须知痛痒切吾身。此邦素号唐朝古，我辈当如汉吏循。今日湘亭一杯酒，更烦散作十分春。"王玉池令金乡，揭一联于堂曰："眼前百姓即儿孙，莫谓百姓可欺，且留下儿孙地步；堂上一官称父母，漫说一官易做，还尽些父母恩情。"意与梅溪、西山同。

【译文】王十朋（字梅溪）在拜会当地地方官时，曾写诗勉励他，道："九重天子爱民深，令尹宜怀恻隐心。今日黄堂一杯酒，使君端为庶民斟。"地方官们都非常感动。真德秀率军驻扎在长沙，在湘江亭宴请十二个县的长官，他在宴会上作诗道："从来官吏与斯民，本是同胞

从政遗规

一体亲。既以脂膏供尔禄，须知痛痒切吾身。此邦素号唐朝古，我辈当如汉吏循。今日湘亭一杯酒，更烦散作十分春。"金乡县令王玉池在宴会作一联："眼前百姓即儿孙，莫谓百姓可欺，且留下儿孙地步；堂上一官称父母，漫言说一官易做，还尽些父母恩情。"大意与王十朋、真德秀一样。

罗适为江都令，凡便民事，悉为区画。荒旱，则设法引水；水患则筑堤捍御之。又使民多种桑麻。讼速决，不事淹留。黎明视事，昏夜乃止。或讥其太劳，曰：与其委成于吏，使民有不尽之情，孰若自任其劳，俾百姓无不平之怨？不数月政化大行。

【译文】罗适做江都县令的时候，凡是与民方便的事，全都积极安排施行。荒旱时则设法引水灌溉，水患时则筑堤抗洪防御。他还让百姓们多种桑麻。对于诉讼案件都能尽快处理，从不拖延。每天黎明时分就开始处理政事，三更半夜才休息。有人讥讽他太过辛劳了，他说："与其把政务交给胥吏去办，使百姓有不能表达的意愿，还不如自己辛苦一点，使百姓没有不平的怨恨。"他上任不到几个月，辖区内政通人和风气大变。

徐有功与皇甫文备同按狱，诬有功纵逆党。久之，文备坐事，有功出之。或曰：彼尝陷君死，生之何也？对曰：尔所言者私忿，我所守者公法。不可以私害公。

【译文】徐有功和皇甫文备一同巡察案狱。皇甫文备诬陷徐有功放纵逆党。过了很长一段时间，皇甫文备犯法坐狱，徐有功把他解救出来。有人说："那个人曾经陷你于死地，你还救他干什么？"徐有功回答说:"他陷害我是出于私忿,我所遵守的是公法,不可以用私怨损害了公法。"

尚书李公择,风度凝远,与人有恩意,而遇事强毅,不为苟安。初善王荆公,荆公当国,冀其助,而抵之乃力于他人。荆公常遣雱谕意,曰:所争者国事,盍少存朋友之义。公曰:大义灭亲,况朋友乎?自守益确。

【译文】尚书李公择风度凝远,与人常施恩惠,但是遇事坚持己见,不肯苟且从众。他最初善待王安石,王安石做宰相后希望得到他的帮助,他却比别人更为坚决地抵制王安石的政策。王安石曾经派遣儿子王雱表明意图,他说:"我们之间的争执是因为国事,为什么不稍微考虑一下朋友的义气?"李公说:"为了大义可以灭亲,何况是朋友?"此后更加坚持原有的立场。

吴文肃公子璟,素以坚挺有气节,韩魏公亦称之。及幕府有阙,门下有以璟为贤者。公曰:"此人气虽壮,然包蓄不深。发心暴,且不中节,当以此败。"置而不言。不逾年,璟败,皆如其言。杜正献公有门生为县令者。公戒之曰:"子之才器,一县令不足施。然切当韬晦,无露圭角。不然,无益于事,徒取祸耳。"门生曰:"公平生以直亮忠信,取重天下。今反诲某以此,何也?"公曰:"衍历任多,历年久,上为帝王所知,次为朝野所信,或得以伸其志。今子为县令,卷舒休戚,系之长吏。长吏之贤者,固不易得。若不见知,子乌得以伸其志?徒取祸耳!予非欲子毁方瓦合,盖欲求和于中也。"余谓子弟曰:"此言昧做涉世语,便是老乡愿;昧做用世语,便是古大臣。"涉世则近于周旋世故,用世则期于利济民物,必有公私广狭之分。故所成就亦异。

【译文】吴奎的儿子吴璟，一向坚决而有气节，韩琦也称赞他。等到韩琦的幕府有空缺，他的门下中有人认为吴璟贤能而一力推荐。韩琦说："这个人虽然正气凛然，但涵养不深。性情暴躁而且不能及时遏止，最后会因此而败身。"于是把这件事放在一边不再提起。不过一年，吴璟出事，与韩琦的预言果然一致。杜衍有个门生在地方做县令，杜公告诫他说："你的才能气度，在县令的位置上显然不能完全施展。但要切记韬光养晦，不要露显锋芒。否则对你的发展很不利，只会自取其祸。"门生说："您一向以正直忠信的气节来取得天下的认可。如今却反过来以这番话来教导我，这是为什么？"杜公说："我在各种职位上任官许多年，上面皇上对我了解甚深，下面取得朝野上下官员的信任，我可以在这种情况下实现自己的志向。而如今你只是一个县令，一举一动，都在长吏的眼中。贤能的长吏真是难以遇见。如果得不到长吏的支持，你怎么能够施展自己抱负呢？只会自取其祸罢了。我不是想让你毁弃原则，只是希望你凡事和于中道！"我对我的子弟们说："这番话要是把它看作与人周旋的手段，就是令人讨厌的乡愿之人；如果把它看作济世救民的原则，就是有着古风的忠贞大臣。"

咸宁大司徒雍公泰，巡盐两淮。见灶丁贫而鳏者，几二千人。比及二年，俱与完室。既去，淮人咏曰："客边检橐浑无砚，海上遗民尽有家。"又曰："了却四千儿女愿，春风解缆去朝天。"

【译文】咸宁人大司徒雍泰巡视两淮的盐政，发现贫穷而鳏居的煮盐工多达二千人。等到两年以后，这些人都成了家。雍泰离任时，两淮百姓赞美他说："客边检橐浑无砚，海上遗民尽有家。"又说："了却四千儿女愿，春风解缆去朝天。"

西魏韦孝宽，为雍州刺史，先是路侧，一里置一土堠，经雨辄毁。孝宽当堠处植槐树，既免修复，又便行旅。宇文泰叹曰：岂得一州独尔？于是令诸州夹道，皆计里种树。

【译文】西魏韦孝宽做雍州刺史时，先是在路边每隔一里处建置一个土堡，土堡经风吹雨打而坍毁。后来韦孝宽又在土堡的周围都种上槐树，既不用修复土堡，又方便长途旅行的游人。宇文泰感叹说："怎么只有一州这样做呢？"于是命令国内各州在道路两旁都按里程种上树。

陈尧叟为广南西路转运使。岭南风俗，病者必祷神，不服药。尧叟有《集验方》百本，刻石贵州驿舍，地方赖之。又以地气蒸暑，为植柳凿井。每三二十里，必置亭舍什物，人免渴死。

【译文】陈尧叟做广南西路转运使的时候，当时岭南的风俗是有病的人一定要祈祷神佑而不服药。尧叟有《集验方》百本，他令人刻在贵州驿舍的石头上，当地人全靠它治病。他还根据当地暑热湿气大的情况，种柳树凿挖水井。每隔二三十里路就设置一个亭子放置各种用品，使路人不至渴死。

林希元上《荒政丛言》，言救荒有二难，曰：问人难，审户难。有三便。曰：极贫民，便赈米；次贫民，便赈钱；稍贫民，便赈贷。有六急。曰：垂死贫民，急饘粥；疾病贫民，急医药；病起贫民，急汤米；既死贫民，急墓瘗；遗弃小儿，急收养；轻重系囚，急宽恤。有三权：借官钱以粜籴，兴工作以助赈，贷牛种以通变。有六禁，曰：禁侵渔，禁攘盗，禁遏粜，禁抑价，禁宰牛，禁度僧。有三戒，曰：戒迟缓，戒拘文，戒遣使。上以其切于救民，皆从之。

【译文】林希元曾奏上一本《荒政丛言》，称救荒有两个难处：一是问人难，一是审查户口难。也有三处便：对于极度贫困的百姓，赈米为便；对于较贫困的百姓，赈钱为便；对于稍为贫困的百姓，赈贷为便。有六急：对于垂死的贫民应该紧急提供粥饭；对于患病的贫民应赶紧提供医药；对于病愈的贫民紧急提供汤米；对于已死的贫民紧急提供掩埋的处所；对于遗弃的小孩紧急提供收养处所；对于监狱中的大小囚犯要紧急宽恤处理。有三处权宜：即借官钱为百姓买卖粮食，借大兴工程以赈助百姓，将耕牛种子贷给农民以恢复生产。有六处禁令：禁止搜刮百姓，禁止侵夺盗取，禁止有碍卖粮行为，禁止抑制价格，禁止宰牛，禁止给僧人执照。有三戒：即戒迟疑不前，戒拘泥成文，戒派遣特使。以上这些都直接关系到拯救灾民的具体措施，皇上应当一一准许。

朱胜知吴郡事，廉静寡欲，勤政爱人。尝曰：吏书贪，吾词不滥准；隶卒贪，吾不妄行杖；狱卒贪，吾不轻系囚。

【译文】朱胜在吴郡任官的时候，廉洁清静淡泊寡欲，并且勤政爱民。他曾说："吏书贪婪，我不轻易批准其呈上的文件；隶卒贪婪，我不随便下令行杖；狱卒贪婪，我不轻易逮人下狱。"

胡霆桂为铅山主簿，时私酿之禁甚严。有妇诉姑私酿者，霆桂诘曰：汝事姑孝乎？曰：孝。曰：既孝，可代汝姑受责。以私酿律笞之，政化大行。

【译文】胡霆桂做铅山主簿的时候，当时严格禁止私人酿酒。有位妇人举报她的婆婆违法私酿，胡霆桂诘问她说："你事奉婆婆孝顺吗？"妇人回答说："孝顺。"胡霆桂又说："既然你很孝顺，应该代替你的婆婆受罚。"于是以私酿罪鞭笞了妇人，从此民风为之大变。

杨继宗知秀州，富民有患婿贫，告停婚者。继宗责富民输二百金，听别择婿。既语之曰：我以此付尔婿立家，汝女得所矣。令即日成婚。

【译文】杨继宗做秀州知州的时候，有个富人嫌女婿家贫而请求解除婚约。杨继宗命该富人交纳二百两银子，然后听任他另外择婿。又对他说："我用这些钱给你女婿成家，你女儿也有归宿了。"做主当日让他们完婚。

石渎子曰：清也，慎也，勤也，是循吏之所操也。财之于人也，犹腻之于物，一污而不可涤者也。况我取一也，则下取百矣。我取十也，则下取千矣。故我以之适口也，而民以之浚血也；我以之华体也，而民以之剥肤也；我以之充囊也，而民以之券田庐也；我以之纳交也，而民以之鬻妻子也。以此思清，清其有不至乎？奕之决胜也，必审于举棋也，不然，则负；御之致远也，必谨于执辔也，不然，则败。故一出令之误也，则跲躄①之弊生矣；一听言之误也，则壅蔽之奸作矣；一用人之误也，则狐鼠之妖兴矣；一役敛之误也，则劳止之怨生矣；一听断之误也，则劝惩之道塞矣；一重辟之误也，则冤愤之灾应矣。以此思慎，慎其有不至乎？川之渡也，不必逾时也，而渡者争先焉；门之出也，不必逾时也，而出者争先焉，人之情也。一人之逸，十百人之劳也；一人之劳，十百人之逸也。我之欲寝也，曰：得毋有立而待命者乎？我之欲休也，曰：得毋有跂而望归者乎？案牍之留也，曰：吏得毋缘以为奸乎？狱讼之积也，曰：得毋有苦于狴犴^②者乎？以此思勤，勤其有不至乎？能行此三者，则覆露之泽日敷，而瘤忧之痒^③可释。其于古之循吏也，殆庶几乎？（言清慎勤，惟此最为切至，阅之而不动心者，非人也。）

王朗川《言行汇纂》

【注释】①盩（zhōu）：乖；悖。②狴犴（bì àn）：又名宪章，中国古代神话传说中的神兽，是牢狱的象征。③瘤忧（shǔ yōu）：郁闷忧愁。痒：病。

【译文】石渎子说："清廉、谨慎、勤勉，是为官为吏的基本操守。财富对于人来说好像是沾上了油腻的衣物，一但污染就不可能洗涤干净。何况我们取一，下边的人就会取百；我们取十，下边的人就可能取千。所以说，我们贪取财富不过是满足口腹之欲，而老百姓就要为此而榨干血汗；我们贪取财富而使衣着更加华丽，而老百姓就要为此忍受剥肤般的搜刮；我们用财富装满钱袋，而老百姓就要为此卖田卖房；我们用财富来结交权贵，而老百姓就要为此卖妻卖子啊。从这种角度来考虑清廉的意义，怎么会不清廉呢？下棋能否取胜关键在于举棋时候要思量清楚，否则就会输棋。驾车能赶远路，就一定要谨慎地抓住缰绳，不然就会误事。所以说一条政令失误，就会产生弊端。误听一句话，那么就会产生壅蔽之奸了。误用一人，那么狐鼠一类的妖人就会兴风作浪。有一次误役误敛，那么劳苦的怨恨就产生了。一次听断的失误，那么劝赏与惩罚之道就被堵塞了。一次错误地重刑，那么冤愤之灾就应声而起了。如果这样慎重地思考，还会有什么不慎重的举措发生吗？渡河的时候，并没有时限，而人们都争先恐后。出门的时候，并没有时限，而人人都争先，这是人之常情。一个人的安逸，就是十人百人的辛劳。一个人的辛劳，也可以有百人的安逸。我要就寝了，就想有没有人站在那里听候我的使唤？我要休假了，有没有人踮脚站在那里盼望我回来？案牍积压了，就想有没有吏人趁机作奸犯科？狱讼积压了，就想有没有因此而白白遭受牢狱之苦的？如果这样勤于思考，勤劳还会不到来吗？能做到以上三条，那么雨露般的恩泽日益广布，疲弊之病瘵可以得到解除。就算是古时候的循吏，恐怕也不过如此。"

朱子《社仓记》曰：乾道戊子，春夏之交，建人大饥。予居崇安之开耀乡，知县事诸葛侯廷瑞，以书来属予，及其乡之耆艾①左朝奉郎刘侯如愚曰：民饥矣，盍为劝豪民发藏粟，下其直以赈之。刘侯与予奉书从事，里人方幸以不饥。俄而盗发浦城，距境不二十里。人情大震，藏粟亦且竭。刘侯与予忧之，不知所出，则以书请于县于府。时敷文阁待制信安徐公嘉，知府事。即日命有司，以船粟六百斛，沂溪以来。刘侯与予率乡人行四十里，受之黄亭步下。归籍民口，大小仰食者若干人。以率受粟，民得遂无饥乱以死，无不悦喜欢呼，声动旁邑。于是浦城之盗，无复随和，而束手就擒矣。及秋，徐公奉祠以去，而直敷文阁东阳王公淮继之。是冬有年，民愿以粟偿官。贮里中民家，将辇载以归有司。而王公曰：岁有凶稔②，不可前料。后或艰食，得无复有前日之劳。其留里中，而上其籍于府。刘侯与予既奉教。及明年夏，又请于府曰：山谷细民，无盖藏之积。新陈未接，虽乐岁不免出倍称之息，贷食豪右。而官粟积于无用之地，后将红腐，不复可食。愿自今以往，岁一敛散。既以纾民之急，又得易新以藏。俾愿贷者出息什二，又可以抑侥幸，广贮蓄，即不欲者，勿强。岁或不幸小饥，则弛半息。大侵③，则尽蠲④之。于以惠活鳏寡，塞祸乱源，甚大惠也。请着为例。王公报皆施行如章。既而王公又去，直龙图阁仪真沈公度继之，刘侯与予又请曰：粟分贮于民家，于守视出纳不便。请仿古法为社仓以贮之，不过出捐一岁之息，宜可办。沈公从之，且命以钱六万助其役。于是得籍黄氏废地，而鸠工⑤度材焉。经始于七年五月，而成于八月。为仓三，亭一，门墙守舍，无一不具。司会计，董工役者，贡士刘复，刘得舆，里人刘瑞也。既成，而刘侯之官江西幕府。予又请曰：复与得舆，皆有力于是仓，而刘侯之子将仕郎琦，尝佐其父于此，其族子右修职坪，亦廉平有谋，请得与并力。府以予言，悉具书礼请焉。四人者，遂皆就事。方且相与讲求仓之利病，具为条约。会丞相清源公，出镇兹土，入境问俗。予与诸君，因得具以所为条约者，迎白于公。公以为便，则为出教，俾归揭之楣间，以示来者。于是仓之庶事，细大有成，可久而不坏矣。予惟成周之制，县都皆有委积，以待凶荒。而隋唐所谓社仓者，亦近古之良法也，今皆废矣。独常平义仓，尚有古法之遗意。然皆藏于州县，所恩不过市井游惰辈。至于深山长谷，力穑远输之民，则虽饥饿濒死，而不能及也。又其为法太密，使吏之避事畏法者，视民之殍而不肯发。往往全其封鐍⑥，递相付授。至或累数十年，不一訾省⑦。一旦甚不得已，然后发之，则已化为浮埃聚壤，而不可食矣。夫以国家爱民之深，其虑岂不及此？然而未之有改者，岂不以里社不能皆有可任之人？欲一听其所为，则惧其私计以害公。欲谨其出入，同于官府，则钩校靡密，上下相遁，其害又必有甚于前所云者，是以难之而弗暇耳。今幸数公相继，其忧民远虑之心，皆出乎法令之外。又皆不鄙吾人以为不足任，故吾人得以及是。数年之间，左提右挈，上说下教，遂能为乡闾立此无穷之计。是岂吾力之独能哉？惟后之君子，视其所遭之不易者如此，无计私害公，以取疑于上。而上之人，亦毋以小文拘之，如数公之心焉，则是仓之利，夫岂止于一时？其视而效之者，亦将不止于一乡而已也。因书其本末如此，刻之石，以告后之君子云。（社仓利弊，该括无遗。）

【注释】①耆艾：尊长；师长。亦泛指老年人。②稔（rěn）：庄稼成熟。③祲（jìn）：日旁云气。不祥之气，妖氛。④蠲（juān）：除去，免除。⑤鸠工：聚集工匠。鸠：聚集。⑥封镯（jué）：密封；封闭上锁。⑦赀（zī）省：谓计算、察核财物。

【译文】朱熹《社仓记》记载道："乾道戊子年，春夏之交时，建人发生特大饥荒。我住在崇安的开耀乡，知县诸葛廷瑞写信给我和乡里的耆老左朝奉郎刘如愚说：'百姓饥荒，何不劝豪门大户开仓放赈，发放他们的财物，赈救灾民呢？'我和刘候按信中所嘱行事，乡里人幸免于饥馑。不久，浦城闹强盗，距县境不过二十里，乡民大为震惊，储藏的粟米也快完了。我和刘候很担忧？不知如何是好，于是便给县及府写信。当时，敷文阁待制信安人徐公嘉掌管府中政务，当即命令有关部门用船从沂溪运来六百斛粟米。刘候和我率乡人赶了四十里路到黄亭去迎接。统计人数无论老少，仰仗从此为食的有若干人，由于得到接济，没有因饥荒动乱而死的，无不欢欣鼓舞，声动邻邑。于是，浦城的强盗由于无人附和而束手就擒。到了秋天，徐奉调回京，值敷文阁东阳人王淮继任，自冬至若干年，百姓自愿用粟米补还官府，把储存在乡里百姓家的米用车运到官府。王淮说："年景丰歉，无法预料。以后发生灾荒，就不用再有前日之劳了。就将其留在乡里，然后上报给府里。"刘候和我便遵照行事。到第二年夏天，又向府中请求说："山谷中的小百姓，没有任何积蓄。青黄不接，即便是丰年也难免要以几倍的利息向豪门大户借贷。而官府的粟米又积存不用，以后难免要红腐发霉，不能食用。希望能从今以后，每年都发放陈的，再收敛储存新的。既可以解救百姓的急用，又可以更新储藏。让愿称贷的出十分之二的利息，又可以抑制人的侥幸之心，扩充积贮，就是有不愿意的，

390

也不勉强。如果不幸遇上灾年，可以将利息减半。大灾则利息全免。这对于养活鳏寡，杜绝动乱根源都有极大好处。请著为定例。"王淮上报，全都制定为章程。不久，王淮又走了，值龙图阁仪真人沈度继任，我和刘候又请求说："粮食分散贮放在百姓家中，保管出纳十分不便。请仿效古法，建社仓来贮存，费用也不过是一年的利息，应该是可行的。"沈度听从了这个意见，并且命令出钱六万资助这项工程。于是得以凭借黄氏的荒废地皮，招工置材。从乾道七年五月开工，到八月建成，共造仓房三座，亭一间，门墙守舍，无一不有。管理钱粮出纳及施工的是贡士刘复、刘得舆和里人刘瑞。完工以后，刘如愚去江西幕府为官。我又请求说："刘复和刘得舆都为建这个社仓出了大力，而刘如愚的儿子将仕郎刘琦也曾帮助他的父亲完成这个工程，其族子右修职刘坪也曾出谋划策，请一并予以奖励。"官府因为我的建言，便齐备文书礼品前去聘请。四人便一同到府中谋事，然后一退讨论了社仓的利害，写成条约。恰好丞相清源公出镇此处，入境问俗，我和诸君于是得以将所制订的条约向他讲解。他认为很方便百姓，便为出教，揭示在门楣之间，以示来者。于是，关于社仓的诸般事宜，事无大小，都有成规，可以久远而不败坏了。按照成周的制度，各县都有积贮，以备灾年。隋唐间所说的社仓，也是近古的一个好办法，如今却都废弃了。只有常平义仓还有古法的遗风，但是却都是设立于州县，得其好处的不过是市井中游手好闲之辈。至于深山峡谷中，辛劳种田的百姓，远离州县，即便是遇到饥荒快要饿死了，也力所不及。并且立法太过详密，致使官吏畏法避事，看着百姓要饿死了也不肯放赈。往往是封闭完好，互相交接，以至于累积几十年，也不进行一次清理计算。一旦迫不得已，才开仓发放，但是所贮之粮都已化为浮尘腐物，不能食用了。以国家对百姓的爱养之深，对此未必没有想到，但却没有能够得以改善，原因是乡社里并不是都具有可以任用的人。想要听任其任意去做，又惟恐其只为自己考虑而损害公益。想要严格控制其出纳，如同官府一样，那么就要严格管制，否则就会上下相互推诿，害处比前述的还要厉害，所以，十分困难而无暇顾及于此。如今幸有诸公相继，他们替百姓长远忧虑的心情，远远超出法令的规定，又都不认为我辈不堪此任，所以我们才得以做了这些事情。几年之间，左提右挈，上说下教，于是才能为乡里做如此长远的打算。这哪里是我一个人的能力所及的呢？只希望后来的君子，考虑到做成此事如此不易，不要因私害公，使得在上位置怀疑你们。而在上的人，也不要拘于小节，能够像前任诸君一样，那么，社仓的益处又岂限于一时一事？如果有效仿的，那么好处又不只限于一乡了。因此将此事的起因本末写下来，刻在石碑上，以告知后来诸君。

陈芳生曰：按社仓之制，专以赈贷。凡官贷者，必多侵冒。民贷官者，必假追呼。民求民贷，必出倍息。惟此，三害俱无，虽非凶年，亦可借作种食。年年出纳，久之所积自丰。总系各社自为预备之道。虽所积已丰，亦不必停其出息。其无故不肯还者，官为追足。后虽遇荒，不准再借。为生民计久远，难容姑息耳。

【译文】陈芳生说："核查社仓制度，本是用以赈贷的。凡是官府放贷，一定会对百姓多有冒犯侵害。而民向官放贷的，必假追呼。民间相互借贷，利息一定会翻倍。只有社仓，没有上述三种弊病，即使不是荒年，也可以借种子、口粮。年年出纳，日久所储蓄的粮食自然丰足。总归是各乡社自备荒年的一个办法。即使积贮已经很丰足，也不要让借贷者停付利息。对无故不还的，官府要加以追还。以后，就是遇有荒年，也不准其再借。这是为百姓生计作长远的打算，不容姑息。"

慈溪一县令，初至任，语群下曰：汝闻谚云，破家县令，灭门刺史乎？父老对曰：民只闻得"乐只君子，民之父母。"令默然。（父老二语，可谓当头一棒矣。）

【译文】慈溪的一个县令，到任之初，对百姓们说："你们听说过有句俗话，叫做'可以让人破家的县令，能够令人灭门的刺史'吗？"父老百姓回答说："小民只听说过'和乐的君子，真是百姓的父母官啊'。"县令无言以对。

范忠宣尹洛，多惠政。后为执政，其子道经河南，少憩村店。有翁从家出，注视其子曰：明公容类丞相，乃其家子乎？曰：然。翁不语，入具冠带出拜。谓其子曰：昔丞相尹洛，某年四十二。平生粗知守分，偶意外争斗事至官，得杖罪，吏引某褰裳行刑，丞相召某前，问曰：吾察尔非恶人，肤体无伤，何为至此？某以情告。丞相曰：尔当自新，免罚放出。非特某得为完人，此乡化之，至今无争斗者。（全人名节，与人自新，功德无量，以此为报应也可。）

【译文】范纯仁为洛阳尹，施行很多惠民的政策。后来当上了执政，他的儿子路经河南，在村中小店歇脚。有个老翁从家里出来，看着他儿子说："看您的相貌好像丞相，您是他的儿子吗？"回答："是。"老翁没有说话，回屋去穿戴好了出来拜见。对他儿子说："从前丞相做洛阳尹时，我时年四十二。我平生也粗知要安分守己，但一次偶然意外争斗，诉讼到官府，被判杖刑。官吏掀开我的衣裤准备行刑，丞相把我召到跟前，问我说：'我看你并不像恶人，体肤没有伤疤，怎么会闹到这个地步？'我就把实情告诉了他。丞相说：'你应当改过自新，且免去刑罚绕过你。'不但我自身得以保全，这一乡的风气都得到了改善，至今没有争斗的。"

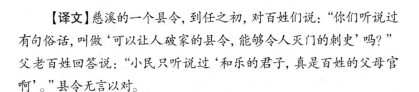

赵忠定公汝愚,初登第,谒赵彦端德庄。德庄语之曰:谨毋以一魁置胸中。又曰:士大夫皆为富贵诱坏。又曰:今日于上前得一语奖谕,明日于宰相处得三两句褒拂,往往丧其所守者多矣。忠定拱手曰:谨受教。今之人,不但君相奖谕褒拂。虽说相谈命之徒,有数语面誉之,即张大自炫,以夸于人。有学有守者,固不如此。(士大夫得失之念重,故偶闻宠辱,便生忧喜,不暇计其事之果否矣。)

【译文】赵汝愚登第后,去拜谒赵德庄。德庄对他说:"请不要把这一次中魁放在心里。"又说:"士大夫都是被富贵引诱而变坏的。"又说:"今天在君上面前得到一句夸奖,明天又在宰相那里得到三句二句褒扬,因此而丧失操守的人很多。"赵汝愚拱手说:"感谢您的教诲。"当今的人,不要说是君上宰相的奖掖褒扬,就是看相算命的,当面说几句好话,也要大肆张扬,向人夸耀。有学问有操守的人,一定不会这样。

杜正献公曰:作官第一在清,然口中不可出一清字。恐同列贪得者多,暗口谗言,适足取祸耳。

【译文】杜正献公说:"做官首要在于清廉,但又不可以用清廉标榜自己。惟恐同行中贪婪的人太多,暗中进谗言,反而招致灾祸。"

杜静台先生曰:"恼怒只害得自己,何尝害得人?其能害人者,必自恼怒生出枝节也。"先生书斋对联:"无求胜在三公上,知足尝如万斛余。"(怒时便害,生出枝节更害。)

【译文】杜静台先生说："恼怒只会害了自己，对别人又有什么妨碍呢？之所以会伤害别人，一定是由恼怒而别生枝节。"先生的书斋有幅对联："无求胜在三公上，知足尝如万斛余。"

胡威父子，以清慎名。世祖问威："卿清孰与父？"对曰："臣清不如臣父。臣父清，恐人知；臣清，恐人不知，是以不如。"（清恐人知，非矫也。此中有无限经济妙用。）

【译文】胡威父子以清廉谨慎出名。世祖问胡威说："你的清廉比你父亲如何？"胡威回答说："臣之清廉不如臣的父亲。臣父亲的清廉，惟恐别人知道；而臣的清廉，惟恐别人不知道，所以不如。"

云南大理府出石屏。官其地者，每劳民伤财，载以馈人。有李邦伯独寓意于《送行诗》有云："相思莫遣石屏赠，留刻南中德政碑。"河南土产蘑菰线香。宦游者，每取以馈当路。于肃愍公巡抚其地，绝无所取。有诗云："手帕蘑菰与线香，本资民用反为殃。清风两袖朝天去，免得闾阎话短长。"嗟夫！土有土产，民之灾也。（地有土产，自是民生之利。今不以为利而以为灾，皆司土者漫无体恤之故。）

【译文】云南大理府出产石屏。当地做官的人，常常劳民伤财，载取用以送人。有个叫李邦伯的做送行诗以寓其意，诗云："相思莫遣石屏赠，留刻南中德政碑。"河南的土产有蘑菰、线香。当官的到此游视，常常用以馈送权要。于谦巡抚此地，却丝毫不取。有诗道："手帕蘑菇与线香，本资民用反为殃。清风两袖朝天去，免得闾阎话短长。"嗟夫！境内有土特产，反而成了百姓的祸殃。

居官不可作受用之想。天之生我，异于众人。与以治世之职，是造福于世之人，非享福之人也。乃不念造福之理，事事为享福计，官署必欲华美，器用必欲精工，衣服必欲艳丽，饮食必欲甘美。甚且不但为自己享福计，且为子孙享福计。良田欲得万亩，大厦欲构千间，珍玩必求全备。百计搜索横财，以供享福之用。噫，误矣。上天生尔为造福之人，今反为造殃之人。清夜自思，上天岂肯宽贷也？（造福享福二念，居官者人鬼关头。）

【译文】居官不可以有享受的念头。上天生我，使我与众不同，并交付给我治世的职守，所以我是造福于世的人，而不是享福的人。不惦念着造福的道理，事事为享福打算，官署一定要华美，器用一定要精致，衣服一定要艳丽，饮食一定要甘美。甚至不但替自己的享福打算，还替子孙做享福的打算。良田想得到万顷，大厦要造千间，珍玩一定求完备。千方百计搜刮横财，以供享福之用。噫！大错特错了！上天将你生为造福的人，现在却反而成了造殃的人。夜深人静时扪心自问，上天岂肯宽恕这样的人？

居官以清廉为最。今人以廉吏不可为，而借口于清官害子孙之说。谓官清，则子孙不免有清贫之苦也。岂真有所贻害子孙乎？或曰：清官必执，安得无害？是尤不解清与执二字之义矣。清者，廉洁不妄取之谓也；执者，执拗之谓也。二者，原无相因之义。如谓清者必执，执者必清，则是贪者必通，而通者必贪矣。夫执者其性偏，又或为学术所误，凡事皆存先入之见，不肯虚心细思，又不肯与人相议，并不肯下问于人。不独清执也，即贪亦执。是天下原自有执之人，而非清为之祸明矣。安得谓清者必执乎？

【译文】居官以清廉为首要。现在的人说清廉的官没法当，借口是清官会贻害子孙。说是为官清廉，则子孙不免有清贫之苦，难道真的是贻害子孙吗？又有人说："清官一定执拗，怎么会不贻害呢。"这是对"清"、"执"两字的含义太不清楚了。清，就是廉洁不妄取的意思。执，是执拗的意思。二者本无因果关系。如果说清廉的一定执拗，执拗的一定清廉，那等于说贪婪的一定通达，通达的一定贪婪。执拗的人，是指其性情偏执，或者是被学术所误，凡事都执著于先入为主的见解，不肯虚心细想，又不肯同别人讨论，并且不肯下问于人。不但清廉的人中有执拗的，贪婪的人中也有执拗的。因为天下原本就有执拗的人，而并不是清廉的过错，这是很明确的了。怎么能说清廉就一定会执拗呢？

钱明逸久在翰林，出为泰州牧，常怏怏不视事。魏公闻之，叹曰：意虽不惬，独不念所部十万生灵耶？惟嫌官卑职小，绝不念现前一官，如何称职，官负人乎，抑人负官乎？阅此可以省矣。

【译文】钱明逸做翰林时间很久，后来出任泰州牧，常常闷闷不乐，也不过问政事。魏公得知后，叹息说："虽然自己不痛快，难道也不顾念所管辖的十万生灵吗？"